高碱煤
特性及利用

林雄超　王彩红　编著

GAOJIANMEI
TEXING JI LIYONG

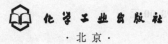
化学工业出版社
·北京·

内容简介

本书融合作者多年来对高碱煤性质和转化特性的研究成果，系统总结了高碱煤利用过程中的问题和涉及的基础理论，主要内容包括：高碱煤的热溶萃取及煤大分子结构分析、高碱煤常规热解及加氢热解规律、高碱煤气化特性、高碱煤燃烧过程中的结渣行为、高碱煤的直接加氢液化以及高碱煤活化制活性炭和型焦。全书阐述了高碱煤转化利用领域的研究进展和发展方向，力求探索适合高碱煤特性的低碳、洁净、高效的利用方式。

本书可作为煤炭研究工作者的参考书，也可作为产业界的辅助材料，同时也可用于相关专业硕士和博士研究生的参考教材。

图书在版编目（CIP）数据

高碱煤特性及利用/林雄超，王彩红编著. —北京：化学工业
出版社，2022.3
ISBN 978-7-122-40890-7

Ⅰ.①高… Ⅱ.①林…②王… Ⅲ.①煤-研究 Ⅳ.①TD94

中国版本图书馆 CIP 数据核字（2022）第 034907 号

责任编辑：傅聪智　张双进　　　　　　　　　　　装帧设计：王晓宇
责任校对：宋　夏

出版发行：化学工业出版社（北京市东城区青年湖南街 13 号　邮政编码 100011）
印　　装：涿州市般润文化传播有限公司
710mm×1000mm　1/16　印张 15　字数 276 千字　2022 年 3 月北京第 1 版第 1 次印刷

购书咨询：010-64518888　　　　　　　　　　　售后服务：010-64518899
网　　址：http://www.cip.com.cn
凡购买本书，如有缺损质量问题，本社销售中心负责调换。

定　　价：98.00 元　　　　　　　　　　　　　　版权所有　违者必究

伴随我国社会经济的高速发展，短时期内消耗了大量优质煤炭资源，促使煤炭利用逐渐向储量更丰富的褐煤和次烟煤等低阶煤过渡。在"碳达峰、碳中和"的背景下，煤炭利用的清洁化、大型化、规模化、低碳化是主要方向。为响应"西部大开发"战略和"一带一路"倡议，西部地区将成为我国未来重要的能源供应基地。

我国新疆地区煤炭储量极其丰富，是世界上最大的整装煤田。新疆煤开采成本低、反应性好、易燃尽，且污染性元素含量低，因此是动力用煤和化工用煤的优良原料。然而，由于独特的成煤环境和地质特点，导致新疆煤中碱金属及碱土金属含量普遍高于我国其他地区的煤，是非常典型的高碱煤。在高碱煤燃烧和气化利用过程中，易引起严重的沾污和结渣问题，极大制约了地区资源开发和经济发展。另一方面，新疆煤普遍属于高油煤，壳质组含量较高，适合热解和加氢液化等高附加值利用。因此，在充分认识新疆高碱煤质特性基础上，开发适合的转化利用技术，是资源高效利用的关键。

高碱煤的利用是近年来我国煤炭加工领域遇到的新问题，相关基础研究快速发展，理论创新得到一定程度的提升，但是技术革新仍然发展缓慢，主要原因是对高碱煤的物理和化学特性缺乏系统科学的认识。本书结合作者多年来对高碱煤组成、结构及反应性的研究成果，系统归纳了高碱煤特性，介绍了高碱煤的热溶萃取特性以及大分子结构特征。高碱煤中赋存大量活性矿物质，是影响高碱煤利用的主要问题。因此，本书详细总结了高碱煤中活性矿物质的形态、分析方法，以及在热解、燃烧、气化、直接液化等典型转化利用过程中的演变规律和对工艺产生的影响；重点阐述了煤中活性矿物在转化过程中"质"的转化和"量"的再分配机制。本书还分析了典型高碱煤中显微组分的分布规律，以及不同显微组分在转化过程中的作用。本书内容可为解决高碱煤利用过程中的问题提供一定的依据和理论支撑，同时可以根据高碱煤的特征，拓展其利用方向。

由于作者水平有限，研究结果为近几年科研成果的积累，部分为个人观点，可能存在一定的不确定性，欢迎读者对此提出不同的意见。

在本书编著过程中，林雄超、王彩红主笔进行了内容撰写；杨远平、郭卫杰、徐荣声、殷甲楠、李昌伦、李首毅等人在国家自然科学基金项目资助下，针对高碱煤的特性和利用进行了大量的基础性研究工作，本书内容基于上述研究成果进行了归纳总结；张珂、陶先锋、党坤、张续春等进行了大量的文献搜集和资料整理工作；同时，王永刚对本书的内容进行了校核和审定，在此一并表示感谢。

本书涉及一定的理论和实验分析方法，有助于系统认识高碱煤的特性及利用技术。本书可以作为科研工作者的参考书，也可以作为硕士和博士研究生的参考教材，希望能达到预期的效果。

编著者

2021 年 12 月

目　录

第 8 章
高碱煤直接液化特性及无机质迁移　184

第 9 章
高碱煤制活性炭和型焦　216

第1章

中国高碱煤
资源和利用现状

1.1 中国高碱煤资源特征

在中国的煤炭结构中，低变质煤储量丰富但加工利用率较低。当前低变质煤被广泛用于煤的化学加工，包括提质分级利用、燃烧发电、气化和直接液化等。我国新疆地区煤炭资源总量预测约为 2.19 万亿吨，约占全国预测煤炭资源总量的 40.6%，居全国第一位，是十分重要的能源接续区和战略性能源储备区[1]。

新疆煤系地层主要为中生界侏罗系早、中统煤系，分布广泛，含煤层数多，煤层厚度大，赋存稳定，埋藏浅，构造比较简单，易开采。新疆的煤炭资源主要分布在准噶尔（6235 亿吨）、吐鲁番—哈密（5350 亿吨）、伊犁（4772 亿吨）这三大盆地。新疆煤炭资源总体禀赋条件好、煤层厚，煤种中长焰煤、不黏煤和弱黏煤占资源总量的 90.91%，煤质多具备特低硫-低硫、低磷、高挥发分、高热值的特点；同时，煤中主要的污染性元素（硫、磷、氟、砷、氯等元素）含量低[2]。新疆预测量超过 100 亿吨的煤田有 24 个，约占预测总量的 98%；预测量超过 1000 亿吨的煤田有准东煤田、沙尔湖煤田、伊宁煤田、吐鲁番煤田、大南湖-梧桐窝子煤田，约占预测总量的 60%。煤炭资源主要分布在北部和东部，其资源量约占预测总量的 94.77%。近年来，新疆煤炭勘探开发实施大企业大集团战略，山东鲁能、江苏徐州矿业、山东新汶、国家能源集团、国投集团等企业陆续在新疆从事煤炭勘探开发和煤电、煤化工基地建设。

依据中国煤炭行业标准《煤中碱金属（钠、钾）含量分级》（MT/T

1074—2008)[3]，将碱金属（钠、钾）含量介于 0.30%～0.50% 的煤列为中碱煤，超过 0.50% 的列为高碱煤。独特的成煤环境和地质特点导致新疆煤中碱金属及碱土金属元素的含量普遍高于我国其他地区的动力用煤，属于典型的高碱煤。我国新探明高碱煤储量巨大，且主要分布在新疆地区，其中仅准东煤田预测储量就高达 3900 亿吨。

1.2　高碱煤利用现状及问题

随着国家"西部大开发"战略部署的逐步贯彻，利用当地的资源优势，就地加工转化，发展技术先进的大型煤化工产业具有重大的经济与战略意义。新疆的煤炭不仅储量多，而且品质好，适宜发展煤化工产业。利用新疆的煤炭资源优势发展煤化工产业，对新疆当前乃至中国实现采煤工业产业的大型化、集约化都有非常重要的意义。新疆煤的反应活性高，适合于煤气化和煤间接液化[4]，也是优质的热解和直接液化用煤[5]。在新疆的煤化工生产技术中，炼焦是最早的煤化工工艺，并且至今仍然是新疆煤化工产业的重要组成部分。新疆目前已从仅关注单纯的炼焦，转变为向大型化和综合利用发展，炼焦副产品的利用及下游化工产品的提炼也是重点发展方向。煤的气化在新疆煤化工未来20 年的发展中将占有重要地位。部分煤田的煤属于富油和高油煤[6]，可用于生产各种气体和燃料（如煤制天然气），同时，煤气化生产的合成气是合成油和化工材料的原料。

在煤炭加工工艺中，虽然不同的工艺条件可以影响煤的工艺性能，但是煤本身的性质，包括煤阶、煤中显微组分、煤中的矿物质等，是决定煤炭加工利用程度最主要的因素。多起工业事故分析表明，高碱煤在燃烧或气化过程中，极短时间内即可引起锅炉换热面损毁、管路堵塞、高温过热器和再热器腐蚀爆管等问题，严重威胁设备安全、增加运行成本。究其根源，是由于煤中过量的碱金属在高温下析出，经不同途径迁移、沉积到设备内壁，与细微煤灰颗粒或其他物质结合后形成灰污结渣所致。高碱煤中内在的活性矿物质以多种物理和化学的形态存在于煤结构中，在热转化过程中，主要腐蚀性元素（Na、K、Ca、Mg、Cl 和 S）是形成煤灰结渣、结垢和腐蚀的主要原因。在设备运行过程中，这些腐蚀性元素将在设备界面处沉积并促进腐蚀性物质向设备材料渗透以及界面沉积物的持续增加[7]。同时，热转化条件，如气氛、温度和压力等，对 Na、K、Cl 和 S 元素的释放特性有着重要的影响。尽管在过去的几十年中大量有关活性组分释放过程和沉积机理的研究被报道，但是其热转化过程迁移及释放规律的根本问题仍然不清楚。

当前对高碱煤利用过程中炉内的结渣、积灰和腐蚀特性以及其形成机理与预防措施尚不明晰，这致使我国新疆地区大部分的发电厂和煤化工企业均面临着附近拥有大量廉价的中高热值煤，然而由于煤灰问题造成设备无法长期、稳定运行，不得不从其他地区长距离运输高价煤种与其掺烧才能勉强维持正常运行的尴尬境况，这大幅增加了企业的运行成本和能耗。而且，掺烧不能从根本上解决高碱煤利用过程中高碱含量的灰引起的一系列问题。为此，针对性地开发适合准东地区煤种的燃烧、气化和液化技术迫在眉睫。因此，加快研究和开发特定煤炭资源清洁高效利用的方式，是我国生态文明发展和资源高效合理利用的必然选择，也是煤炭企业发展的必然选择。本书深入开展高碱煤热解及气化过程中腐蚀性元素的释放和演变沉积规律的研究，为有效缓解和解决高碱煤热转化过程中出现的积灰、沾污、结渣等问题提供理论支持。

参考文献

[1] 霍超.新疆煤炭资源分布特征与勘查开发布局研究 [J].中国煤炭，2020，46（10）：16-21.

[2] 陈贵锋，罗腾.煤炭清洁利用发展模式与科技需求 [J].洁净煤技术，2014，20（02）：99-103.

[3] 国家安全生产监督管理总局.煤中碱金属（钾、钠）含量分级：MT/T 1074—2008 [S].2008.

[4] 宋玉国.新疆准东煤特性及其煤气化工艺选型研究 [J].煤炭加工与综合利用，2020（09）：47-49.

[5] 吴秀章，李克健，李文博.新疆黑山煤直接液化性能研究 [J].煤炭转化，2009，32（01）：40-43.

[6] 毋腾飞，杨恒新.新疆三塘湖高油煤加氢液化性能研究 [J].煤炭与化工，2020，43（01）：147-149.

[7] 陈川，张守玉，刘大海，等.新疆高钠煤中钠的赋存形态及其对燃烧过程的影响 [J].燃料化学学报，2013，41（07）：832-838.

第**2**章

高碱煤结构特征
及热溶萃取

溶剂萃取是提高低阶煤利用率、研究煤热解规律、推演煤大分子结构的有效手段。高碱煤的热溶萃取对煤的热转化以及矿物质的分离也有一定的指导作用[1]。本章针对典型高碱煤——新疆淖毛湖煤进行了热溶萃取研究，考察了萃取过程中溶剂、温度对萃取的影响，对萃取过程中气、液、固三相产物进行了分析，对煤中杂原子的迁移转化规律进行了研究[2]。

2.1 溶剂种类对萃取的影响

溶剂是影响萃取效果的主要因素之一，也是影响萃取产物组成及分布的关键[3]。为了研究溶剂对萃取的影响，在萃取温度为 200℃ 的条件下分别以甲醇、苯、甲苯、二甲苯及四氢萘为溶剂进行萃取，结果见图 2.1。

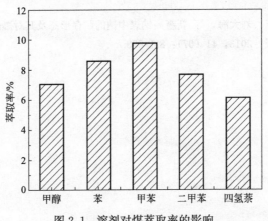

图 2.1 溶剂对煤萃取率的影响

溶剂的分子结构决定了溶剂对煤的萃取能力，萃取能力由强到弱依次是甲苯＞苯＞二甲苯＞甲醇＞四氢萘，其中甲苯获得的最大萃取率为 9.72%。四氢萘、二甲苯相对于苯及甲苯在煤溶剂萃取过程中会产生一定的空间位阻，降低了溶剂对煤的萃取。甲醇属于非芳香性的强极性溶剂，其萃取率高于芳香性的非极性溶剂四氢萘。具有极性、芳香性及一定受-授电子能力的溶剂对低阶煤具有较好的萃取能力。此外，溶剂的结构与煤基本单元结构越相似且结构空间位阻小的溶剂对煤的萃取能力也越强。通过对萃取率和萃取组分的分析发现，200℃条件下煤的大分子结构并未出现实质性的裂解，只是通过溶剂的溶胀，将镶嵌在煤大分子结构中的小分子可溶物溶解出来。溶剂与煤的溶解度参数相近是提高萃取率的重要原因[4]。

根据溶剂种类对煤萃取率的影响可以得知，在低温条件下芳香性物质对煤具有良好的萃取效果。为了更好地研究溶剂对煤萃取率的影响，同时研究溶剂间的协同萃取作用，在二甲苯（DMB）中添加一定量的 N-甲基吡咯烷酮（NMP），其对应的萃取结果见图 2.2。

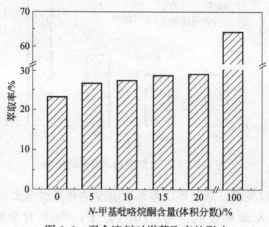

图 2.2　混合溶剂对煤萃取率的影响

结果表明，在二甲苯中添加极性的 N-甲基吡咯烷酮，萃取率随着 N-甲基吡咯烷酮添加比例的增加而增大。在 350℃恒温 1h 的萃取条件下，完全使用 N-甲基吡咯烷酮作溶剂对煤的萃取率高达 64.05%，是单独使用二甲苯溶剂的近 3 倍。二甲苯中添加 N-甲基吡咯烷酮可得到较高的萃取率，可归结于极性溶剂的热溶胀作用。低阶煤会形成分子内聚，通过含氧羧基和酚羟基的非共价键相互作用，很多非极性溶剂不能对煤的大分子结构进行解离。并且根据"相似相溶"原理，非极性溶剂对煤中的非极性组分溶解较好，是造成非极性及弱极性溶剂对煤具有较低萃取率的原因。混合溶剂萃取是提高煤萃取率的良好手段，在煤的溶剂萃取过程中，极性溶剂与弱极性溶剂间存在协同作用[5]。协同萃取时极性溶剂首先破坏煤大分子结构中的氢键及弱共价键，诱导自由基反应的发生，生成较多非极性溶剂可溶解的组分。弱极性溶剂中的极性添加物加强了弱极性溶剂的萃取能力，通过极性溶剂对煤结构非共价键及氢键的破坏，降解煤中更大的分子，进而获得更高的萃取率。

2.2　温度对溶剂萃取的影响

除溶剂外，与萃取过程紧密相关的是萃取温度。煤的萃取温度需要与煤初步热解的温度相近才能得到更好的萃取效果[6]。利用二甲苯作溶剂，考察萃取温度在 200～350℃的萃取率变化，结果见图 2.3。

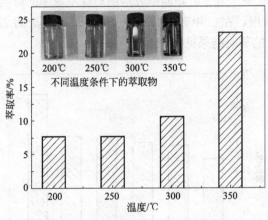

图 2.3　温度对煤溶剂萃取率的影响

由图 2.3 可以发现，萃取率随着萃取温度的升高而增大，在低于 300℃条件下进行萃取，萃取率较低，均在 10％以下；350℃时萃取率最高，达到 23.15％。当萃取温度与煤的热解温度相近时，萃取过程中会出现煤自身的热解。可从煤热物理性质角度解释热溶解的机理：随萃取温度的升高，煤大分子结构间的弱非共价键首先发生断裂，生成大量含氢较多的自由基，且当热萃取温度处于煤的初始软化热解温度时，范德华力和氢键力不足以将分子单元结合在一起，此时，溶剂萃取开始起作用；随着温度的升高，煤大分子结构紊乱程度增加，出现容易被溶剂攻击的化学位点及容易被溶剂渗透的空隙，大量的有机溶剂渗透、扩散至煤的大分子结构中，开始对煤大分子结构进一步攻击，进一步破坏煤分子内部易被溶剂破坏的非共价键，解离出更多的溶剂可溶物；该过程中还伴随煤的自身热分解，也会释放出溶剂可溶组分。这三方面因素对煤的热溶剂萃取是有利的，因此热溶剂对煤的萃取率更高，且随着萃取温度的升高萃取率呈现增大趋势。利用极性较弱且空间位阻较大的溶剂二甲苯，萃取温度低于300℃时并不能获得良好的萃取效果。

2.3 萃取过程中萃取产物的分析

2.3.1 固相产物分析

利用红外光谱，对原煤及不同温度条件下以二甲苯为溶剂的萃取物、萃余物进行分析，结果见图2.4。

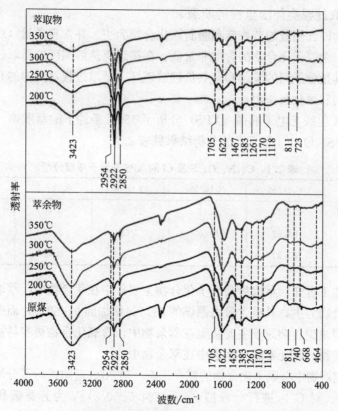

图2.4 不同温度下原煤-萃取物-萃余物的红外光谱分析

在萃取物中723cm^{-1}和1467cm^{-1}处的尖峰归因于—CH$_2$—的角振动和面内摇摆振动，而原煤的相应位置几乎没有峰，表明萃取过程伴随着大分子结构的裂解。1705cm^{-1}处的峰表明在萃取物脂肪环中存在C=C键，表明萃取物中存在较多的脂肪族烃或侧链。$2850\sim2954cm^{-1}$ 处的峰归属于芳香环支链或脂肪链中的 C—H 伸缩振动，与原煤和萃余物相比，萃取物中含有较多的含支链的芳香环和脂肪族化合物。$670\sim860cm^{-1}$ 处的峰属于芳环中的 =CH 键，表明在萃取物中含有大量的芳香环化合物，且该峰的强度随萃取温度的升高而增加。$1370\sim1610cm^{-1}$ 处的峰属于芳环骨架结构中的 C=C 拉伸振动。$1118cm^{-1}$ 和 $1170cm^{-1}$ 处的峰属于 $(CH_3)_2CHR$ 的拉伸振动。随着萃取温度的升高，大分子结构会严重破坏，氢键或共价键会发生断裂重组，释放更多的可溶性芳香族及脂肪族物质，较多地富集在萃取物中。在羟基迁移转化过程中：在 $3423cm^{-1}$ 处的峰主要为 R—OH 和 AR—OH 羟基，随着萃取温度的升高，该峰在萃取物和萃余物中逐渐减弱，表明热萃取会破坏分子结构中的氢键并导致脱羟基，即萃取过程会伴随氢键的断裂。

萃取物以含侧链的芳香族和脂肪族化合物为主，并含有微量（或不含）的矿物元素，杂原子化合物的含量非常低。在接近煤热解温度的萃取过程中，煤的结构尤其是分子间的氢键和非共价键被破坏。萃取过程对煤中的官能团具有一定的重构和再分布作用。

利用 X 射线光电子能谱（XPS）分析了 350℃条件下的萃取物、萃余物及原煤。N、S、O、Cl 等元素的分析结果见表 2.1。

表 2.1　C、N、O、S 及 Cl 的 XPS 总原子浓度分析

样品	C 1s/%	N 1s/%	O 1s/%	S 2p/%	Cl 2p/%
淖毛湖原煤	81.70	0.76	17.35	0.16	0.03
萃取物	91.62	0.53	7.65	0.16	0.02
萃余物	85.37	0.64	13.50	0.42	0.08

由表 2.1 可知，萃取后杂原子化合物主要集中在萃余物中，萃取物中主要以烃类化合物为主，其碳含量由原煤的 81.7% 增加到 91.62%，而杂原子的含量较原煤均减少。杂原子主要富集在萃余物中，含氧化合物更容易被热萃取解离成气体产物，氯元素较多地集中在萃余物中。

为确定产物中杂原子化合物的赋存形态，对 XPS 谱图进行了分峰拟合，结果见图 2.5。对 C 1s 进行分峰拟合：$(284.6\pm0.3)eV$ 为芳香碳和脂肪碳的 C—C；$(285.3\pm0.1)eV$ 为酮和酯；$(286.3\pm0.2)eV$ 为 C—O、C—OH、C—N 单键；$(287.3\pm0.1)eV$ 为结构中的 C≡N、C=S,C=O 键；$(288.3\pm0.3)eV$ 为羧酸或酯；$(289.8\pm0.4)eV$ 为芳香 π-π 键。萃取物中芳香族碳和脂肪族碳的相对含量高达 94.59%。萃取物主要由几乎不含杂原子的芳香族碳和脂肪族碳组成。

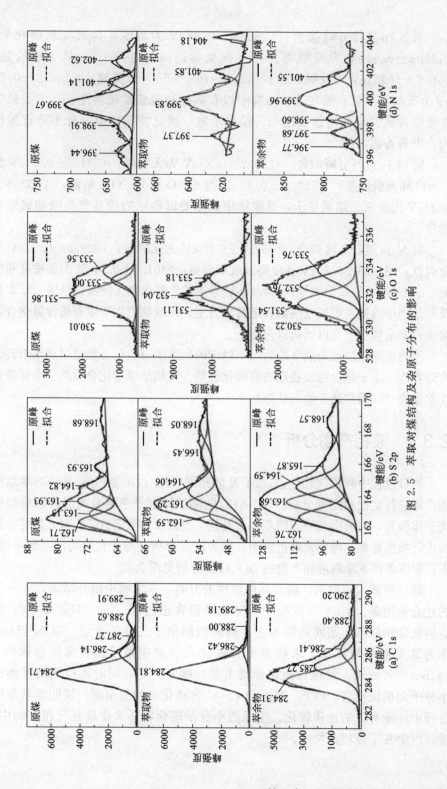

图 2.5　萃取对煤结构及杂原子分布的影响

对 S 2p 进行分峰拟合：（162.5±0.3）eV 为硫铁矿硫及无机硫化物；（163.3±0.4）eV 为硫醚类及有机硫化物；（164.1±0.2）eV 为噻吩硫；164.6～166.5eV 为亚砜类硫；167.5～168.5eV 为砜类硫；（168.6±0.2）eV 为硫酸盐类硫。硫在煤的结构中以有机硫和硫铁矿硫为主，且芳香硫的含量随着碳含量的增加而增加。经过萃取，硫化物演化成一种更稳定的结构，即芳香硫结构。

对 O 1s 进行分峰拟合：（530.2±0.2）eV 为无机氧；（531.5±0.5）eV 为 C＝O 和无机羟基；（532.5±0.3）eV 为 C—O 和 C—OH 单键；（533.6±0.3）eV 为酯氧。结果显示，萃取物中氧主要以稳定的羰基氧及酯基氧形态赋存。

对 N 1s 进行分峰拟合：（397.0±0.6）eV 为无机氮；（398.6±0.3）eV 为吡啶氮；（399.6±0.2）eV 为吡咯及吡啶酮氮；（401.4±0.5）eV 为季铵氮和氨氮；402.62eV 为氧化物氮；404.18eV 为质子化胺和氰化物氮。原煤、萃取物及萃余物中的氮主要以吡咯氮和吡啶氮为主。萃取物中主要以有机含氮化合物为主；萃余物中主要以无机氮为主[7]。

淖毛湖煤经过溶剂热萃取后，不稳定的杂原子有机化合物经过热重组转化为芳香族杂原子化合物或稳定的有机化合物。无机杂原子化合物几乎全部残留在萃余物中（通常处于游离状态）。

2.3.2 液相产物分析

萃取过程中利用气相色谱-原子发射光谱联用（GC-AED）方法对萃取液相产物进行定性和定量分析。GC-AED 的测试原理是色谱分离后的物质经等离子体激发，物质由激发态回至基态发光，光谱仪在限定波长内对元素特征波长进行扫描捕集，得到元素色谱图。该方法是分析杂原子化合物的有效手段。不同温度条件下萃取液相产物的 GC-AED 分析见图 2.6。

以二甲苯为萃取剂，随着萃取温度的升高，萃取物中组分增多，大分子的化合物增多。350℃萃取物中，链烷烃包含正己烷、C_{10}、C_{16} 及 C_{17}；芳香族化合物以苯、萘同系物为主，同时检测出了三环的芳烃。以 N 174nm 作为氮元素的特征谱，未检测出含氮化合物响应信号。含硫化合物以 S 181nm 为特征谱，发现含硫化合物主要以噻吩为主，同时还检测出可溶的小分子无机硫化物、COS、H_2S 及 CS_2。含硫化合物的出现，说明溶剂萃取过程中伴随有硫的迁移转化，生成的小分子硫化物并未出现在气相产物中，反而溶解在了液相产物中。

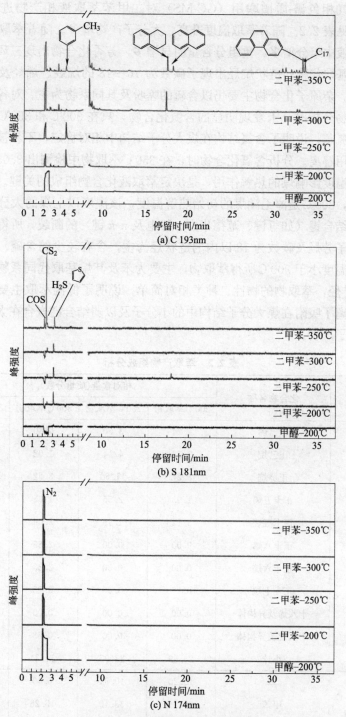

图 2.6　萃取液相产物 GC-AED 分析

利用气相色谱-质谱联用（GC-MS）对二甲苯萃取液相产物进行组成分析，结果见表 2.2。随着萃取温度升高，大分子产物增多。随着萃取温度的升高，萃取液中组分增多，重组分含量明显增多，芳香化合物出现三环、四环及对应的烷基取代物；链状烷烃出现了碳数为 16～18 的烷烃、烯烃及对应的同分异构体。杂原子化合物主要仍以含硫的噻吩及其同系物为主。对各温度段的含氮化合物分析时，未发现明显的含氮化合物，只在 300℃ 和 350℃ 萃取液中发现了偶氮苯，说明了含氮结构在煤大分子结构中相对稳定，不易被溶胀及溶剂溶解作用解离。分析含氧化合物时，在 350℃ 萃取物中检测出 3.05% 的含氧化合物。温度影响煤的热解作用，是决定萃取液化合物组成的关键。通过比对分析发现，300℃ 是淖毛湖煤的初始热解温度，该温度以上煤的大分子结构开始发生弱结合键（如氢键、范德华力、静电及 π-π 键）的断裂，所得萃取物主要以小分子芳烃及碳数为 18 以内的链状烃为主，含有较少的含硫、含氧化合物。萃取温度小于 300℃ 所得萃取物，主要为苯及其烷基取代同系物、碳数小于 10 的链烃，萃取物的物性、种类相对简单，说明了低温萃取主要是溶剂溶胀作用解离了吸附在煤大分子结构中的小分子及以弱结合键嵌合在大分子结构中的小分子产物。

表 2.2　萃取产物组成分析

分类	化合物名称	相对含量（质量分数）/%			
		200℃萃取物	250℃萃取物	300℃萃取物	350℃萃取物
链烃	正己烯	4.24	3.50	0.80	0.13
	正己烷	9.13	4.14	1.02	0.24
	正癸烷	8.27	11.60	3.32	0.21
	正十五烯	1.93	2.55	1.05	0.99
	正十五烷	3.12	1.16	2.06	1.12
	正十六烯	0.00	0.00	2.85	3.80
	正十六烷	0.00	0.00	2.33	1.48
	正十七烷	0.00	0.00	0.23	0.13
	十八烯及异构体	0.00	0.00	0.00	1.48
	十八烷及异构体	0.00	0.00	0.68	1.68
	小计	26.69	22.95	14.34	11.25
芳烃及 C_1～C_3 取代产物	苯	18.20	10.94	6.40	1.21
	甲苯	27.14	33.19	15.28	17.08
	苯的甲基取代物	16.36	15.46	17.96	3.96

分类	化合物名称	相对含量(质量分数)/%			
		200℃萃取物	250℃萃取物	300℃萃取物	350℃萃取物
芳烃及 C_1~C_3 取代产物	顺式十氢萘	0.84	2.43	3.64	0.64
	十氢萘的烷基取代物	0.00	0.00	2.32	0.57
	四氢萘	0.00	0.32	13.32	8.32
	萘	1.84	1.3	4.08	0.94
	萘的烷基取代物	2.30	7.12	5.11	9.11
	菲	0.00	0.83	3.43	15.83
	蒽	0.00	0.00	2.57	9.71
	菲和蒽的烷基取代物	0.00	0.00	5.21	13.21
	荧蒽	0.00	0.00	0.28	0.38
	芘	0.00	0.00	0.45	0.75
	荧蒽和芘的烷基取代物	0.00	0.00	1.24	2.24
	小计	66.68	71.59	81.30	83.95
含氮化合物	偶氮苯	0.00	0.00	0.23	1.33
	小计	0.00	0.00	0.23	1.33
含硫化合物	噻吩及同系物	1.43	0.84	0.39	0.43
	小计	1.43	0.84	0.39	0.43
含氧化合物	酚类	0.32	0.43	0.89	0.59
	其他	4.88	4.19	2.16	2.46
	小计	5.20	4.62	3.15	3.05

2.3.3 气相产物分析

煤热溶萃取过程中伴随煤结构的裂解,释放出一定量的气体,对气体产物的分析见图2.7。随着萃取温度升高,溶剂萃取尾气中 CH_4、C_2H_6、C_2H_4、CO_2、CO、H_2 等气体组分含量逐渐升高,且氢气及小分子烷烃类的含量随温度的升高而增大。煤萃取过程中气体产物主要以 CH_4、C_2H_6、C_2H_4、CO_2、CO、H_2 等为主,H_2S 和 NH_3 等气体含量低于色谱的检测限。二氧化碳的相对含量较高,说明原煤结构中含有较多的羧基或易生成二氧化碳的官能团,在热萃取过程中会发生分子间或分子内羟基氢键的断裂,脱羧反应也会伴随发生,含氧结构的自由基反应是生成二氧化碳的主要原因,一氧化碳的生成也印证了该判断。氢气及低阶烃类的生成主要是因为萃取过程中煤大分子结构的热解重组，大分子结构的自由基反应的发生是氢气及低阶烃类生成的主要原因。热萃取过程中还会有二氧化硫、硫化氢、氨等含杂原子的气体生成。气体产物的组成说明低温萃取时主要发生煤大分子结构内部吸附的小分子化合物的脱附。伴随着萃取温度的升高，会进一步发生煤大分子热解，释放更多小分子烷烃及氢气。

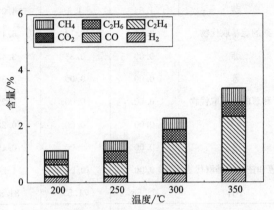

图 2.7　萃取过程中气体产物的气相色谱分析

2.4　高碱煤热溶萃取过程机理

经过对萃取率及萃取过程中产物的分析，总结各产物组成及杂原子化合物赋存形态，推演获得典型高碱煤热溶萃取过程的萃取机理，即煤大分子结构在热溶萃取过程中的变化及杂原子化合物的重组再分配，见图 2.8。溶剂萃取包含了高温萃取及低温萃取两个阶段。在低温下，溶剂会解离并破坏煤分子中的共价和非共价相互作用（即氢键、范德华相互作用、静电相互作用和 π-π 相互作用）。煤大分子结构存在"溶胀"。溶剂萃取通过溶剂的溶胀作用使煤的大分子结构变得松散，使更多的活性小分子从煤中释放出来。同时，通过吸附作用赋存在煤大分子结构中的小分子化合物，也通过萃取的作用以气体产物（例如 N_2、H_2S、COS、CO、C_2H_4、CO_2、H_2O、NH_3 等）的形式释放[8]。随着萃取温度的升高，溶剂萃取过程会伴随热解，煤本身的热解以及煤基质中有机部分与有机溶剂之间的亲和力促进煤的溶解萃取。热萃取伴随着自由基反应和热缩聚反应，导致原煤中杂原子的转化和重新分布，使不稳定的含 N、S 等杂原子的化合物向更稳定的化合物转变。热萃取对煤的结构具有热重整作用，并

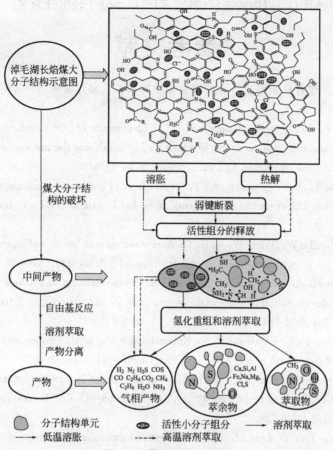

图 2.8 萃取机理示意图

且杂原子在此过程中迁移至热稳定性更高的化合物中。极性、芳香性及具有一定受-授电子能力的溶剂对低阶煤具有较好的萃取能力；此外，溶剂的结构与煤基本单元越相似，且结构空间位阻小的溶剂对煤的萃取能力也越强。通过对萃取产物分析发现，随着萃取温度的升高，萃取液相产物组成趋向复杂，重组分含量增多。此外发现，萃取过程中含硫化合物会进入萃取液中，含氮化合物很难在萃取条件下进入萃取液，而留在残渣中。萃取不仅对煤具有较好的脱灰效果，还具有很好的脱杂原子的效果，尤其是煤大分子结构中较为活泼的 O、S 杂原子。通过对萃取产物分析，萃取物多为小分子的芳香结构物质。低于煤初步热解温度进行溶剂萃取时，主要依靠溶剂溶胀作用破坏煤分子中的氢键、范德华力、静电和 π-π 键，易挥发、易脱除的小分子化合物会以气体产物（例如 N_2、H_2S、COS、CO、C_2H_4、CO_2、H_2O、NH_3 等）释放出来。高于煤初步热解温度萃取时，溶剂溶胀、溶解同时伴随煤的热解，萃取液相产物中出

现了多环芳烃及 C_{18} 以内的链状烷烃，但仍以小分子轻组分为主。

参考文献

[1] 秦志宏. 煤有机质溶出行为与煤嵌布结构模型 [M]. 徐州：中国矿业大学出版社，2008.

[2] Jianan Y，Xiongchao L，Caihong W，et al. Identification of the transformation features of heteroatomic compounds in a low rank coal by combining thermal extraction and various analytical approaches [J]. Fuel，2020，270：117480.

[3] Yoshida T，Li C，Takanohashi T，et al. Effect of extraction condition on HyperCoal production (2)-effect of polar solvents under hot filtration [J]. Fuel Processing Technology，2004，1 (86)：61-72.

[4] Shui H，Zhu W，Wang W，et al. Thermal dissolution of lignite and liquefaction behaviors of its thermal dissolution soluble fractions [J]. 2015，139：516-522.

[5] Dhawan H，Upadhyayula S，Sharma D K. Organo-Refining to produce near zero ash coals：determination of elemental concentration in clean coals [J]. Energy & Fuels，2018，32：6535-6544.

[6] Kuznetsov P N，Kamenskii E S，Kolesnikova S M，et al. Temperature effect on the thermal dissolution of coal [J]. Solid Fuel Chemistry，2018，3 (52)：163-168.

[7] Kawashima H，Koyano K，Toshimasa，et al. Changes in nitrogen functionality due to solvent extraction of coal during HyperCoal production [J]. Fuel Processing Technology，2013，106：275-280.

[8] Zhao Y，Tian Y，Ding M，et al. Difference in molecular composition of soluble organic species from two Chinese lignites with different geologic ages [J]. Fuel，2015，148：120-126.

第**3**章

高碱煤中活性
矿物质赋存形态

3.1 高碱煤中碱金属及碱土金属的赋存形态

一般而言，煤中有一定量的碱土金属（如氧化钙和氧化镁）以及碱金属氧化物（如氧化钠和氧化钾）。碱金属和碱土金属（AAEMs）对煤的转化有较大的影响。例如，AAEMs可作为气化或焦油裂解过程中的催化剂，还能引起结渣、污染和腐蚀等问题。AAEMs的演化行为不仅与温度有关，还与矿物的赋存形态有很大关系。新疆高碱煤中AAEMs的含量较其他地区的煤样明显偏高，不同化学形态的碱金属及碱土金属在热转化过程中显示出不同的演变规律和特性。因此深入分析掌握高碱煤中AAEMs的化学形态及矿物学特性对全面理解其释放演变机制具有重要意义。

Matsuoka等[1]研究了钙在高碱煤中的赋存形态。结果发现，煤中的钙可以分为两部分：一部分为金属阳离子，另一部分为与有机质相结合的矿物质。此研究中，在不同条件下用乙酸铵（NH_4OAc）水溶液对三种优质煤进行了浸出处理，以检验浸出液对浸出的影响，并检测浸出物质组成。发现NH_4OAc水溶液对Pocahontas♯3（POC）煤的浸出率为80%，与HCl水溶液浸出率几乎相同。此外，通过X射线衍射（XRD）和电脑控制扫描电子显微镜（CCSEM）分析了NH_4OAc浸出前后三种煤中的矿物质。根据XRD和CCSEM的结果，发现通过NH_4OAc浸出，除去了大部分方解石。总之，用NH_4OAc溶液浸出不仅能除去离子交换的钙，而且还能除去方解石。

杨靖宁等[2]研究了高碱煤在高温热解过程中钙的演变过程。结果发现，高钙煤经高温热解过程，部分 CaO 未能与 SiO_2 反应形成硅酸钙，而是以 CaO 的形式存在于焦炭中，使得焦炭中乙酸铵溶钙含量较高。煤中水溶性钙多以 $CaCl_2$ 的形式存在，当煤中 $CaCl_2$ 含量较高时，在热解过程中会在低温下挥发，而不会存留在焦炭中[3]。而当水溶性钙为 CaS 时，如在燃烧过程中被氧化，则以硫酸钙的形式存在；但在热解气氛下，CaS 不会被氧化为 $CaSO_4$，因为 CaS 的熔点高，在高温下也不易挥发，则会以 CaS 的形态存在于焦炭中。热解温度在 1000℃ 以下时，煤中方解石分解为 CaO；1000℃ 时，煤中其他矿物与 CaO 结合形成共熔体，并挥发至气相中。当温度升至 1200℃，除挥发至气相中的钙，其余钙基本以 CaO 和硬石膏等热稳定性较好的形式存在。在 1200～1400℃ 热解时，硬石膏在炭粉存在的条件下转化为 CaO，焦炭中钙主要以乙酸铵溶钙形式存在。在 1400℃ 以上时，氧化钙与硅铝等发生反应形成硅铝酸盐[4]。

AAEMs 在煤中的赋存形态主要分为三种：水溶态（晶体态或离子态），有机态（羧酸盐形式或与煤中的官能团结构结合）和不溶态（硅铝酸盐类）。可分别采用去离子水、乙酸铵和盐酸为萃取液，对煤中可溶性 AAEMs 进行萃取，以确定其含量。Na 在煤中多以水溶性钠存在，而 K 在煤中常以有机钾以及硅铝酸盐的不溶性钾的形式存在。此外，还存在一些 K、Na 的碳酸盐和硫酸盐等。Song 等[5]采用低温灰化处理的方式研究了煤中 Na 的化学存在方式。但是这些处理方式在处理过程中均严重破坏了碱金属及碱土金属的原始存在形式，无法获取 AAEMs 在煤中的真实存在形式。近年来先进的固态核磁共振（SSNMR）分析方法已被广泛用于煤样的表征[6]，特别是作为一种非破坏性方法，^{23}Na-NMR 和 ^{35}Cl-NMR 分析可以深入细致地提供煤中 Na 和 Cl 元素的原始存在形式及结合方式。

通常，AAEMs 在各种温度下的释放取决于 AAEMs 的类型。有研究发现，在热解初期煤中水溶性钠以盐酸溶钠为主，且不同钠之间随煤种、温度和气氛的不同存在不同的关系。也有人认为当煤中水分含量较高时，孔隙率高的煤，随温度升高，水溶性钠会移至煤粒表面，同时以 NaCl 的形式释放。在热解后期，煤中任何形式的钠都会与其他无机物发生反应，形成硅铝酸钠、硫酸钠和氢氧化钠等。在温度低于 300℃ 时，AAEMs 释放是由于水溶性物质在水中的演变引起的，在 400℃ 或更高温度下是由于羧酸根基团（可离子交换基团）的裂解引起的。因此，温度升高可能会使羧酸酯与 AAEMs 之间的键断裂，从而增强 AAEMs 的挥发性。碱金属的释放也与碱金属化合物的沸点有关，低沸点物质可提高释放速率。与含 Na 和 K 的化合物（例如氧化物和硫酸盐）相比，含 Ca 化合物具有较高的沸点。羧基与 Ca 或 Mg 之间形成两个键，在释放 Ca 或 Mg 之前，这些键的同时断裂比在 Na 释放之前只断一个键更加困难。因此，碱金属的释放速率高于碱土金属。同样，AAEMs 的释放也取决于煤粒径的大小。粒径小，比表面积大，扩散距离短。这些性质增加了 AAEMs 的释放速率。一般来说，硫酸盐比氯化物和氢氧化物更稳定；在实验过程中 SO_2 的燃烧，使样品中硫酸盐含量增大。SO_2 形成硫酸盐可抑制 AAEMs 的释放[7]。因此，AAEMs 的硫酸盐形成可能是 AAEMs 释放速率降低的原因。

此外，高碱煤在热转化过程中，不同存在形式的 Na 和 Cl 元素具有不同的迁移演变规律。同时，热转化温度对其转化机制起着至关重要的作用。因此通过研究不同温度下煤中碱金属及碱土金属的存在形式及矿物学特性，能够从根本上揭示腐蚀性元素的迁移演变规律，能够为其行为调控提供有力的理论支撑。

以典型的新疆高碱煤（五彩湾煤和沙尔湖煤）为原料，通过逐级萃取及有机重液分选萃取相结合的方式，研究了煤中 AAEMs 的赋存形态。同时采用高分辨率固态核磁共振（SSNMR）及 X 射线光电子能谱（XPS）对高碱原煤及热解半焦进行分析，揭示 Na 和 Cl 在煤中的原始存在形式及热转化机制。采用原位高温 XRD（insitu HT-XRD）研究不同热转化温度下高碱煤中活性矿物质的演变行为及矿物学特性，并结合热力学模拟计算软件 FactSage 阐明高温下高碱煤中 Na 的高温演变机制[8]。

采用循环逐级萃取装置对两种新疆原煤及分选煤样分别用去离子水、乙酸铵溶液（1mol/L）和盐酸（1mol/L）进行分步逐级萃取，每种溶剂在萃取柱中循环萃取 12h。然后利用电感耦合等离子发射光谱仪（ICP-OES）分析检测萃取液中 AAEMs 离子的浓度。图 3.1 是五彩湾煤和沙尔湖煤中 AAEMs 赋存形态萃取结果。由图可知，五彩湾煤和沙尔湖煤样中 Na 和 Ca 的含量较高。具体来说，五彩湾煤中 Na 主要以水溶态和乙酸铵溶态存在，沙尔湖煤中 Na 的主要存在方式为水溶态。五彩湾煤中 Ca 主要以碳酸盐和有

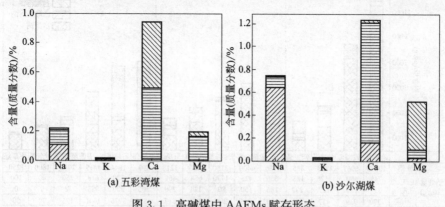

(a) 五彩湾煤   (b) 沙尔湖煤

图 3.1　高碱煤中 AAEMs 赋存形态

水溶　　乙酸铵溶　　盐酸溶

机形态存在，即主要溶于乙酸铵和盐酸溶液中；而沙尔湖煤中 Ca 主要以水溶态和乙酸铵溶态形式存在，同时还有少量的 Ca 以有机形态存在。K 在这两种煤样中的含量均很少。Mg 在这两种煤中的存在形式同样主要为碳酸盐和有机形态。

魏砾宏等[9]统计、分析了已发表的高碱煤相关数据，得出绝大多数高碱煤中的钠以水溶钠为主，部分煤（如神华宽沟煤和后峡煤）则以不溶钠为主的结论。白向飞等[10]分析了准东煤矿四个矿区中的 600 余组钻孔煤样、100 多个商品煤样，得出水溶钠是钠在煤中主要赋存形态的结论。由图 3.2 可知，不同矿区及同一矿区不同矿井的煤中钠含量差别均较大，质量分数分布在 0.105%～1.297%；不同煤种间同一赋存形态钠的含量差别也较大，普遍认为水溶钠含量最多。哈密煤中的水溶钠含量更是高达 10773μg/g。但对于个别矿区，如钠含量较高的神华宽沟煤中水溶钠含量却非常少，仅为 397μg/g。哈密煤水溶钠含量是神华宽沟煤的 27.14 倍。相对于水溶钠，乙酸铵溶钠的含量较少，即使是含量最多的天山木垒煤，其中的乙酸铵溶钠含量也仅为 1770μg/g，尤其是伊犁煤、伊东煤和淖毛湖煤中乙酸铵溶钠的含量低于 200μg/g。特别是在神华宽沟煤中，乙酸铵溶钠的含量高于水溶钠，约是水溶钠含量的 3.8 倍。相对于水溶钠和乙酸铵溶钠，盐酸溶钠和不溶钠的含量较少。整体来看，盐酸溶钠是四种赋存形态钠中含量最低的一种，特别是伊犁煤和伊东煤中无盐酸溶钠。红沙泉煤中盐酸溶钠的含量最高，为 983μg/g，是其余煤种中盐酸可溶性钠含量的 2.9～7.9 倍。虽然在大多数煤中，不溶钠的含量较少，但对于神华宽沟煤和后峡煤，则以不溶钠为主。依据中国煤炭行业标准《煤中碱金属（钠、钾）含量分级》（MT/T 1074—2008），碱金属（钠、钾）含量介于 0.30%～0.50% 的煤为中碱煤，超过 0.50% 的煤为高碱煤。因此，仅从钠的

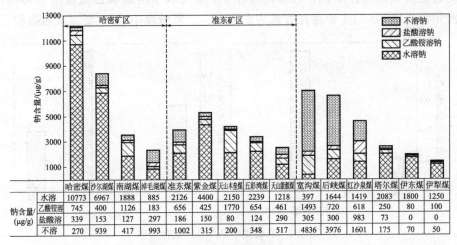

		哈密煤	沙尔湖煤	南湖煤	淖毛湖煤	准东煤	紫金煤	天山木垒煤	五彩湾煤	天山甄蘊煤	宽沟煤	后峡煤	红沙泉煤	塔尔煤	伊东煤	伊犁煤
钠含量/(μg/g)	水溶	10773	6967	1888	885	2126	4400	2150	2239	1218	397	1644	1419	2083	1800	1250
	乙酸铵溶	745	400	1126	183	656	425	1770	654	461	1493	720	618	250	80	100
	盐酸溶	339	153	127	297	186	150	80	124	290	305	300	983	73	0	0
	不溶	270	939	417	993	1002	315	200	348	517	4836	3976	1601	175	70	50

图 3.2 高碱煤中钠的赋存形态

含量上就可以判断上述绝大部分的煤种属于中高碱煤。

为进一步揭示新疆高碱煤中 Na 存在形式的普遍性，图 3.3 总结了文献中采用溶剂萃取方式研究新疆高碱煤中 Na 赋存形态的结果，将收集到的样本中的钠含量数据进行归一处理，得到各赋存形态钠占总钠的百分数[11]。从图中可以清楚地发现，新疆高碱煤中 Na 主要以水溶态形式存在，占煤中总 Na 含量的 50%～90%（质量分数）。乙酸铵溶 Na 的含量居次位，且不同高碱煤中乙酸铵溶 Na 的含量波动较大。盐酸溶 Na 和不溶 Na 的含量均较低，一般小于10%。因此，对于新疆高碱煤来说，高活性高含量的水溶 Na 和乙酸铵溶 Na 是引起设备腐蚀及结渣的主要原因，研究水溶 Na 和乙酸铵溶 Na 的迁移演变规律是解决新疆高碱煤利用过程中腐蚀和结渣问题的关键所在。

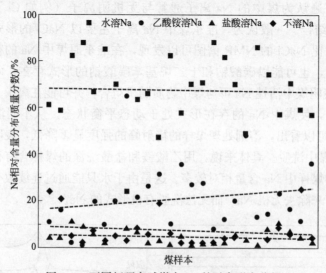

图 3.3   不同新疆高碱煤中 Na 的赋存形态分析

3.2   煤中 Na 和 Cl 的 NMR 原位分析

溶剂萃取过程将完全破坏 AAEMs 在煤中的原始存在形式，此外萃取过程只能定量分析不同形式 Na 的含量，而无法进一步获取煤中 Na 的化学存在方式。因此，采用高分辨率 SSNMR 对煤样以及其衍生的半焦中 Na 和 Cl 的化学形态进行检测分析。室温下在多核固态 NMR 光谱仪上进行固态[23]Na-NMR 光谱测量，通过 NaCl 的化学位移峰 $\delta = 7.2$ 进行峰位置校准。分析时将样品置于 3.2mm CP/MAS 探针中。在频率为 211.65MHz、MAS 速度为 19kHz 下获得高分辨率[23]Na NMR 光谱，旋转边带的强度小于中心带强度的 5%。在转子旋转速率为 15kHz、循环延迟为 0.5s、脉冲持续时间为 2.2ms、硬脉冲为 0.8ms、软脉冲为 15ms 的条件下获得二维多量子魔角旋转核磁共振（3Q-MAS）光谱。通过回波方法获得^{35}Cl 光谱，并在 2.5μs 和 90°脉冲长度下抑制背景噪声。尽管^{23}Na 作为具有非整数自旋（$I=3/2$）的四极核具有四极效应，但是通过选择更高的磁场可以使这种缺点最小化。更重要的是在核磁共振测试过程中不会损坏煤中 Na 的化学结构。因此，通过对比煤中 Na 与已知参考物质的共振谱图能够很好地验证煤中 Na 的结合形态。图 3.4 是煤样品和标准参照物质的^{23}Na 固态核磁共振分析结果。干燥脱水煤和原煤中 Na 的 NMR 谱图存在明显的差异，干燥后煤样的 NMR 衍射峰相对较宽并且稍微向较低的磁场移动。研究首次证明 Na 在干燥煤样和原煤中表现出不同的化学结合形态。以前的研究普遍认为煤中的 Na 离子通常与无机阴离子（例如 Cl$^-$、OH$^-$ 和 CO$_3^{2-}$ 等）结合。一般认为，准东煤中 Na 离子主要以 NaCl 的形式存在。然而，通过对比 NaCl 的 NMR 谱图可以发现，在准东原煤中 Na 的存在形式可能是乙酸钠，也可能以碳酸钠和十二烷基苯磺酸钠的形式存在，而不仅仅是 NaCl。这表明煤中活性 Na 可与煤中物质随机组合，并可能在离子力或离子浓度的影响下，使煤中 Na 的存在形式处于动态平衡状态。从不同溶剂洗煤的 NMR 谱图可以看出，溶剂处理煤样的衍射峰的强度显著降低，表明大部分的 Na 元素从煤中洗脱。具体来说，用乙酸铵和盐酸洗涤的煤样含有很少的 Na，而用水洗的煤样中 Na 含量相对较多。这是由于水只能通过连续改变溶液体系的离子平衡来除去无机 Na，而无法洗脱有机形式的 Na。

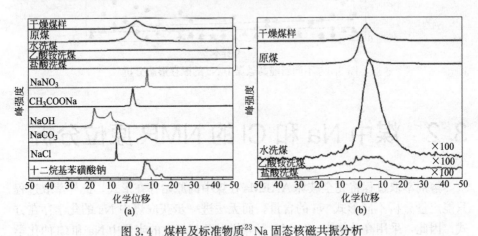

图 3.4　煤样及标准物质^{23}Na 固态核磁共振分析

为了更细致地阐明 Na 在煤中的存在形式和转化特性，对煤样和参考物进行了二维多量子魔角旋转核磁共振（3Q-MAS NMR）测试，结果如图 3.5 所示。由于^{23}Na 3Q-MAS 的分辨率高，重叠峰可以在高磁场（800MHz，18.8T）下被清晰地检测到。在 3Q-MAS 谱图中，可将峰向垂直轴上分解并对应于 MQ 各向同性，并且沿水平轴的每个切片表示每个位点的二阶四极展宽。首先确定每个样品中主要 Na 位点的各向同性化学位移（δ_{cs}）和四极产物（P_Q）。这些参数可以从沿着 F_1 维度的重心位置（δ_{F1}）和在 3Q-MAS 光谱中沿 F_2 维度的 MQ 各向同性化学位移（δ_{F2}）确定，即 a（-0.8 和 1.5）和 b（-4.1 和 -7.2）。可根据以下方程式计算各向同性化学位移（δ_{cs}）和四极产物（P_Q）[12]。

$$\delta_{cs}=\frac{17}{27}\delta_{F1}+\frac{17}{27}\delta_{F2} \tag{3-1}$$

$$P_Q=\sqrt{\frac{170}{81}\frac{[4S(2S-1)]^2}{[4S(S+1)-3]}(\delta_{F2}-\delta_{F1})\times V_0\times10^{-3}} \tag{3-2}$$

式中，S 是自旋量子数；V_0 是 ^{23}Na 的拉莫尔频率；P_Q 值通常代表结构对称的程度（较小的 P_Q 值表示较高的对称性）。根据 3Q-MAS 谱图可知，原煤的峰值 a（$\delta_{cs}=0.05$，$P_Q=6.2$MHz）相对接近 CS 轴，而干燥煤的峰值 b（$\delta_{cs}=-5.39$，$P_Q=13.2$MHz）相对于原煤远离 CS 轴的位置，这表明原煤中的 Na 元素比干燥煤中的 Na 元素具有更高的对称性，这种差异主要归因于原煤中较多的水分。这可能是由于 Na 可以溶解在存有大量水的微孔中，分布较为均匀。因此，在离子力的作用下，Na 离子可以在无机和有机形式之间相互转化。此外，图 3.5 中，干燥煤样和十二烷基苯磺酸钠的谱图局部重叠，这意

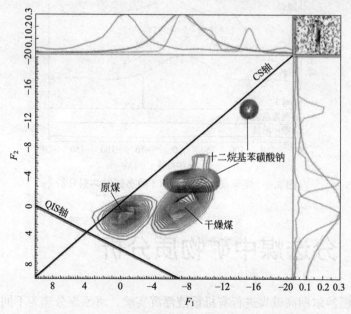

图 3.5 煤样及标准物 ^{23}Na 的 NMR 二维谱图

味着在煤干燥后大部分的 Na 元素将转化为低对称性的有机形式（例如—COONa）。在某种程度上，这些形式的 Na 具有热不稳定性并且在热解过程中较容易挥发而造成设备的腐蚀。

对煤样及标准物同样进行了^{35}Cl-NMR 测试，分析高碱煤中 Cl 元素的化学存在形态，结果如图 3.6 所示。从图中可以发现，由于样品中 Cl 的结晶度低，干燥的煤样和原煤的^{35}Cl 峰均很宽。而且原煤和干燥煤的^{35}Cl 核磁共振谱图差异很小，这表明煤中的水对 Cl 的赋存形态几乎没有影响。这可能是因为 Cl 被煤中的官能团强烈地束缚为有机形式，而不是随机分布在煤中。而且由于有机 Cl 极低的固有灵敏度和较高的四极谱展宽度，几种典型的含有有机 Cl 的参照物的^{35}Cl-NMR 谱图并不显著。同时，对煤中潜在的无机含 Cl 化合物（即 $CaCl_2$、NaCl、$MgCl_2$）的标准物质同样做了 NMR 分析。通过对比标准物质的 NMR 峰（$CaCl_2$ 的化学位移为 100 和 25；$MgCl_2$ 的化学位移为 14；NaCl 的化学位移为－50）与煤中 Cl 的 NMR 峰（化学位移约－10），可以得出煤中的 Cl 不可能完全以无机形式存在的结论。尽管 $MgCl_2$ 的峰与煤样的峰部分重叠，但 Cl 可能主要与煤中的有机官能团相结合，因为煤中 Cl 的谱图受煤中水分含量的影响并不显著。

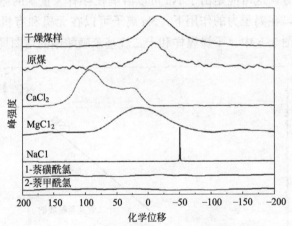

图 3.6　煤样及标准物质^{35}Cl 固态核磁共振分析

3.3　分选煤中矿物质分析

对新疆沙尔湖高碱煤进行有机重液浮沉实验，将原煤分选为不同密度的煤样：S_1（$\rho < 1.3g/cm^3$）、S_2（$\rho = 1.3 \sim 1.4g/cm^3$）、$S_3$（$\rho = 1.4 \sim 1.5g/cm^3$）、

$S_4(\rho > 1.5\text{g/cm}^3)$。各煤样的工业分析、元素分析和灰成分分析见表 3.1（因 S_0 组分所占比例很小，分析忽略此组分）。煤灰分中有较高含量的 Ca、Si、Al 元素，其中以 CaO 为主。从工业分析中发现，经浮沉实验，煤样密度越大，灰分含量越高。其中，当密度大于 1.5g/cm^3 时，灰分含量较其他样品显著增大。

表 3.1　煤样的工业分析、元素分析和灰成分分析

样品	工业分析（质量分数）/%				元素分析/%				
	M_{ad}	V_{daf}	A_d	FC_{daf}	C_{daf}	H_{daf}	N_{daf}	$S_{td,daf}$	O_{daf}
原煤	7.23	38.49	14.41	61.51	73.54	5.36	1.37	0.46	19.27
S_2	4.52	39.72	5.43	60.28	73.69	5.57	1.02	0.41	19.31
S_3	5.35	39.70	6.16	60.30	73.72	5.28	1.01	0.26	19.73
S_4	4.64	33.85	22.84	66.15	75.16	4.04	1.01	0.25	19.54

	灰成分分析（质量分数）/%								
样品	SiO_2	Al_2O_3	Fe_2O_3	CaO	K_2O	Na_2O	MgO	SO_3	TiO_2	MnO
原煤	28.36	15.53	6.51	40.12	0.05	2.62	2.82	2.52	0.93	0.21
S_2	12.57	14.47	11.27	41.66	0.01	0.67	8.19	7.28	1.96	0.16
S_3	18.89	14.94	10.32	40.49	0.01	0.92	6.83	4.09	1.57	0.15
S_4	40.14	19.75	12.84	20.11	0.28	1.78	1.89	0.96	1.24	0.28

　　图 3.7 是新疆沙尔湖高碱煤分选实验的结果。沙尔湖高碱煤以在 1.4～1.5g/cm³ 密度区间的煤样为主（质量分数为 77.84%），在密度小于 1.3g/cm³ 区间的含量很小，仅为 0.42%。煤样在密度 1.3～1.4g/cm³ 区间和大于 1.5g/cm³ 区间的含量分别为 7.58% 和 14.15%。

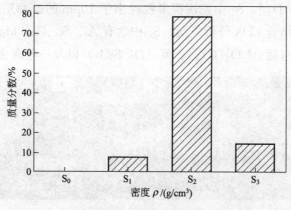

图 3.7　分选实验结果

从煤的 X 射线衍射（XRD）谱图（图 3.8）中可以发现，各密度煤样中均含有高岭土$[Al_2(Si_2O_5)(OH)_4]$和石英（SiO_2）。从峰强度看，S_4 中此类矿物质含量最高。在 S_2 中发现了重钠矾（$NaHSO_4 \cdot H_2O$）和重碳酸钾石（$KHCO_3$）特征峰。通过浮沉实验发现，碱金属多存在于低密度煤样中。在 S_4 中发现含有方解石（$CaCO_3$）和菱铁矿（$FeCO_3$）。经有机重液浮选后，矿物质集中存在于高密度煤样中，有机质则多富集于低密度煤样中。

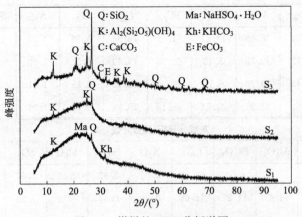

图 3.8　煤样的 XRD 分析谱图

图 3.9 和表 3.2 是背散射扫描电镜（SEM-BSE）和 X 射线能谱（EDX）对沙尔湖各密度煤样中矿物质的分析结果。随着样品密度的增大，煤中矿物质存在形态和含量有很多差别，图中越亮的地方表示原子序数越高。S_2 中矿物质颗粒（B）较大且集中。结合能谱分析显示，S_2 中含有 Al、Si、O 三种元素。B 处 Si 和 Al 的原子个数比约为 1:1，可推测该处为高岭土[B：$Al_2(Si_2O_5)(OH)_4$]。S_3 中发现很多粒径小于 $10\mu m$ 的矿物质颗粒，其镶嵌于有机物中，结合 EDX 分析发现，S_3 中含有 Al、Si、Ca、Mg、Cr，可以推测其成分主要包括 Al_2O_3（C）、石英（D：SiO_2）以及一些黏土矿物（E）和

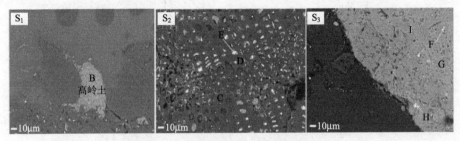

图 3.9　不同密度煤样的 SEM-BSE 分析[13]

高岭土等。S_4 中矿物质分布与 S_2、S_3 不同，并没有被有机质"包裹"，而是以大块的形式与有机质相对独立地存在。也因为这种矿物质的存在形式，使 S_4 煤样具有高灰分、高密度的特点。S_4 主要含有 Fe 和 Ca 的硅铝酸盐类（H、I）大块矿物；结合 XRD 分析发现，S_4 中也含有高岭土、石英等矿物。在分析 EDX 结果时看到，在 S_4 中发现了少量的 K、Na，且以硅铝酸盐的形式存在（F、G），Ca、Mg 多以硅酸盐形式存在（H、I）。

表 3.2　沙尔湖煤样的 EDX 分析　　　　　　单位：%

原子	B	C	D	E	F	G	H	I
Si	20.8	—	46.4	6.03	2.88	34.94	2.88	7.42
Al	22.15	48.26			1.05	12.67	1.11	1.5
O	57.05	51.74	53.6	29.99	52.95	42.75	40.64	34.08
Ca	—	—		5.92	—		35.05	
Fe	—	—			42.16		2.16	52.51
Na	—	—			—	6.26	—	—
K					0.61	3.38		
Mg				3.55	—			1.2
S					0.34			
P							17.73	
Cl							0.31	
Ti								3.28
Cr				54.5			0.71	—

通过 SEM-EDX 检测到 AAEMs 多以硅酸盐或硅铝酸盐形式存在，同时也有部分碳酸盐。通过 XRD 分析，在低密度煤样中发现了重钠矾（$NaHSO_4 \cdot H_2O$）和重碳酸钾石（$KHCO_3$）等可溶性 AAEMs。文献表明高碱煤中 Na 多以水溶钠（NaCl）形式存在，同时经后续热转化实验分析发现，在中低温萃取过程中大量的 Na 以氯化钠的形式挥发至气相中。但在分析过程中并未直接发现以氯化物存在的 AAEMs，说明水溶性 AAEMs 多以分散的水合离子的形式存在于煤的孔隙中。

为进一步深入分析高碱煤中 AAEMs 的存在方式，采用溶剂逐级萃取的方式对有机重液分选组分进行了萃取分析，结果如图 3.10 所示。对沙尔湖煤进行分选组分的分级萃取，发现可溶性 AAEMs 的含量随样品密度的增大而增大，可溶性 Na 和可溶性 Ca 含量较多，可溶性 K 含量较少。沙尔湖煤各密度样品中，可溶性 Na 主要以水溶 Na 为主，钠主要以水溶盐或水合离子形式存在。Ca、Mg 主要以乙酸铵溶和盐酸溶为主，且较多地集中在 S_3 组分中，水溶态的含量则很低。可溶性 K 的量很少，主要是水溶 K 和乙酸铵溶 K。通过有机重液分选后，沙尔湖煤样中的 AAEMs 在高密度样品中富集。

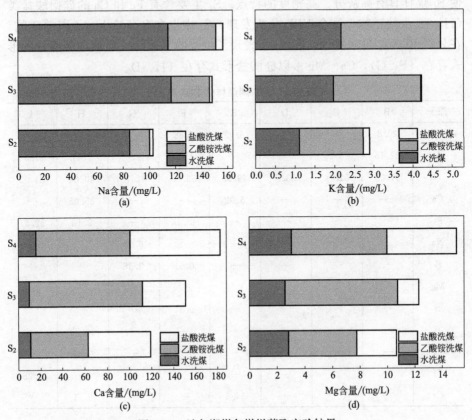

图 3.10　沙尔湖煤各煤样萃取实验结果

采用同样方法对五彩湾煤进行分选组分的分级萃取，发现五彩湾煤分选煤样中可溶性 Na、K 的含量随样品密度的增大而降低，Ca、Mg 的含量随样品密度的增大有所波动（图 3.11）。五彩湾煤各密度样品中，可溶性 Na 主要以水溶 Na 为主，盐酸溶 Na 在 W_2（ρ 为 1.3～1.4g/cm³）和 W_4（$\rho>1.5$g/cm³）中出现，且含量很低。可溶性 K 主要是水溶 K 和乙酸铵溶 K，而 Ca、Mg 则以乙酸铵溶为主，水溶 Ca、Mg 含量很少。由不同密度样的工业分析数据可知，W_4 的灰分明显高于 W_2（ρ 为 1.3～1.4g/cm³）和 W_3（ρ 为 1.4～1.5g/cm³），而 Na、K 的含量却随密度的增大而降低，Ca、Mg 的含量变化不大。通过上述分析可进一步说明可溶性 AAEMs 主要存在于煤样的孔隙中或以化学键的形式与煤的大分子结构结合，而大块状矿物质中存在的 AAEMs 主要以不溶性的硅酸盐或硅铝酸盐等形式存在。

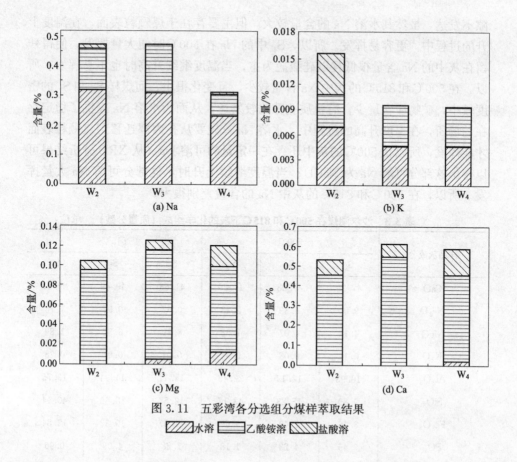

图 3.11　五彩湾各分选组分煤样萃取结果

▨ 水溶　▧ 乙酸铵溶　◩ 盐酸溶

3.4　高碱煤灰中碱金属和碱土金属分布

表 3.3 是新疆沙尔湖高碱煤分选组分在 500℃和 815℃灰化后的 X 射线荧光（XRF）分析结果，在分析结果中忽略了 Cl 和 Br 含量的影响。可以看出，S_2 分选组分在 500℃和 815℃的灰中 Na 含量差别很大，S_3 具有同样的结果；而 S_4 中 Na 的含量差别很小。这说明，在 500℃灰化过程中，S_2 和 S_3 中 Na 只有部分挥发，灰中还残留了大量挥发性的可溶 Na，而在 815℃灰化过程中，可挥发性 Na 基本全部释放，而使残留物中 Na 的含量急剧降低。S_4 在 500℃灰化过程中，煤中的大部分可溶 Na 已经挥发，残留的 Na 主要以硅酸盐形式存在，当温度继续上升时，Na 的含量基本保持不变。所以 Na 在 500℃和815℃灰中的含量差别很小。

造成这种现象的原因可能是：煤样 S_4 的密度大且矿物质含量多，煤的孔隙不发达，虽然其水溶 Na 的含量较大，但主要存在于煤颗粒表面，在温度上升的过程中，更容易挥发。所以，S_4 中的 Na 在 500℃时便大量挥发，使得残留在灰中的 Na 含量很低且以硅酸盐为主，当温度继续升高时也不易挥发。所以，在500℃和815℃的灰中 Na 含量较少，且变化很小。而煤样 S_2 和 S_3 的密度较小，矿物质含量少，有机质孔隙比较发达，从而为水溶 Na 提供了稳定存在的场所，在温度升高的过程中，水溶 Na 首先要从孔内部迁移到煤颗粒表面才能挥发，所以在 500℃的灰中还存在一定量的可溶 Na（从 XRD 分析结果可以得出这部分可溶 Na 为 NaCl）；当温度继续上升时，这部分可溶 Na 大量挥发。所以，在 500℃和 815℃的灰中 Na 的含量差别很大。

表 3.3　沙尔湖煤在 500℃和 815℃下灰的化学组成（质量分数）　单位：%

样品灰成分	500℃			815℃		
	S_2	S_3	S_4	S_2	S_3	S_4
CaO	47.28	47.98	17.29	41.66	40.49	20.11
Na_2O	9.00	6.39	2.23	0.67	0.92	1.78
MgO	4.13	4.07	1.58	8.19	6.83	1.89
K_2O	0.14	0.08	0.44	0.01	0.01	0.28
Al_2O_3	10.93	12.13	22.43	14.47	14.94	19.75
SiO_2	9.89	15.23	43.17	12.57	18.89	40.14
Fe_2O_3	8.46	7.40	9.69	11.27	10.32	12.84
SO_3	7.45	4.23	1.18	7.28	4.09	0.96
BaO	—	—	0.15	0.21	0.28	0.14
MnO	0.13	0.11	0.20	0.16	0.15	0.28
TiO_2	1.41	1.20	1.21	1.96	1.57	1.24
P_2O_5	—	—	—	—	—	0.04
Cr_2O_3	0.11	0.10	0.07	0.06	0.07	0.04

图 3.12 是沙尔湖煤样在 500℃和 815℃灰化后的 XRD 分析结果。从图可以看出，在 S_2 的 500℃灰中有很强的 NaCl 特征峰；在 815℃的灰中，没有含 Na 矿物的特征峰出现，但从 XRF 结果中检测到了 Na 的存在，可能是因为 Na 以硅酸盐形式存在，且含量太少，而不能被 XRD 检测出来。这说明在 500℃下，NaCl 可以稳定存在，而随着温度的升高，开始大量挥发，在 815℃时，NaCl 已完全挥发。此外，在 S_2 的 500℃灰中还出现了方解石、磁黄铁矿以及微弱的镁硅钙石特征峰；在 815℃出现了方镁石、铁钙榴石 $[Ca_3Fe_2(SiO_4)_3]$、硬石膏和熟石灰特征峰。方解石在 815℃已分解，部分

与磁铁矿以及石英反应形成铁钙榴石和硬石膏，而其余部分与空气中的水分反应形成熟石灰。而 Mg 在 500℃时主要以镁硅钙石的形式出现，随着温度的升高，镁硅钙石转化为方镁石和斜硅钙石。

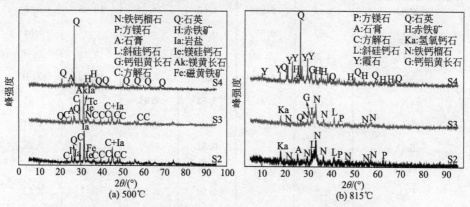

图 3.12　沙尔湖煤样在 500℃和 815℃灰化后的 XRD 分析

S_3 组分在 500℃灰中主要出现了 NaCl、方解石、石英、镁黄长石等，在 815℃时出现了铁钙榴石、斜硅钙石、钙铝黄长石、方镁石和少量石英等。在温度上升的过程中，方解石分解，与石英和（或）黄铁矿反应产生铁钙榴石和钙铝黄长石等。S_4 在 500℃灰中出现了大量的石英以及少量的赤铁矿和石膏，而在 815℃时，除了石英、赤铁矿和石膏外，还出现了大量的霞石（$KNa_3AlSi_4O_{16}$）。这可能是因为在升温过程中，部分可溶钠转化为不可溶钠（硅铝酸盐）。

XRD 分析结果表明，在 500℃的 S_2 和 S_3 灰中都发现了的 NaCl 特征峰，而 S_4 中没有含 Na 的化合物或矿物质。在 815℃，Na 只在 S_4 的灰中发现，且以硅铝酸盐霞石（$Na_{6.65}Al_{6.24}Si_{9.76}O_{32}$）的形式存在。

从表 3.4 可以看出，五彩湾煤在 500℃的灰中 W_2、W_3 和 W_4 组分中 Na 含量差别很大。这说明，在 500℃灰化过程中，W_2 和 W_3 中 Na 只有部分挥发，灰中还残留了大量挥发性的可溶钠。而在 815℃灰化过程中，可挥发性 Na 基本全部释放，残留物中的 Na 含量急剧降低。残留的 Na 主要以硅酸盐形式存在。

表 3.4　五彩湾煤在 500℃和 815℃下灰的化学组成（质量分数）单位：%

样品灰成分	500℃			815℃		
	W_2	W_3	W_4	W_2	W_3	W_4
CaO	39.5	41.72	4.38	31.17	32.05	4.12
Na_2O	3.51	3.57	0.67	0.52	0.29	0.49

样品灰成分	500℃			815℃		
	W₂	W₃	W₄	W₂	W₃	W₄
MgO	9.44	9.98	1.52	16.25	19.05	1.49
K₂O	0.07	0.06	0.89	—	—	0.83
Al₂O₃	14.26	12.03	13.16	15.74	12.32	12.59
SiO₂	6.18	7.78	63.18	7.54	10.26	64.61
Fe₂O₃	2.07	2.47	8.53	2.85	3.66	9.31
SO₃	22.25	19.92	4.34	22.87	19.66	2.94
BaO	—	—	0.32	—	—	0.38
MnO	0.12	0.12	0.04	0.14	0.13	0.04
TiO₂	0.7	0.4	2.39	0.88	0.47	2.62
P₂O₅	0.19	0.27	0.07	0.09	0.12	0.03
Cr₂O₃	0.11	0.08	0.1	0.08	0.03	0.09

图 3.13 为五彩湾煤样在 500℃和 815℃灰化后的 XRD 分析结果。可以看出，在 500℃的低密度煤灰中（W_2 和 W_3），Na 以硫酸盐［钠矾石：$Na_{0.58}K_{0.42}Al_3(SO_4)_2(OH)_6$］的形式存在，随着温度的升高，挥发量增大。在 815℃灰中残留的 Na 含量减少且以硅酸盐［方钠石：$Na_{3.5}K_{4.5}(AlSiO_4)_6(ClO_3)_{1.91}(OH)_{0.09}$］的形式存在。K 和 Ca 含量在这两个温度的灰中变化不大，而 Mg 的含量有所增加，可能是由于其他元素含量下降所引起的数学计量方面的改变。

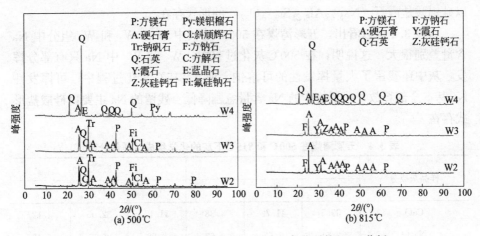

图 3.13　五彩湾煤样在 500℃和 815℃灰化后的 XRD 分析

参考文献

[1] Matsuoka K, Yamashita T, Kuramoto K, et al. Transformation of alkali and alkaline earth metals in low rank coal during gasification [J]. 2008, 6 (87): 885-893.

[2] 杨靖宁, 张守玉, 姚云隆, 等. 高温热解过程中新疆高碱煤中钙的演变 [J]. 煤炭学报, 2016, 10: 2555-2559.

[3] 刘豪, 邱建荣, 熊全军. 燃煤固体产物中含钙矿物的迁移与多相反应田 [J]. 中国电机工程学报, 2005, 11 (25): 72-78.

[4] Lin X, Wang C, Miyawaki J, et al. Analysis of the transformation behaviors of a Chinese coal ash using in-/ex-situ XRD and SEM-EXD [J]. Asia-Pacific Journal of Chemical Engineering, 2015, 1 (10): 105-111.

[5] Weijian S, Guoliang S, Xiaobin Q, et al. Sodium transformation characteristic of high sodium coal in circulating fluidized bed at different air equivalence ratios [J]. Applied Thermal Engineering, 2018, 130: 1199-1207.

[6] Lin X, Wang C, Ideta K, et al. Insights into the functional group transformation of a chinese brown coal during slow pyrolysis by combining various experiments [J]. 2014, 118: 257-264.

[7] ModyQuyn D, Hayashi J, Chun-ZhuLi. Volatilisation of alkali and alkaline earth metallic species during the gasification of a Victorian brown coal in CO_2 [J]. Fuel Processing Technology, 2005, 12-13 (86): 1241-1251.

[8] Lin X, Yang Y, Chen X, et al. Investigation on the original occurrences and in-situ interactions of sodium and chlorine during pyrolysis of Zhundong coal [J]. Energy & Fuels, 2018, 32: 5062-5071.

[9] 魏砾宏, 崔保崇, 陈勇, 等. 高碱煤钠赋存形态及其燃烧过程中迁移转化的研究进展 [J]. 燃料化学学报, 2019, 47 (8): 897-906.

[10] 白向飞, 王越, 丁华, 等. 准东煤中钠的赋存状态 [J]. 煤炭学报, 2015, 12 (40): 2909-2915.

[11] 杨远平. 高碱煤中碱性金属赋存及热解气化过程演变行为研究 [D]. 北京: 中国矿业大学 (北京), 2019.

[12] Medek A, Harwood J S, Frydman L. Multiple-quantum magic-angle spinning NMR: A new method for the study of quadrupolar nuclei in solids [J]. Journal of the American Chemical Society, 1995, 117: 12779-12787.

[13] 林雄超, 杨远平, 徐荣声, 等. 新疆高碱煤分选组分中碱性矿物赋存及差异演化研究 [J]. 燃料化学学报, 2017, 2 (45): 157-164.

Sha... K. Varmaphan...T. Kopphanan A. C... Thermo...

catalytic combustion in...

...

... ...

...

... ...

... ...

... ...

第 **4** 章

高碱煤
热解特性

4.1 高碱煤常规热解特性

热解是低阶煤分级转化、清洁高效利用的基础。通过热解可将低阶煤中易挥发组分转化为高附加值焦油以及高热值煤气，并产生大量的固体副产物半焦。热解产生的半焦占原煤质量的 50%～70%，其中蕴含的能量约为原煤的80%，半焦的清洁高效大规模利用是能否实现低阶煤分级转化、清洁高效利用的关键步骤。煤的热解是煤热转化利用的基础反应，在煤气化、液化、燃烧等煤转化过程中均有热解反应的发生。与其他煤转化工艺相比，煤热解工艺简单，是一个仅通过热加工即可实现煤的部分气化和液化，制取半焦、焦油和煤气的过程。与气化或液化工艺相比，热解工艺加工条件温和，投资少，成本低。

由于煤的热解过程复杂，热解产物的分布及性质受到诸多因素的影响，而且各个影响因素之间相互依赖、密不可分，并且由于不同煤种分子结构的差异性，热解特性随热解操作条件的不同而有所不同。煤的热解过程不仅和煤自身的理化性质密切相关，也与热解操作条件有关，煤热解的影响因素主要有以下几点。

(1) 煤种的影响

煤中元素组成、官能团成分与含量等因煤种的不同而不尽相同，煤结构和性质也不相同。这些因素直接影响煤热解的起始温度、热解产物的分布及组成。Pretorius[1]研究了不同煤阶的煤在相同热解温度下的产物分布，结果表明由于高阶煤中碳含量高，挥发分含量和水含量低，导致高阶煤总体挥发分和气体产率高，半焦和焦油产率低。Han[2]在带有天平的移动床热解设备中研究了3种褐煤的快速热解，在线记录了样品质量变化并计算了热解动力学参数，发现原煤中氧含量的提高有利于降低热解活化能，而碳含量的增加则提高了热解活化能。van Heek 等[3]研究了不同煤种以及相关模型物质的结构和热解行为的关系，结果表明，随着煤化程度的提高，煤分子中的弱键逐渐消失，煤发生热解所需的温度随之升高。

（2）热解温度的影响

除了煤自身性质，影响煤热解的最重要的因素是热解温度。热解温度不仅对一次产物的产生有影响，也对一次产物的二次反应有影响。热解温度的提升导致一次热解产物的二次反应更加剧烈，例如焦油的裂解反应，使得焦油产率下降，气体产率提高。商铁成[4]在500～700℃范围内研究了榆林长焰煤的热解特性，结果表明焦油产率在600℃时达到最大，当热解温度高于600℃时，焦油的二次裂解速率大于其产生速率，导致焦油产率降低。Feng 等[5]在823～1073K温度范围内研究了温度对宁东煤热解产物分布规律的影响，发现半焦产率随热解温度的升高而降低，热解气产率则随温度的升高而提高，焦油产率则没有明显变化，但是在923K时达到最大。气体组分中 H_2 和 CO 产率随热解温度的提高而增加，而 CH_4、CO_2、C_2H_4 等气体组分产率下降。He 等[6]研究了生物质残渣在300～600℃温度范围内的热解特性，发现随着热解温度的提高焦产率降低，气体产率则呈现相反的现象，并且 CO_x 在热解气中所占比例随温度的升高而降低。对于不同的煤种，同一反应器下热解焦油产率最高时对应的温度也不同，所以不同煤种的热解适宜温度需要具体研究。

（3）升温速率的影响

升温速率对热解过程也产生重要影响。当升温速率较快时，挥发分析出速率快，热缩聚反应减少，焦油产率提高。同时由于煤导热性差，升温速率的提高使煤热解各个阶段向高温区移动。Arni[7]利用间歇式反应器在753K、853K和983K固定温度下对比分析了甘蔗渣的快速热解和慢速热解产物分布情况。结果表明在三个温度下，快速热解情况下半焦和气体收率低于慢速热解，而焦油产率则比慢速热解高。Tian 等[8]利用热分析仪研究了升温速率对煤热解行为的影响，结果表明快速升温条件下，热解起始温度升高，热解最大失重速率增大，并且最大失重速率对应的温度升高，气体产物产率增加。

（4）压力的影响

热解压力的影响主要体现在压力对挥发分析出和二次反应化学平衡的影响。Canel[9]表示气体的产生随着压力的提高而降低，原因在于随着热解压力的增大，热解产物的逸出受阻，延长了挥发分在煤孔隙以及高温区的停留时间，挥发分之间发生聚合、缩聚反应的概率增大。聚合反应阻止大分子降解为气体和小分子，随着反应压力从 5MPa 提高到 10MPa，气体的生成减少，并且常压热解产物的最大生成温度低于带压热解。Ripberger 等[10]利用热重-气相色谱-质谱联用仪（Py-GC-MS）研究了松木热解过程中自生压力对热解产物的影响，发现压力的提高促进了二次反应的发生，导致更多低分子热解产物以及长链烷烃、烯烃和甲基酮的产生。Cheng 等[11]利用固定床反应器研究了神木煤负压热解特性，发现降低热解压力可以抑制一次热解产物二次反应的发生，提高热解焦油产率，与常压热解相比，负压热解条件下产生的焦油含有更多的脂肪烃和酚类，但芳烃含量较低。

（5）反应气氛的影响

热解气氛除惰性气氛（如氮气气氛）外，还有氢气、甲烷、二氧化碳以及水蒸气等气氛。研究表明还原性气氛（H_2、CH_4、CO 等）可以提高热解中轻质芳香烃的产率，特别是苯、甲苯等，可获得品质较好的焦炭。H_2 气氛有利于降低半焦产率，提高焦油收率，同时使焦油中轻质组分的含量增加。CH_4 气氛下，在热解温度为 700～800℃时，能明显增加焦油产率，并提高其中轻质组分的含量。但有研究表明热解气氛中 H_2 和 CO_2 对焦油产率有抑制作用。在 CO_2 气氛下热解，会加快挥发分释放的速率，但煤热解转化率并无明显改变，这可能是因为 CO_2 气氛对煤颗粒表面的活性位起到了保护作用，使更多的 H_2 参与到煤的加氧热解中，从而抑制了焦油分解[12]。

（6）矿物质的影响

作为煤中的主要无机物，矿物质对煤的热解特性有显著影响。针对矿物质对热解特性影响的研究，一般有两种手段：一种是洗脱矿物，另一种是外加矿物。煤中矿物质以 Si、Al 为主，还包括 Na、K、Ca、Mg、Fe 等化合物。通常，碱土金属和碱金属等矿物质（AAEMs）对煤热解具有一定的催化作用，但煤样自身性质及反应条件不同，煤热解特性也不尽相同。矿物质对煤热解既能促进，也能抑制，这种作用与煤样自身的矿物质以及有机显微组成有关。CaO 会催化惰质组挥发分的释放；NaCl 则会催化热解前期的有机物裂解，而且作用于镜质组的催化效果要强于惰质组。研究发现矿物质对不同变质程度的煤样热解作用不同，对低阶煤焦有催化作用，而对高阶煤焦却有抑制作用。采用酸洗法脱灰并结合外加矿物法研究煤的热解特性，结果表明煤中自身的矿物质对其热失重特征以及动力学参数并没有显著的影响[13]。但当 K_2CO_3、CaO 和 Al_2O_3 等矿物添加到脱灰煤中后，发现反应活化能较脱灰煤发生显著降低，热解特征温度也有了明显改变。Li 等[14]针对 AAEMs 对澳大利亚维多利亚煤的热解影响展开研究，使用固定床反应器对煤内在 AAEMs 和外加 AAEMs 对热解的影响进行了探究。结果发现，脱灰后煤热解的焦油产率升高，而半焦产率则降低，分析认为 AAEMs 会充当煤大分子结构的交联点，从而增加焦油的产量。

（7）显微组分的影响

煤的有机显微组分是决定煤性质的主要因素。Strugnell 等[15]对经显微组分富集的煤样进行加氢热解实验，发现在相同热解条件下，热解产物总产率大小为：壳质组，镜质组，惰质组。也有人针对显微组分富集物在 N_2 气氛下热解以及用热重-红外联机考察热解失重情况和热解气析出情况。结果发现，镜质组和惰质组热解多以芳香烃脱氢缩聚为主，且镜质组的失重量要高于惰质组。镜质组组分中侧链较多，含氢量高，芳香度小，更容易热解。因惰质组的芳香化程度比镜质组大，所以在热解中，惰质组产生的甲烷等气态烃较少。

不同煤种中矿物质的含量和种类差异较大，但是对煤热解的影响却不容忽视。在热解过程中，矿物质可能以催化剂的形式存在，也可能直接参与反应，又或者对煤有机质的相互作用产生影响。新疆沙尔湖煤为典型的高碱煤，煤中含有大量碱金属和碱土金属，对脱除矿物质前后的煤样进行热解实验，可以解析矿物质对热解过程的影响。

高碱煤的热解特性直接影响其加工利用。针对新疆淖毛湖高碱煤在加压固定床实验装置上进行了常规热解实验，考察了不同操作条件（热解温度、热解压力、热解终温停留时间）对热解产物分布及性质的影响，获得了淖毛湖煤在氮气气氛下的热解规律。实验装置图如图 4.1 所示。

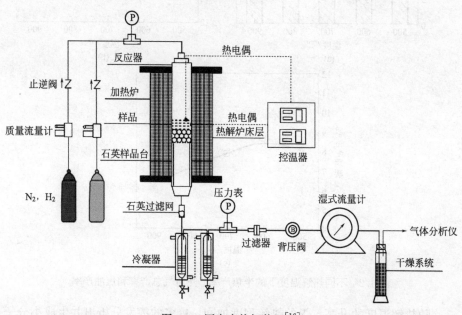

图 4.1　固定床热解装置[16]

4.1.1　温度对淖毛湖高碱煤热解产物的影响

在压力 0.1MPa、N_2 流量 300mL/min、升温速率 20℃/min、热解终温停留时间 30min 的操作条件下，考察 500～900℃温度范围内热解温度对热解产物（半焦、热解气、焦油）产率的影响，结果如图 4.2 所示。随着热解反应温度的提高，半焦产率（质量分数）由 70.83%降至 58.75%。700℃之前半焦产率降幅较大，700℃以后半焦产率下降趋势减缓。热解气总产率随温度的提高不断增加，800℃之前热解气总产率随温度的提高从 14.90%上升至 23.65%，热解温度由 800℃提高至 900℃时，热解气总产率上升趋势放缓，仅从 23.65%上升至 24.38%。随着热解温度的提高，焦油产率先增加后减小，600℃热解时焦油产率最高达到 8.66%。

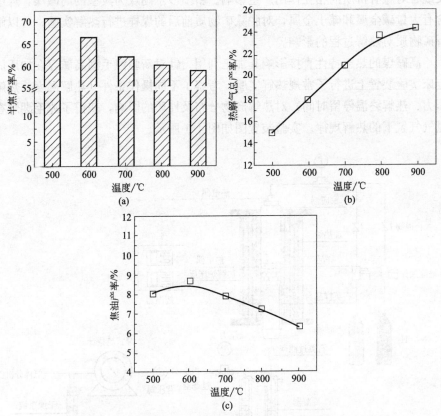

图 4.2　不同热解温度下的半焦产率、热解气总产率和焦油产率

随热解温度的升高，煤的热解程度加剧，更多的挥发分析出并生成小分子

气体和焦油，因此半焦产率下降，而焦油和热解气总产率提高。随着热解温度的进一步提高，煤中较难分解的组分也开始裂解并产生热解气和焦油。同时，随热解温度的提高，焦油的二次反应（缩合、裂解等）速率大幅增加，当焦油的增长幅度低于因焦油的二次反应产生的降低幅度时，焦油产率下降。因此，600℃以后随着热解温度的提高，热解气总产率继续增大，而半焦和焦油产率降低。

热解温度对热解气组分的影响如图 4.3 所示。当热解温度由 500℃升高至 900℃时，气体产物中 C_nH_m 浓度由 7.31% 降低至 2.42%；CO_2 浓度则由 49.54% 迅速降低至 17.14%；CH_4 浓度则先略微增大后降低，600℃时 CH_4 浓度出现 19.96% 的最大值；CO 浓度则随热解温度的升高变化不大；而 H_2 浓度则由 10.67% 迅速增大至 51.94%。此外，低温（500℃、600℃）热解时气体产物中 CO_2 浓度最大，而高温（700~900℃）时 H_2 浓度最大。从热解气中各气体组分产率随热解温度的变化可以看到，500℃时 CO_2 就达到很高的产率（50.55mL/g），随着热解温度的升高，CO_2 产率基本保持不变。C_nH_m 产率随热解温度的变化不明显，CH_4 和 CO 产率则随着热解温度的提高缓慢增大，分别由 17.17mL/g 和 15.97mL/g 增大至 48.59mL/g 和 50.54mL/g。H_2 产率随热解温度的提高由 10.88mL/g 迅速增大至 180.7mL/g。由于 CO_2 和 C_nH_m 产率随热解温度的提高变化不明显，而总的热解气产率则随热解温度的提高不断增加，因此，C_nH_m 和 CO_2 浓度不断降低。同理，H_2 浓度则不断增大，CH_4 和 CO 浓度变化不大。

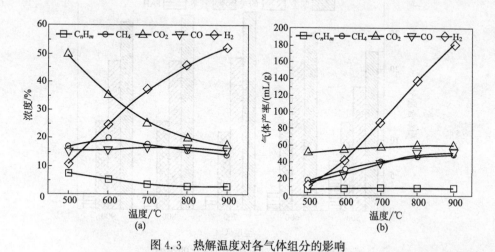

图 4.3　热解温度对各气体组分的影响

CO_2 主要由煤中的羧基分解生成，羧基热稳定性低，在 200℃时就开始发生分解，因此 500℃时 CO_2 即达到较高产率，随着温度的提高，羧基基本分解完毕，CO_2产率随温度的变化不明显。羰基、醚键及含氧杂环等是CO形成的主要来源，羰基在400℃时发生分解，含氧杂环在500℃以上也可能发生分解产生CO，而醚键的脱除一般在700℃以上，因此，CO产率随热解温度的提高逐渐增大。CH_4主要由连接在煤分子基本结构单元的烷基侧链以及煤中的脂肪结构的分解、半焦的缩聚反应以及焦油的二次反应产生，随着热解温度的升高，CH_4产率提高。烷基侧链以及煤中脂肪结构分解产生CH_4的同时也生成C_nH_m，然而高温下C_nH_m发生裂解反应导致C_nH_m产率在整个热解温度范围内变化不明显。H_2的析出主要是由于煤分子结构的分解、热解后期的缩聚反应及烃类的环化、芳构化和裂解反应，因此随温度的提高H_2产率不断增大。

对热解产物焦油中苯类（苯及其衍生物，单环）、酚类（苯酚及其衍生物，单环）、萘类（萘及其衍生物，双环）以及多环芳烃（PAHs，≥3环）的相对含量进行了分析。多环芳烃主要为3～4环芳烃及其衍生物。由于分析测试过程中所用为全组分焦油样品，焦油中沸点较高的重质组分并不能被气相色谱气化进而被质谱捕捉、检测，根据焦油组分含量来计算出的组分产率并不准确。因此，仅分析了焦油组分相对含量的变化，并不针对每种组分的实际产率变化进行分析。0.1MPa压力、N_2流量300mL/min、程序升温20℃/min、热解终温停留时间30min的热解操作条件下，焦油各组分相对含量随热解温度的变化规律如图4.4所示。

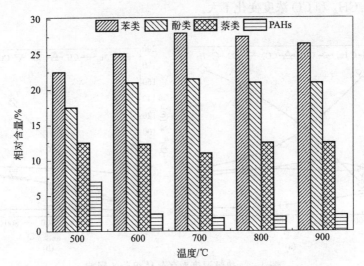

图4.4　温度对焦油组分变化的影响

随着热解温度的提高，焦油中苯类和酚类化合物相对含量在700℃之前呈现出增大的趋势，700℃以后出现轻微降低；而萘和多环芳烃类（PAHs）化合物相对含量在 700℃之前呈现降低的趋势，而在 700℃以后又呈现出增加的趋势。具体表现为：热解温度由 500℃升高至 700℃，焦油中苯、酚类化合物相对含量分别由 22.53％、17.45％增大至 28.42％、21.31％，而萘和多环芳烃类化合物相对含量则分别由 12.43％、6.35％降低至 10.41％、1.21％；温度继续升高至 900℃时，苯、酚类化合物相对含量则又分别降低至 26.71％和20.87％，而萘和多环芳烃类化合物相对含量则又分别增大至 12.55％和2.13％。低级苯（BTX）与低级酚（PCX）相对含量随热解温度的变化规律与焦油中总的苯类和酚类变化规律相同，随着热解温度的升高，焦油中 BTX和 PCX 相对含量先增大后减小；此外，低级苯（BTX）在总体苯类产物的比例 W_B，以及低级酚（PCX）在总体酚类产物的比例 W_P 随温度的变化规律与BTX 和 PCX 相对含量的变化规律相同，如图 4.5 所示。

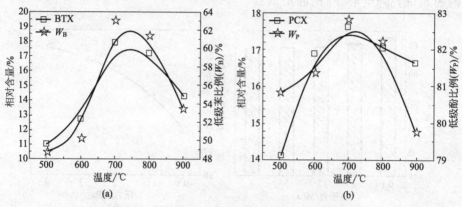

图 4.5　温度对 BTX 和 PCX 相对含量的影响

随着热解温度的升高，煤的热解程度加剧，煤中更多的分子键断裂形成挥发性产物，但同时焦油的裂解、缩聚等二次反应的发生也更加剧烈。由焦油组分相对含量变化规律可知，700℃是一个分界点，在 700℃之前单苯环（苯类和酚类）化合物相对含量增加，而多苯环（萘类和多环芳烃）化合物相对含量降低，700℃以后呈现出完全相反的趋势。表明在 700℃之前，相较于单苯环化合物的缩聚，淖毛湖煤热解焦油中多苯环化合物的裂解更为明显。700℃以后，随着热解温度的继续升高，焦油聚合反应程度加剧，造成苯和酚类化合物相对含量降低，而萘类以及多环芳烃类化合物相对含量增加，700℃以后热解气中 H_2 产率的迅速增大也证明了聚合反应的发生。BTX、PCX 相对含量的变化趋势以及 W_B 和 W_P 的变化趋势表明，相较于含有多个烷基侧链或含复杂烷基侧链的高级苯和高级酚，在 700℃之前随热解温度的升高低级苯、酚类化合物相对含量的增幅更快，而 700℃以后其相对含量的降幅更为明显。

4.1.2 压力对热解产物的影响

在 600℃、氮气流速 300mL/min、程序升温 20℃/min、热解终温停留时间 30min 的操作条件下，考察 0.1～4MPa 范围内热解压力对热解产物（半焦、热解气、煤焦油）产率的影响，结果如图 4.6 所示。当热解压力由常压（0.1MPa）提高至 1MPa 时，半焦产率（质量分数）由 66.29％降低至 65.17％，降幅相对明显；热解压力由 1MPa 提高到 4MPa，半焦产率由 65.17％降低至 64.22％。虽然降低幅度较小，但整体仍表现出降低的趋势。随着热解压力的提高，热解气总产率增大，但当压力提高到 2MPa 以后，热解气总产率增幅变缓。热解焦油产率则随着压力的提高呈下降趋势，由 0.1MPa 时的 8.66％降至 4MPa 时的 6.34％。

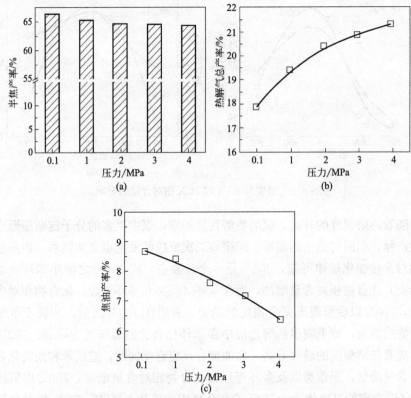

图 4.6 不同热解压力下半焦产率、热解气总产率和焦油产率的变化

热解是挥发分产生的过程，热解产物的产率取决于热处理过程中挥发分的释放和二次反应。煤热解过程中挥发分的释放是一个复杂的过程，包括化学反

应和物质转换过程。一般情况下，压力的提高可抑制挥发物的析出，增加挥发物与煤/半焦的接触时间，随着挥发分在固体颗粒内停留时间的延长，自由基之间的聚合、缩聚、重组等二次反应将得到提高，最终导致半焦的产率增加。但是淖毛湖煤在提高压力的热解过程中，半焦产率并没有增加，反而呈现轻微降低的趋势，可能是由于淖毛湖煤中碱金属及碱土金属含量高，碱金属及碱土金属催化自由基的热裂解反应，导致自由基裂解生成小分子气体的反应程度高于自由基缩聚成焦的反应程度，同时挥发分中的小分子气体如水蒸气、H_2 等与活性半焦发生部分气化反应，两者共同结合造成反应压力从常压提高到1MPa时半焦产率降低幅度明显，热解气产率迅速增加，同时焦油产率降低。压力继续提高，自由基的缩聚反应与裂解反应竞争激烈，焦油产率进一步降低，自由基之间缩聚生成半焦，减少了半焦与小分子气体发生部分气化造成的半焦产率降低幅度，同时也减少了因自由基裂解大幅提高气体产率的程度，最终导致半焦产率小幅下降，热解气总产率增幅变缓。

图4.7分别显示了热解气各组分在不同压力下的浓度与产率变化。随着热解压力的提高，气体组分中 CH_4 和 CO_2 浓度逐渐增大，H_2 和 CO 浓度逐渐降低，而 C_nH_m 浓度基本不变。而且气体组分中 CO_2 浓度较高，而 CH_4 浓度最高仅为30.26%。另一方面，随着热解压力的提高，CO_2 和 CH_4 产率分别由55.74mL/g和31.94mL/g增加至73.27mL/g和49.37mL/g，H_2 和 CO 产率则分别由39.66mL/g和24.46mL/g降低至16.67mL/g和14.33mL/g，而 C_nH_m 产率随压力的提高基本不变。压力的提高抑制了挥发分从颗粒内部逸出，增加了挥发分与颗粒的接触机会，挥发分中长链脂肪烃裂解，从而导致 C_nH_m 以及 CH_4 产率的增加，可能是由于淖毛湖中碱金属及碱土金属含量高，造成热解半焦反应活性高，热解过程中产生的 H_2 在高压下来不及逸出从而使

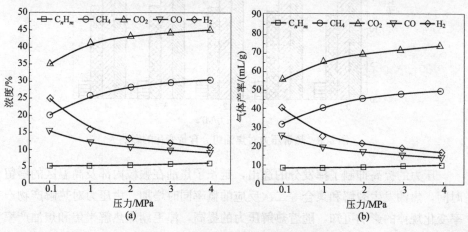

图 4.7　热解压力对各气体组分的影响

半焦发生氢化反应。此外，焦油和 H_2 发生加氢裂解反应，导致高压下 H_2 产率降低，CH_4 产率增加。理论上，随着压力的提高，挥发分逸出受阻，CO_2 与半焦接触机会增大，半焦发生 CO_2 气化进而导致 CO_2 产率降低，CO 产率增加。然而，随热解压力的提高 CO_2 产率增加而 CO 产率降低，出现此现象的原因可能是煤焦 CO_2 气化反应（$CO_2 + C \longrightarrow 2CO$）是体积增大的反应，压力的提高不利于该反应的发生，同时气体组分之间发生了 $CO + H_2O \longrightarrow H_2 + CO_2$ 和 $CO + 3H_2 \longrightarrow CH_4 + H_2O$ 反应，造成 CO 产率降低，CO_2 产率增加。

热解温度 600℃、氮气流速 300mL/min、程序升温 20℃/min、热解终温停留时间 30min 的条件下，焦油组分相对含量随热解压力的变化规律如图 4.8 所示。随着热解压力的提高，小环组分即苯、酚、萘类化合物相对含量略微增加，在整个压力范围内增幅分别为 3.28%、2.04%、1.77%，多环芳烃类相对含量则轻微降低，降低幅度仅为 0.34%。考虑到误差，可见在整个压力范围内，焦油各组分相对含量并未发生明显变化。焦油中低级苯（BTX）含量在 3MPa 之前呈增长趋势，而 3MPa 以后迅速降低，W_B 随热解压力的变化趋势与 BTX 相同；焦油中低级酚（PCX）含量随热解压力的变化没有明显规律，但是 W_P 随着热解压力的提高不断减小（图 4.9）。

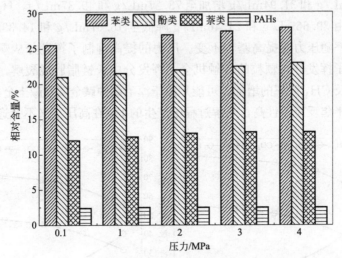

图 4.8　热解压力对焦油组分含量变化的影响

压力的提高抑制了挥发分的逸出，延长了焦油在颗粒内部及高温区的停留时间，焦油发生裂解和聚合等二次反应的概率同时增加。由压力对热解产物产率变化规律的影响可知，随着热解压力的提高，淖毛湖煤热解半焦和焦油产率同时降低，而热解气总产率增加，表明在 600℃ 热解时，因提高热解压力而导致的自由基裂解反应发生的概率高于自由基缩聚成焦的概率。因此随着热解压力的提高，多环芳烃化合物（3～4环）相对含量略微降低，而苯、酚、萘类化合物相对含量小幅提升（图4.9）。BTX相对含量和W_B的变化趋势表明在3MPa之前提高热解压力有利于苯类化合物中低级苯（BTX）的生成，而3MPa以后则有利于多烷基苯等高级苯的生成；W_P的变化规律则表明提高热解压力更有利于酚类化合物中杂多酚、多烷基酚等高级酚的生成。

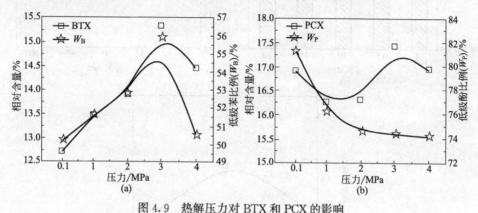

图4.9 热解压力对BTX和PCX的影响

4.1.3 热解终温停留时间对热解产物的影响

在600℃、氮气流速300mL/min、程序升温20℃/min、压力3MPa的操作条件下，考察了0～60min范围内热解终温停留时间对热解产物（半焦、热解气、煤焦油）产率的影响，实验结果如图4.10所示。当热解终温停留时间由0min延长至15min时，半焦产率（质量分数）由67.13％降低至65.09％，15min以后半焦产率降低幅度变缓，45min以后半焦产率基本不再降低；热解终温停留时间延长至15min时热解气总产率由17.73％迅速增加至20.39％，停留时间继续延长至60min，热解气总产率由20.39％增大至21.85％，虽然增幅变缓，但仍保持增长趋势；随着热解终温停留时间的延长，焦油产率先增加后降低，停留时间30min时焦油产率最大，达7.16％。

虽然煤中部分小分子可作为挥发分被直接析出，但大分子网络结构的热裂解是挥发分形成的重要初始步骤。大分子网络结构的热分解及碎片的化学反应仅受反应温度和热解终温停留时间的影响。在热解温度不变的情况下，热解终温停留时间的延长有利于煤大分子网络结构调整并协调体系受热吸收的能量，从而加深热解反应程度，导致半焦产率降低，焦油和热解气产率增加。随着热解终温停留时间的继续增加，煤的热解逐渐完全、充分，因此45min以后半

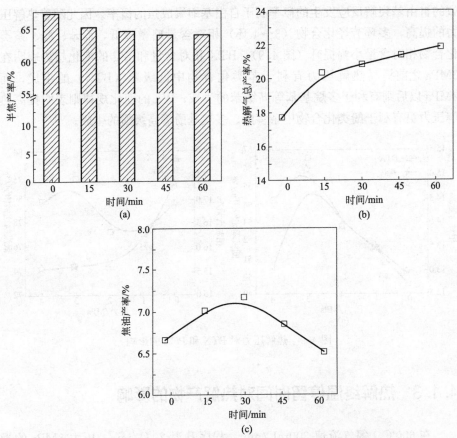

图 4.10　半焦产率、热解气总产率和焦油产率随热解终温停留时间的变化

焦产率不再降低。在实验操作过程中，热解终温停留时间达到设定目标值后，设备降温与泄压同时进行，压力的泄除致使挥发分产物迅速离开高温区，降低了焦油在高温下二次反应的机会，焦油组分被迅速冷凝。在热解初期，煤分子中不稳定结构较多，在间隔时间段内，增加的焦油析出量大于因二次反应导致的焦油减少量。因此，在热解停留时间 30min 以前，随着停留时间的延长，焦油产率增加；随着停留时间的继续延长，煤的热分解程度趋于完全，煤分子中剩余的易分解结构减少，在间隔时间段内焦油的增加趋势弱于焦油二次反应导致的减少趋势，因此热解停留时间超过 30min 后焦油产率降低。在热解停留时间达到 45min 以后，半焦产率不再降低，表明热解已经完成，但热解气总产率仍继续增加，这是由于相比于缩聚成焦反应，低温热解时焦油的热裂解是主要反应。因此，热解停留时间超过 45min 以后在半焦产率不变的情况下热解气总产率继续增加，而焦油产率降低。

　　图 4.11 分别为热解气各气体组分浓度和产率随热解终温停留时间的变化。

CO_2 和 C_nH_m 浓度随着热解终温停留时间的延长逐渐降低，H_2 浓度略微增大，CH_4 浓度略微增大后基本保持不变，而 CO 浓度则基本不变。气体组分中 CO_2 仍占据绝大比例，CH_4 浓度最高仅为 30.01%。由图可以看到在热解终温停留时间 0～60min 范围内，随着热解终温停留时间的延长，CH_4、CO_2 和 CO 产率增加，但是热解终温停留时间达到 15min 以后产率增加幅度变缓。H_2 产率随着热解终温停留时间的延长不断增加，C_nH_m 产率在热解终温停留时间范围内基本保持不变。随着热解终温停留时间的延长，煤大分子结构降解，挥发产物的缩聚、裂解，脂肪侧链的断链、环化等反应程度加深，造成 CH_4 和 H_2 产率的提高。CO_2 和 CO 主要来源于煤分子结构中的羧基、羰基、醚氧键、含氧杂环，600℃ 的温度下这部分含氧基团基本分解完毕，因此热解终温停留时间超过 15min 后 CO_2 和 CO 产率基本不再增加。由于气体总体积随热解终温停留时间的延长不断增加，而各气体产率增幅不一，最终导致 CO_2 和 C_nH_m 浓度随热解时间的延长呈降低趋势，CH_4 浓度略有增加后基本保持不变，H_2 浓度持续增加，而 CO 浓度则基本无变化。

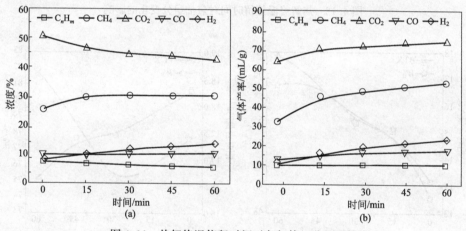

图 4.11　热解终温停留时间对各气体组分的影响

热解温度 600℃、热解压力 3MPa、氮气流速 300mL/min、20℃/min 程序升温的实验操作条件下，焦油组分相对含量随热解终温停留时间的变化规律如图 4.12 所示。在热解终温停留时间 30min 以内，焦油中苯类、酚类和萘类含量随热解终温停留时间的延长基本不产生变化。停留时间由 30min 延长至 45min 时，苯类和萘类相对含量略微增大，45min 以后则出现轻微下降趋势；而焦油中酚类化合物相对含量则在热解终温停留时间超过 30min 以后持续降低；多环芳烃含量随热解终温停留时间的延长没有明显的变化规律。如图 4.13 所示，随热解终温停留时间的延长，焦油中 BTX 相对含量和 W_B 增

大；PCX 相对含量随着热解终温停留时间的延长不断降低，停留时间 0～
30min 内，W_P 降低，停留时间超过 30min 以后 W_P 则迅速增大。

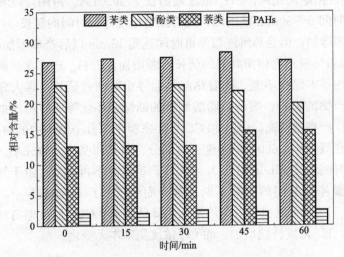

图 4.12　热解终温停留时间对焦油组分变化的影响

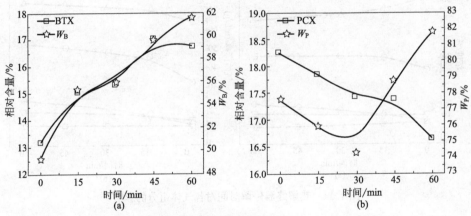

图 4.13　热解终温停留时间对 BTX 和 PCX 含量的影响

4.2　高碱煤的加氢热解[17]

4.2.1　压力对加氢热解产物的影响

与氮气气氛下随热解压力的提高焦油产率降低不同，研究发现加氢热解过程中，热解压力对焦油产率的影响较大，提高热解压力有利于焦油产率的增加，且加氢热解一般均在高压下进行。在淖毛湖煤氮气热解实验中发现焦油在热解温度为600℃时收率最高，因此对比了相同条件下，H_2流量300mL/min、0.1~4MPa范围内压力对热解产物（半焦、热解气、焦油）分布规律的影响。

淖毛湖煤加氢热解温度为600℃时，不同热解压力下半焦产率、热解气总产率、焦油产率分别如图4.14所示。随着热解压力的提高，加氢热解半焦产率由62.06%迅速降低至52.18%，热解气总产率则由19.16%迅速增大至28.58%，不同于氮气热解焦油产率随压力的提高而降低，加氢热解焦油产率随着压力的提高由9.79%逐渐增大至13.79%，但是在压力达到3MPa以后，焦油产率增幅不再明显。此外，从图中可以明显看出，相同热解条件下加氢热解半焦产率低于氮气热解半焦产率，而热解气和焦油产率则大于氮气热解，并且随着热解压力的提高，两种气氛下各产物产率之间的差距变大。

煤热解过程中分子键断裂，产生大量的自由基碎片，即一次热解产物，半

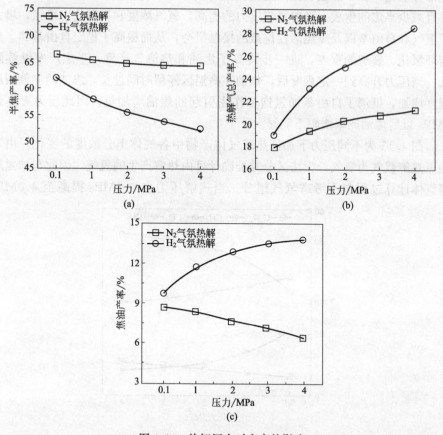

图4.14 热解压力对产率的影响

焦、热解气、焦油的产率取决于热解过程中自由基的释放以及自由基的二次反应。随着热解压力的提高，初始挥发分从颗粒内部的逸出受阻，初始挥发分与煤焦的接触时间以及在高温区的停留时间延长，导致自由基的裂解、缩聚等二次反应概率增加。淖毛湖煤中较高的碱金属及碱土金属含量增加了煤焦中促进自由基分解的活性位点，导致焦油裂解反应程度大于焦油缩聚成焦的反应程度，进而导致焦油产率降低、热解气产率增加。同时随着压力的提高，挥发组分中活性气体分子如氢气、水蒸气等与活泼半焦发生气化反应，最终导致淖毛湖煤在氮气气氛下热解时半焦产率随着压力的提高呈现微弱的降低趋势，而焦油产率则迅速降低，热解气产率逐渐增加。加氢热解过程中，氢的存在可以稳定煤热解过程中产生的自由基碎片，抑制自由基的缩聚、冷凝、再聚合等二次反应。同时氢气的存在促使分子量较大的自由基碎片加氢裂解，产生更多的轻质液体组分和小分子气体。此外，在特定温度下一些较强的分子键不能单纯地被热作用破坏，氢气的加入促进煤的氢化，使煤更容易脱挥发分，芳环体系发生部分氢化，然后加氢裂化，这些反应有助于增加挥发分，尤其是焦油产率，并且减少半焦的生成。随着氢气压力的提高，氢气浓度和扩散能力增强，增大了氢气和自由基以及煤焦活性位点的接触机会，从而提高了稳定自由基和半焦芳环氢化、裂解的程度，进一步提高了焦油和热解气产率，半焦产率继续降低。当压力升高到一定程度后，焦油在高温区停留时间过长，焦油的加氢裂解程度增加，抵消了自由基加氢饱和作用引起的焦油增加量，因此压力提高到3MPa 以后焦油产率增幅不明显。

图 4.15 为不同压力下加氢热解气体产物中各气体组分浓度的变化。由于加氢热解载气为氢气，无法区分并准确计算由热解产生的氢气，因此在加氢热解气体计算过程中不考虑氢气组分。当热解压力由 0.1MPa 提高至 4.0MPa

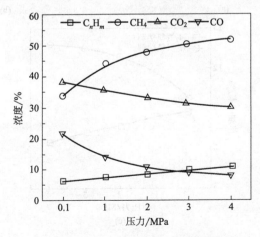

图 4.15　压力对各气体组分浓度的影响

时，C_nH_m 浓度由 6.36% 略微增大至 10.45%，CH_4 浓度由 33.93% 逐渐增大至 51.76%，而 CO_2 和 CO 浓度则分别由 38.20% 和 21.52% 降低至 29.83% 和 7.96%。此外，可以明显看出加氢热解气中 CH_4 浓度最高（除 0.1MPa 热解时），与相同操作条件下氮气热解相比，加氢热解明显提高了气体产物中 CH_4 浓度。

图 4.16 为不同压力下热解气中各气体组分产量变化。加氢热解过程中各气体组分产量随热解压力的变化趋势与氮气热解相同，随着热解压力的提高，C_nH_m、CH_4 和 CO_2 产量增加，分别由 8.99mL/g、47.95mL/g 和 53.99mL/g 提高至 24.82mL/g、122.92mL/g 和 70.85mL/g，而 CO 产量则随热解压力的提高由 30.42mL/g 降低至 18.90mL/g。加氢热解气体产物中 C_nH_m 和 CH_4 产量明显高于氮气热解，而且随着热解压力的提高这两种气体产物产量的差距变得更大。C_nH_m 和 CH_4 主要由煤分子基本结构单元的烷基侧链以及煤中的脂肪结构的分解、挥发分的二次反应产生，氢气气氛下高的 C_nH_m 和 CH_4 产量表明氢气的存在促进了煤中烷基侧链及脂肪结构的分解。并且氢气与挥发分发生二次反

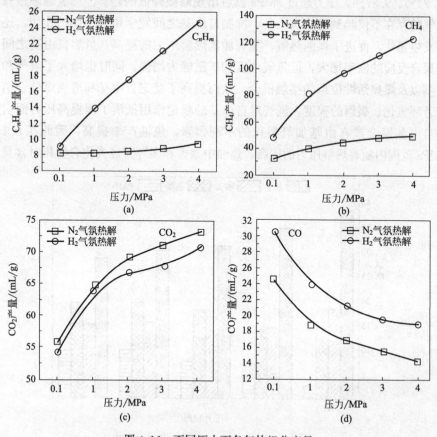

图 4.16 不同压力下各气体组分产量

应，一方面稳定了 $C_1 \sim C_3$ 链烃自由基团，阻止了其相互结合形成长链脂肪烃；另一方面，氢气促进了焦油组分的裂解反应，含有烷基侧链的芳烃脱侧链，生成了更多的短链脂肪烃类。随着压力的提高，氢气浓度增加，氢气作用性增强，因此加氢热解过程中 C_nH_m 和 CH_4 产率随压力的提高迅速增大。加氢热解 CO_2 产量低于氮气热解，而 CO 产量则高于氮气热解，这可能是由于加氢热解过程中发生了 $CO_2 + H_2 \longrightarrow CO + H_2O$ 反应，导致相比于氮气热解，在相同操作条件下加氢热解 CO_2 产量低而 CO 产量高。

热解温度 600℃，氢气流速 300mL/min，20℃/min 程序升温，热解终温停留时间 30min 的实验操作条件下，焦油各组分相对含量随热解压力的变化规律如图 4.17 所示。由图可以看到，压力的改变对加氢热解焦油各组分相对含量的影响显著。随着氢气压力的提高，焦油中苯类化合物相对含量逐渐降低，分别由 0.1MPa 时的 39.04% 降低至 4MPa 时的 28.28%；萘类和多环芳烃化合物相对含量逐渐增大，分别由 0.1MPa 时的 13.19%、2.83% 增大至 3MPa 时的 19.24%、9.37%，压力超过 3MPa 以后出现略微降低的趋势。加氢热解过程中氢气的存在不仅起到稳定自由基、抑制自由基之间发生聚合反应的作用，还使煤发生氢化，促进了煤的热解。随着加氢热解压力的提高，虽然自由基之间发生聚合反应的概率增大，但氢气浓度和扩散能力增强，同时也增大了氢气和自由基以及煤焦活性位点的接触机会，从而提高了稳定自由基和增强煤分子结构中芳环氢化、裂解的程度。氢气对自由基的稳定作用抵消了因提高压力而引起的自由基聚合或自由基加氢裂化的不利因素，焦油产率提高，因此在 0.1～3MPa 范围内随着热解压力的提高，焦油中萘类和多环芳烃类化合物相对含量明

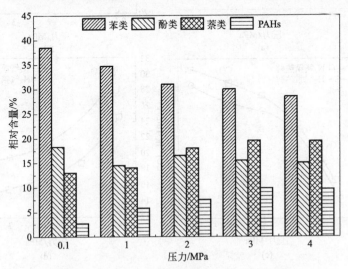

图 4.17　氢气压力对焦油组分相对含量的影响

显增大。由于在此压力范围内焦油产率增加，苯类和酚类化合物相对含量的降低并不意味着其真实产率的降低，造成此现象的原因可能是在此实验条件下，相较于自由基加氢裂解，氢气主要起到稳定自由基的作用，多环芳烃加氢裂解为单环芳烃的程度较低，苯类和酚类产率增加的幅度相对萘类和多环芳烃类增幅较小。当热解压力过高时（4MPa），焦油加氢裂化反应程度增大，因此 3MPa 以后焦油中苯类、酚类、萘类和多环芳烃类化合物相对含量均略微降低。

图 4.18 分别为氮气和氢气气氛下苯类、酚类、萘类和多环芳烃类化合物相对含量的对比。加氢热解焦油中苯类、萘类和多环芳烃类化合物相对含量较氮气热解焦油高，表明氢气的存在有利于芳烃组分的稳定与形成。文献 [18] 表明 H_2 的存在起到抑制酚羟基缩聚反应的作用，有利于酚类化合物的生成，也有文献 [19] 表明与 N_2 气氛相比，H_2 气氛下酚类化合物产率降低。加氢热解焦油中酚类化合物相对含量远低于氮气热解焦油，造成此现象的原因可能是加氢热解条件下，与其他化合物相比，酚类化合物产率较低，导致加氢热解焦油中酚类化合物相对含量较氮气热解焦油低，具体原因还需根据其真实产率进行详细分析。

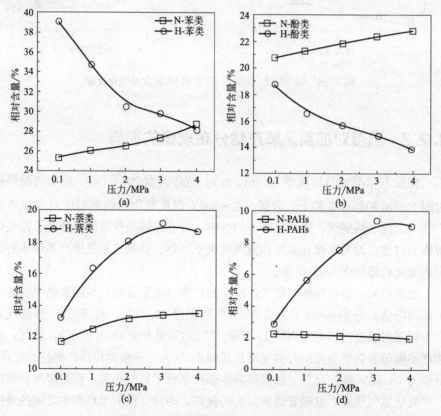

图 4.18 两种气氛下焦油组分含量对比

图 4.19 显示加氢热解焦油中低级苯（BTX）和低级酚（PCX）相对含量随压力的变化趋势与苯类和酚类化合物的变化规律相同，均随着热解压力的提高而降低。此外，低级苯在总体苯类产物的比例 W_B 以及低级酚在总体酚类产物的比例 W_P 也随着热解压力的提高而减小，表明相对于 BTX 和 PCX，压力的提高更有利于含有多个取代基的高级苯、酚类化合物的生成。相同热解条件下加氢热解焦油中 BTX 含量和 W_B 高于氮气热解焦油，虽然加氢热解焦油中 PCX 相对含量低于氮气热解焦油，但加氢热解焦油 W_P 高于氮气热解焦油，表明加氢热解条件下大量外部氢的供给促进了芳环烷基侧链的脱除。

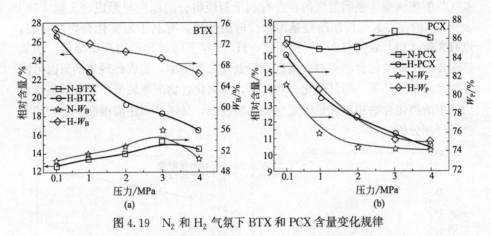

图 4.19　N_2 和 H_2 气氛下 BTX 和 PCX 含量变化规律

4.2.2　温度对加氢热解产物分布规律的影响

在压力 3MPa、H_2 流量 300mL/min、程序升温 20℃/min、热解终温停留时间 30min 的操作条件下，考察 500～900℃温度范围内热解温度对加氢热解产物（半焦、热解气、焦油）产率的影响，并在相同操作条件下开展了氮气热解作为对比，淖毛湖煤在氢气和氮气气氛下半焦、热解气和焦油产率随热解温度的变化趋势如图 4.20 所示。

由图可知，加氢热解和氮气热解半焦产率（质量分数）均随着热解温度的提高而降低，分别从 60.46%、70.48%降低至 42.34%、57.55%；热解气总产率则随着温度的提高分别从 19.7%、13.56%增大至 43.17%、27.29%；焦油产率则随着热解温度的升高先增加后减小，600℃热解时焦油产率达到峰值，分别为 13.58%和 7.16%。加氢热解半焦产率低于氮气热解，而热解气和焦油产率高于氮气热解，且随着热解温度的提高，两种气氛下半焦产率之间的差值以及热解气产率之间的差值变大，而焦油产率之间的差距变小。随着热解温度

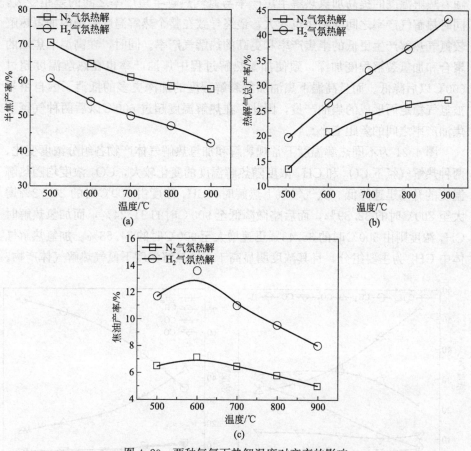

图 4.20　两种气氛下热解温度对产率的影响

的提高，煤的热解增强，产生更多的挥发分以形成焦油和小分子气体。因此，半焦产率下降，而焦油和热解气产率增加。随着热解温度的进一步提高，煤中较难分解的组分也开始裂解并产生热解气和焦油，而同时焦油的缩聚、聚合以及裂解等二次反应速率迅速增加，由焦油二次反应引起的焦油产量的降低幅度超过了由煤热解引起的焦油产量的增加幅度，导致 600℃ 以后焦油产率下降。加氢热解过程中氢气的存在稳定了煤热解产生的自由基碎片，部分抑制了自由基碎片的缩聚和聚合反应，提高了焦油产率。此外，氢气的存在使煤被部分氢化，更易于挥发，煤中的部分多核芳烃被氢化、裂解，生成焦油和热解气，并且在低温下氢气稳定自由基的作用大于因氢气引起的自由基加氢裂解，因此与氮气热解相比，在低温下（500℃ 和 600℃）加氢热解便可得到较低的半焦产率以及较高的热解气和焦油产率，而且在低温下两种气氛下焦油产率的差距较大。高温下（≥700℃）开始发生半焦的加氢气化，产生更多的热解气，导致随着热解温度的提高加氢热解半焦产率与氮气热解半焦产率之间的差距变大，同时热解气产率之间的差距也变大，最终导致在整个热解温度范围内加氢热解较氮气热解产生更低的半焦产率和更高的热解气产率。同时，在高温下焦油的聚合和加氢裂解程度加深，致使加氢热解过程中焦油产率也在热解温度超过600℃以后降低。而且高温下焦油加氢裂解程度的加深更多的抵消了因自由基被氢气稳定而形成的焦油产量，因此，在热解温度超过600℃以后两种气氛下焦油产率之间的差距变小。

图4.21为不同热解温度下常规热解和加氢热解气体产物各组分浓度变化。两种热解气氛下CO_2和CH_4浓度随热解温度的变化较大，CO_2浓度均随热解温度的升高迅速降低。氮气气氛下热解时，CH_4浓度由500℃时的20.72％增大至800℃时的32.89％，而后略微降低至900℃时的31.24％，而加氢热解时CH_4浓度则由500℃时的35.43％迅速增大至900℃时的74.58％。加氢热解气体中CH_4为主要组分，且其浓度明显高于相同热解温度下氮气热解气体产物。

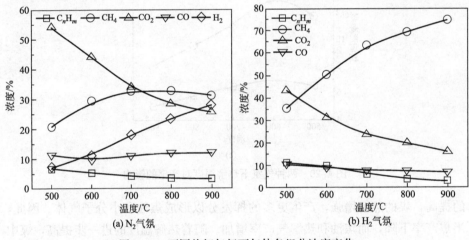

图 4.21　不同热解气氛下气体各组分浓度变化

图4.22是不同热解温度下C_nH_m、CH_4、CO_2和CO的产率变化。加氢热解过程中C_nH_m产率变化与焦油产率变化类似，随着热解温度的提高先增加后减小，在热解温度为600℃时达到最高。然而氮气热解过程中C_nH_m产率随热解温度的提高而增加，但是600℃以后基本保持稳定。两种气氛下热解时CH_4产率均随热解温度的提高而增加，并且加氢热解时CH_4产率的增幅更加明显。而且，在实验温度范围内加氢热解的C_nH_m和CH_4产率总是高于氮气热解。两种气氛下CO_2产率均随热解温度的提高而增大，并且均在热解温度达到700℃以后基本保持不变；而CO产率则随热解温度的提高一直保持增大的趋势；在低温下加氢热解CO_2和CO产率比氮气热解高，然而在热解温度

高于 600℃以后加氢热解 CO_2 和 CO 产率则变得低于氮气热解。

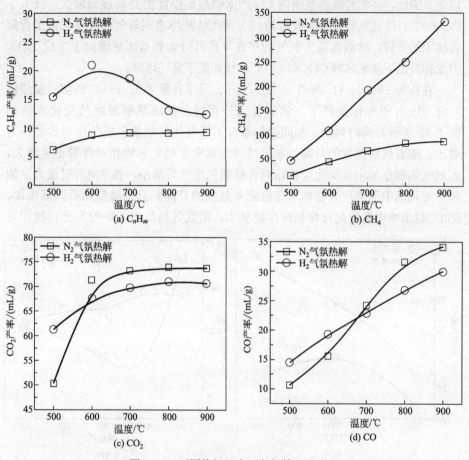

图 4.22　不同热解温度下各气体组分产率

　　CH_4 和 C_nH_m 的形成主要是由于烷基侧链的分解、挥发分的二次反应以及煤和半焦的加氢气化反应。随热解温度的提高，煤热解程度加剧，产生更多的 $C_1 \sim C_3$ 类短链脂肪烃。氢气气氛下较高的 C_nH_m 和 CH_4 产率表明氢气的存在促进了煤的热解以及挥发分脱侧链反应。热解温度高于 600℃后，加氢热解过程中 CH_4 产率显著增加，证明了煤和/或半焦加氢气化反应的发生，并且高温下 CH_4 产率的增加是热解气总产率增加的主要原因。由于 C_nH_m 在高温下发生加氢裂解反应，因此在热解温度较高时加氢热解过程中 C_nH_m 产率降低。CO_2 主要由煤结构中羧基的分解产生，由于羧基热稳定性较低，在 200℃ 时即开始分解，因此相比于其他气体组分，CO_2 在 500℃ 时即达到较高产率，随着热解温度的提高，羧基基团基本分解完毕，700℃ 以后 CO_2 产率随温度的变化不明显。CO 主要由羰基分解、含氧杂环的裂解以及醚键的断裂产生，羰基在 400℃ 时发生分解，含氧杂环在 500℃ 以上也可能发生分解产生 CO，而醚键的脱除一般在 700℃ 以上，因此，在实验温度范围内 CO 产率随热解温度的升高逐渐增大。低温下 （≤600℃）加氢热解过程中较高的 CO_2 和 CO 产率表明氢气的存在加速了含氧官能团的分解，然而高温下氢气的存在导致部分含氧基团更倾向于生成 H_2O，因此在高温下加氢热解 CO_2 和 CO 产率反而低于氮气热解。

在压力 3MPa、H_2 流量 300mL/min、程序升温 20℃/min、热解终温停留时间 30min 的操作条件下，焦油各组分相对含量随热解温度的变化规律如图 4.23 所示，同时列出了相同操作条件下氮气热解焦油各组分相对含量作为对比。随着热解温度的升高，加氢热解焦油中苯类化合物相对含量迅速增大，而氮气热解焦油中苯类化合物相对含量则先增加后减小，在 700℃ 时最大。加氢热解焦油中酚类化合物相对含量随着温度的升高先急剧降低而后逐渐增加，600℃ 时焦油中酚类化合物相对含量最小，而氮气热解焦油中酚类化合物相对

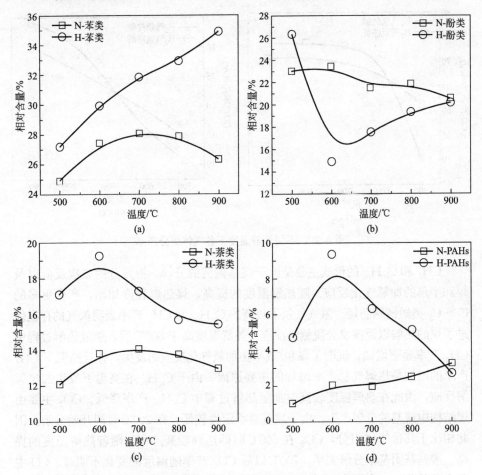

图 4.23　两种气氛下热解温度对焦油组分含量的影响

含量则随温度的升高不断降低。加氢热解焦油中萘类和多环芳烃化合物相对含量随热解温度的升高先增大后减小，在600℃时达到最大；氮气热解焦油中萘类化合物相对含量也先增加后降低，在700℃时达到峰值，而多环芳烃相对含量则随着热解温度的升高不断增大。此外，加氢热解焦油中芳烃化合物相对含量高于氮气热解焦油，而酚类化合物相对含量则低于氮气热解焦油，并且温度的改变对加氢热解焦油中各组分相对含量变化的影响更为显著。

随着热解温度的提高，煤的热解程度加深，产生更多的挥发分以形成焦油，因此当热解温度初步提升至600℃时焦油中苯类、萘类和多环芳烃相对含量增大。加氢热解过程中由于氢气起到稳定自由基、抑制自由基聚合的作用，所以加氢热解焦油中苯、萘、多环芳烃化合物相对含量的增幅更为明显。酚类化合物相对含量减小的原因有两种可能，一方面是相对于芳烃组分，酚类化合物实际产率的增幅有限，另一方面则可能是升高反应温度有利于酚羟基的脱除，导致其相对含量降低。由热解产物分布规律可知，当热解温度升高至700℃时加氢气化反应开始发生。不仅煤/焦与氢气直接发生气化反应，挥发分中焦油组分也发生加氢裂解反应，所以600℃以后随着温度的升高苯类化合物相对含量继续增大，而萘和多环芳烃类化合物相对含量则迅速降低，同时也导致酚类化合物相对含量的增加。对比分析两种气氛下焦油组分相对含量随温度的变化规律不难发现，氮气热解过程中焦油组分在高温下（＞600℃）主要发生缩合反应，导致多环芳烃相对含量增大；而加氢热解过程中，焦油组分特别是萘类和多环芳烃类化合物在高温下主要发生加氢裂解反应，导致其相对含量降低。图4.24显示相同热解条件下加氢热解焦油BTX相对含量及W_B总是大于氮气热解焦油。虽然加氢热解焦油中PCX相对含量并不一定比氮气热解焦油高，但是相同条件下加氢热解W_P总是大于氮气热解，表明相对于含多个烷基侧链或含复杂烷基侧链的高级苯和高级酚，加氢热解更有利于BTX和PCX

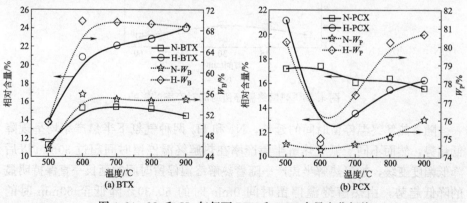

图4.24　N_2 和 H_2 气氛下 BTX 和 PCX 含量变化规律

的生成，即氢气的存在促进了芳环侧链的脱除。

4.2.3 热解终温停留时间对加氢热解产物分布规律的影响

实验在热解温度 600℃、热解压力 3MPa、H_2 流量 300mL/min、程序升温 20℃/min 的操作条件下，考察 0～60min 范围内热解终温停留时间对加氢热解产物（半焦、热解气、焦油）产率的影响，实验结果如图 4.25 所示。

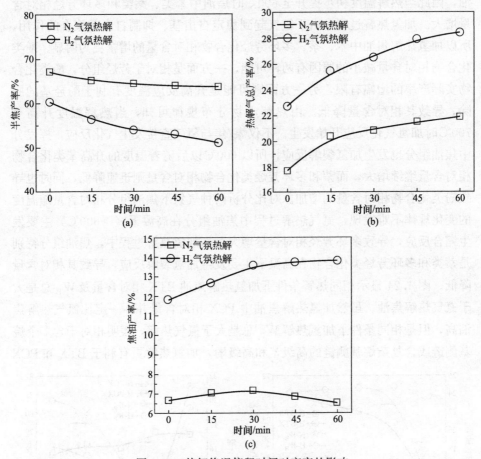

图 4.25 热解终温停留时间对产率的影响

随着热解终温停留时间的延长，N_2 和 H_2 两种气氛下半焦产率均呈现降低趋势，然而不同于氮气热解半焦产率在热解终温停留时间超过 30min 以后降低幅度变缓，加氢热解半焦产率随着热解终温停留时间的延长一直保持明显的降低趋势，由热解终温停留时间 0min 时的 60.30% 降低至 60min 时的 50.91%。热解终温停留时间由 0min 延长至 60min 时，加氢热解气体总产率由 22.74％增大至 28.41％，且加氢热解气体总产率增幅大于氮气热解。热解终温停留时间延长至 30min 时，加氢热解焦油产率由 11.82％增加至 13.58％，热解终温停留时间达到 30min 以后增幅不再明显，而氮气气氛下热解焦油产率随着热解终温停留时间的延长先增加后减小，热解终温停留时间 30min 时焦油产率达到最大值。在实验操作条件范围内，加氢热解半焦产率总是低于氮气热解半焦产率，而加氢热解气体总产率和焦油产率则一直高于氮气热解。

随着热解终温停留时间的延长，煤的热解反应程度加深，因此半焦产率降低，焦油和热解气总产率增加；加氢热解过程中，由于氢气的存在一方面促进了煤的热解，另一方面稳定了煤热解产生的自由基碎片，抑制了自由基之间的缩聚成焦反应，因此相对于氮气热解，加氢热解半焦产率低，而焦油和热解气总产率高。随着热解终温停留时间的继续延长，氮气气氛下煤的热解趋于完全、充分，因此热解停留时间超过 30min 以后氮气热解半焦产率降幅不明显，同时在间隔时间段内增加的焦油析出量小于因二次反应引起的焦油的减少量，导致焦油产率降低，热解气总产率略有增加；然而加氢热解过程中，由于氢气的氢化作用使煤更容易脱挥发分，在热解终温停留时间内煤的加氢热解并没有趋于完全，因此即便在热解终温停留时间长于 30min 以后加氢热解半焦产率仍持续降低，热解气产率继续增加。加氢热解焦油产率在热解终温停留时间达到 30min 以后增幅不明显，一方面可能是在加氢热解后期煤的热解以产生小分子气体为主，另一方面可能是由于热解终温停留时间的延长导致焦油的聚合以及加氢裂解程度加深，抵消了间隔时间段内因热解增加的焦油析出量。

图 4.26 为不同热解终温停留时间下加氢热解气体产物中各气体组分浓度变化。随着热解终温停留时间由 0min 延长至 60min，气体产物中 CH_4 浓度由

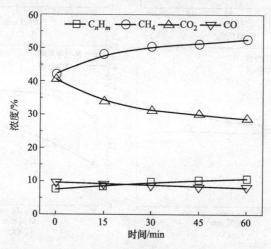

图 4.26　热解终温停留时间对各气体组分浓度的影响

42.22%逐渐增大至 52.46%，而 CO_2 浓度则由 40.41% 降低至 28.72%，C_nH_m 和 CO 浓度随热解终温停留时间的延长不发生明显改变。此外，加氢热解条件下，CH_4 是热解气体产物主要成分，与相同操作条件下氮气热解相比，加氢热解明显提高了气体产物中 CH_4 浓度。

图 4.27 分别为不同热解终温停留时间下氮气热解和加氢热解过程中 C_nH_m、CH_4、CO_2 和 CO 产率的变化曲线。由图可知，随着热解终温停留时间的延长，加氢热解过程中 C_nH_m 和 CH_4 产率不断增加，CO_2 在停留时间为 0min 时即达到较高产率，随着停留时间的继续延长，基本保持不变，CO 产率先有小幅增加，热解终温停留时间超过 15min 以后基本保持不变；而氮气热解过程中 C_nH_m 产率基本不随热解终温停留时间的变化发生改变，CH_4、CO_2 和 CO 产率随着热解终温停留时间的延长逐渐增大。在整个热解终温停留时间研究范围内，加氢热解 C_nH_m、CH_4 和 CO 产率高于氮气热解；在热解终温停留时间为 0min 时，加氢热解 CO_2 产率高于氮气热解，然而随着热解终温停留时间的延长（≥15min），加氢热解 CO_2 产率又变得低

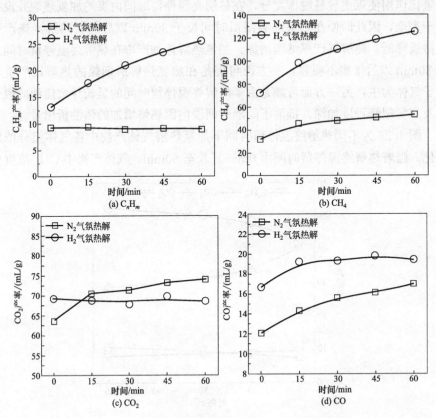

图 4.27　不同热解终温停留时间下各气体组分产率

于氮气热解。

随着热解终温停留时间的延长，煤的热解程度加深，氢气的存在促进了煤的热解，并且与挥发分发生二次反应，一方面稳定了 $C_1 \sim C_3$ 链烃自由基团，阻止了其相互结合形成长链脂肪烃；另一方面，氢气促进了焦油组分的裂解反应，含有烷基侧链的芳烃脱侧链，生成了更多的短链脂肪烃类，因此加氢热解过程中 C_nH_m 和 CH_4 产率不断增加，且高于氮气热解下 C_nH_m 和 CH_4 产率。CO_2 主要由羧基的分解产生，CO 主要由羰基、含氧杂环以及醚键的分解、断裂产生。相对于氮气气氛下 CO_2 和 CO 产率随着热解终温停留时间的延长不断增加，氢气气氛下 CO_2 和 CO 产率在较短的热解终温停留时间内即达到最大值，即加氢热解过程中含氧结构在较短时间内就分解完毕，进一步证明了氢气的存在促进了含氧官能团的分解。随着热解终温停留时间的延长，氮气气氛下羧基不断分解，CO_2 产率增加，氢气气氛下发生的 $CO_2 + H_2 \longrightarrow CO + H_2O$ 反应导致在较长的热解终温停留时间下（$\geqslant 15\text{min}$），加氢热解 CO_2 产率低于氮气热解，而 CO 产率则一直高于氮气热解。

热解温度 600℃、压力 3MPa、氢气流速 300mL/min、程序升温 20℃/min 的实验操作条件下，焦油各组分相对含量随热解终温停留时间的变化规律如图 4.28 所示。焦油中苯、萘类化合物相对含量随热解终温停留时间的延长先增加后减小，酚类化合物相对含量则随着热解终温停留时间的延长持续降低，而多环芳烃类化合物相对含量随热解终温停留时间的延长不断增加。由焦油各组分相对含量的变化趋势可以看到，热解终温停留时间的改变对酚类和多环芳烃类化合物相对含量的影响更大，整个热解终温停留时间范围内，酚类化合物

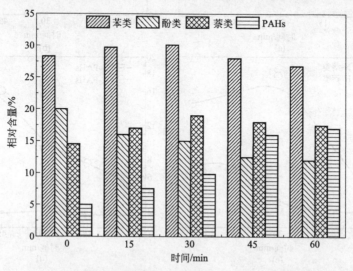

图 4.28　热解终温停留时间对焦油组分含量变化的影响

的相对含量降低了8.20%，而多环芳烃类化合物相对含量增加了12.38%，苯和萘类化合物相对含量的变化幅度仅分别为3.65%和4.61%。

随着热解终温停留时间的延长，煤的热解反应程度加深，焦油产率增加。苯类、萘类和多环芳烃类的相对含量的增大表明适当延长热解终温停留时间更有利于芳烃的生成，酚类化合物相对含量的减小则是由于其收率随热解终温停留时间的延长变化不明显，或较长的高温区停留时间导致了酚羟基的裂解。热解终温停留时间的继续延长也增加了挥发分在高温区的停留时间，提高了焦油发生聚合以及加氢裂解反应的概率，因此30min以后焦油中苯类、酚类和萘类化合物相对含量降低。多环芳烃类化合物相对含量在热解终温停留时间超过30min以后大幅提升的主要原因是小环（1～2苯环）组分的缩合以及焦油大分子的加氢裂解。

图4.29为加氢热解焦油和氮气热解焦油各组分相对含量的对比，图4.30为两种气氛下焦油中BTX和PCX相对含量的变化。由图可知加氢热解焦油芳

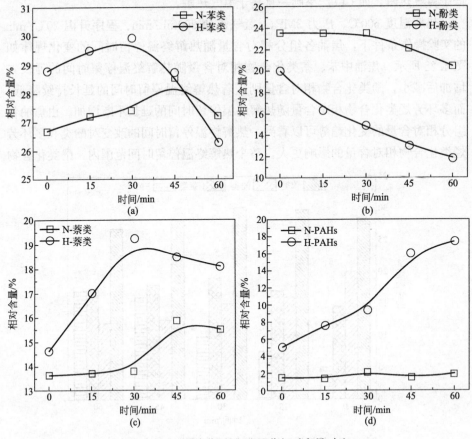

图4.29 两种气氛下焦油组分相对含量对比

烃类化合物相对含量高于氮气热解焦油，而酚类化合物以及 PCX 相对含量则低于氮气热解焦油。虽然热解终温停留时间为 60min 时加氢热解焦油中苯类化合物相对含量低于氮气热解焦油，但相同热解条件下加氢热解焦油 BTX 相对含量以及 W_B 总是大于氮气热解焦油，说明氢气的存在更多的是促进芳烃类化合物的生成，并有利于芳环烷基侧链的脱除，对酚类化合物生成的促进作用相对较小，甚至在相对苛刻的实验条件（高温、高压、较长反应时间）下促进酚羟基的分解。

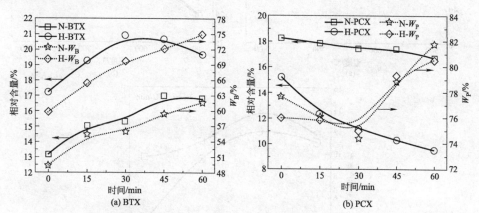

图 4.30　N_2 和 H_2 气氛下 BTX 和 PCX 相对含量随热解终温停留时间的变化规律

4.2.4　高碱煤的快速加氢热解特性

由于热解实验涉及高温高压，对反应器材质、壁厚要求较高。实验装置中金属反应器壁厚为 10mm，在程序升温过程中存在热传递滞后现象，特别是在低温下（<300℃）反应器内物料实际温度严重滞后于程序设定温度。虽然在升温后期物料温度上升速率提高，反应器内物料到达设定温度的时间与程序设定时间相差不多，但是整个升温过程中存在前后升温速率不均的情况。因此采用快速进料方式，在反应器内温度及压力达到设定值以后将煤样快速投入反应区，实现物料的快速升温，研究快速加氢热解产物分布规律。

在 3MPa 热解压力，H_2 流量 300mL/min，30min 热解终温停留时间，热解温度 500~800℃ 的操作条件下，研究快速加氢热解产物分布规律，并与相同操作条件下 20℃/min 程序升温加氢热解实验对比，考察升温速率对半焦、热解气、焦油产率的影响，实验结果如图 4.31 所示。

分析可知，快速加氢热解产物产率随热解温度的变化趋势与升温速率为 20℃/min 加氢热解时相同：随着热解温度的提高，半焦产率降低，热解气总

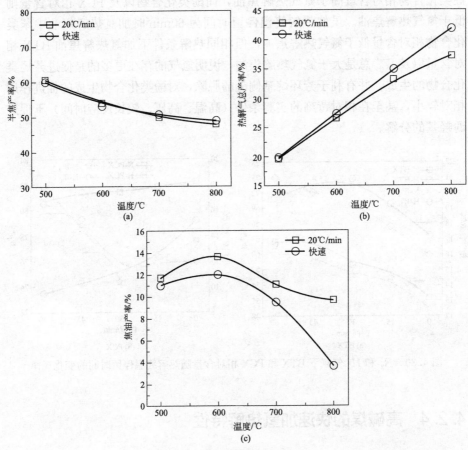

图 4.31 升温速率对产率的影响

产率增加，焦油产率先增加后减小。升温速率的改变对淖毛湖加氢热解半焦产率的变化基本没有影响，表明提高升温速率并不能加深煤的热解程度，但是升温速率的提高增加了热解气总产率并降低了焦油产率，热解温度越高，此现象越明显。这是由于加氢热解升温速率较低时，煤热解产生自由基的速率与氢自由基的生成速率匹配度较高，热解产生的自由基碎片很快与氢自由基反应而被稳定形成焦油；当加氢热解升温速率较高时，氢自由基的供给难以匹配煤热解产生自由基的速率，此时氢气主要起到对自由基加氢裂解的作用，同时由于氢自由基供给不足，由煤热解产生的自由基发生聚合反应的程度增大，导致焦油产率降低，热解气产率增加。热解温度越高，快速升温条件下煤的热解越迅速，氢气的供给越难以匹配自由基的生成速率，因此，随着热解终温的提高，快速加氢热解焦油产率比慢速加氢热解焦油产率降低得更快，而热解气产率增加得更快。

图 4.32 分别为两种升温速率下加氢热解气体组分 C_nH_m、CH_4、CO_2 和 CO 在不同热解温度下的产率。由图可知，随着热解温度的提高，20℃/min 程序升温热解时 C_nH_m 产率先增加后减小，而快速加氢热解时 C_nH_m 产率一直保持增加的趋势，这是由于慢速升温热解时，高温下 C_nH_m 发生加氢裂解，导致其产率降低。而快速加氢热解时焦油主要发生加氢裂解，更多连接在芳环上的烷基侧链脱落，或芳环加氢生成饱和脂肪烃并断裂，导致 C_nH_m 产率的增加。快速加氢热解过程中 CH_4、CO_2 和 CO 产率随热解温度的变化趋势与 20℃/min 程序升温热解时相同，均随着热解终温的提高逐渐增加。升温速率的改变对 CH_4 产率没有影响，虽然快速热解时挥发分主要发生裂解反应，但是快速加氢热解时挥发分在反应器内的总体停留时间缩短，部分链烃来不及断裂生成 CH_4 就离开高温区，因此提高升温速率显著增大 C_nH_m 产率，但并不影响 CH_4 产率。升温速率的提高导致 CO_2 和 CO 产率增加，造成此现象的原因一方面可能是相较于慢速热解，快速热解时 CO_2 和 CO 迅速产生并逸出，在反应器内停留时间缩短，减少了 CO_2 以及 CO 与其他组分发生反应的概率；

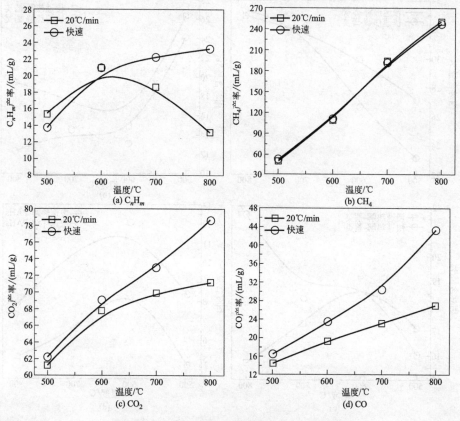

图 4.32　不同升温速率下各气体组分产率

另一方面快速热解时挥发分以加氢裂解反应为主，可能更多的含氧大分子分解，例如芳香醚键的断裂以及焦油组分的脱氧等反应，导致更多含氧活性位点的产生，从而生成了更多的 CO_2 和 CO。

不同热解温度下快速加氢热解焦油成分分析如图 4.33 所示。快速加氢热解焦油中苯和萘类化合物相对含量随热解温度的升高而增加。酚类化合物相对含量随热解温度的升高逐渐降低；多环芳烃相对含量则随着热解温度的升高先增大后减小，600℃时达到最大值。热解温度较低（500℃、600℃）时，快速加氢热解焦油中苯和萘类化合物相对含量比慢速加氢热解焦油低，而高温（700℃、800℃）热解时快速加氢热解焦油中苯类相对含量略高于慢速热解，萘类化合物相对含量则明显高于慢速加氢热解；在研究温度范围内快速加氢热解焦油中酚类化合物相对含量一直低于慢速加氢热解焦油，而多环芳烃化合物相对含量则一直高于慢速加氢热解。低温时快速加氢热解过程中焦油加氢裂解反应不剧烈，同时由于氢自由基的供给与煤热解产生自由基

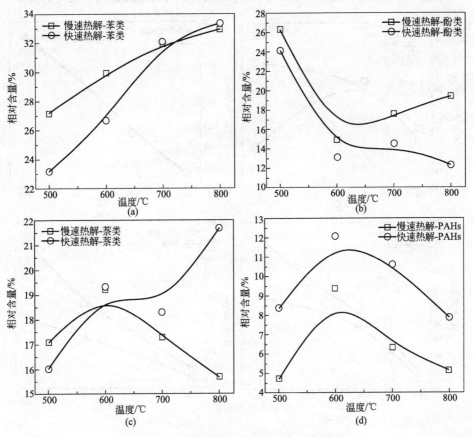

图 4.33　升温速率对焦油组分变化的影响

速率不匹配，相较于慢速加氢热解，在此温度阶段自由基之间发生聚合反应的程度较高，导致快速加氢热解焦油中苯、酚和萘类化合物相对含量比慢速加氢热解焦油低，而多环芳烃类化合物相对含量则高于慢速加氢热解焦油。高温下焦油发生加氢裂解反应，快速加氢热解过程由于供氢相对不足，导致其热解焦油中萘类和多环芳烃类化合物相对含量高。高温下快速加氢热解气体中 CO_2 和 CO 含量高，焦油中酚类化合物相对含量低，并且酚类化合物相对含量呈持续降低趋势，与慢速加氢热解变化规律相反，说明热解终温较高时快速升温促进了酚羟基的分解。图 4.34 为两种升温速率下焦油中 BTX、PCX 相对含量以及 W_B 和 W_P 的对比。相同热解条件下，快速加氢热解焦油 W_B 和 W_P 高于慢速加氢热解（除 500℃），表明快速升温促进了芳环烷基侧链的脱除，有利于苯类和酚类化合物中低级苯（BTX）和低级酚（PCX）的生成。

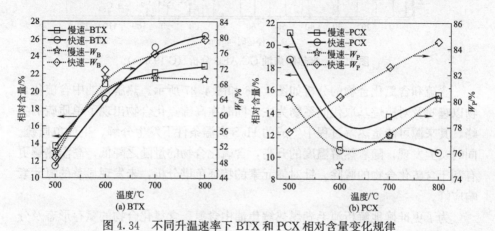

图 4.34　不同升温速率下 BTX 和 PCX 相对含量变化规律

4.3　热解焦油产物组成分析[20]

利用气相色谱联用原子发射光谱（GC-AED）方法对 500～800℃ 热解焦油进行分析。对煤焦油组成进行定性，在准确定性的基础上对热解焦油组分的分布进行深入的剖析。分析时采用碳元素 C 193nm 为特征谱对煤焦油进行分析，同时采用 N 174nm、S 181nm 分析焦油中的含氮、含硫化合物。

通过与标准库匹配对照，GC-AED 分析煤热解焦油中主要为单环、双环、三环及其烷基取代同系物，且存在碳数从 5～31 的烷烃及酚的同系物（图 4.35）。

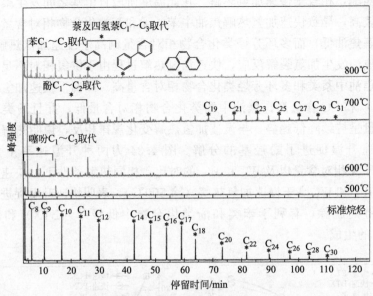

图 4.35　煤热解焦油 GC-AED 分析（C 193nm）

含硫和含氮化合物的分析如图 4.36 和图 4.37 所示。热解焦油中含硫化合物以噻吩及对应烷基取代同系物为主，同时在高沸点化合物出现了单质硫的尖峰，其来源可能是热解过程中生成的 H_2S 高温条件下发生分解，生成单质硫。同时实验发现，随着热解温度的升高，含硫化合物的量随之降低，高温热解更有利于含硫化合物的脱除。针对氮元素的特征色谱分析，未发现显著的氮元素响应峰。

为了更准确地解析淖毛湖煤热解焦油中含氮、含氧化合物的赋存形态及分

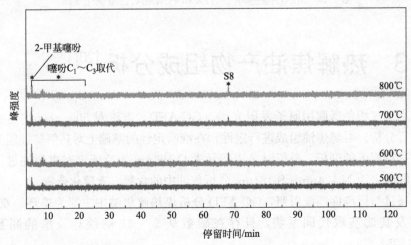

图 4.36　煤热解焦油 GC-AED 分析（S 181nm）

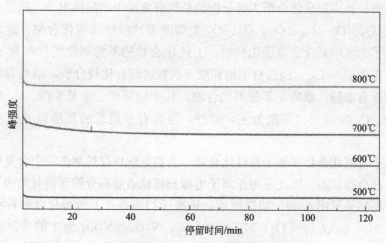

图 4.37　煤热解焦油 GC-AED 分析（N 174nm）

布，采用轨道肼高分辨质谱对热解焦油进行分析。轨道肼高分辨质谱是分析煤基液体产物中杂原子化合物的一种有效手段，尤其是对含氮、含硫及含氧的酸性和碱性化合物分析。用轨道肼高分辨质谱分析时，针对物性特点选择负离子电源扫描对应酸性化合物分析及正离子电源扫描对应检测碱性化合物的模式分析煤焦油组成。负离子电源扫描不同温度条件下热解焦油分析实验结果见图 4.38。

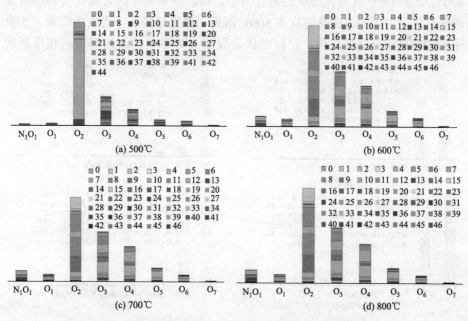

图 4.38　煤热解焦油的负离子轨道肼高分辨质谱分析

负离子轨道肼质谱分析主要分析的是热解焦油中的酸性组分，结果鉴别出了 O_1、O_2、O_3、O_4、O_5、O_6、O_7 类型的多种酸性含氧化合物。此外，还分析出了 N_1O_1 复合杂原子化合物。上述化合物的不饱和度值分布为 3～15，碳数分布为 C_8～C_{24}。经过对不饱和度及碳数的综合比较分析，结果表明酸性组分中含有苯酚、萘酚、菲酚类化合物，其中以苯酚、甲基苯酚、C_2 烷基取代苯酚、C_3 烷基取代苯酚为主，此外，还含有一定量的萘酚以及烷基取代萘酚。

鉴于含氮化合物多属于碱性化合物，为更好解析煤热解焦油中含氮化合物的种类及分布状态，因此采用正离子电源扫描轨道肼高分辨质谱对焦油进行分析，分析结果见图 4.39。如图所示，正离子扫描条件下所得化合物种类鉴别出了以 N_1、N_1O_1、N_1O_2、N_1O_3、N_1S_1、N_2O_1、N_2O_2 为主的含氮碱性化合物，且其化合物的分子量相对较大。上述化合物的不饱和度值分布为 4～16，碳数分布为 C_{10}～C_{22}。经过对不饱和度及碳数的综合比较分析，结果表明酸性组分中含有喹啉类化合物，其中 N_1O_1 类含杂原子化合在负离子条件下也被发现，说明了该化合物应该属于含有羟基或者中性的含氮化合物。其中对 N_1 化合物分析时，缩合度相对较低，应属于喹啉、吖啶等含氮化合物，未发现高缩合度的含氮碱性化合物。这也与煤属于低阶煤的性质相符，其大分子结构的缩合程度相对较低，易于进行煤热解生产煤基液体产物。且发现 500℃ 和 800℃ 所得焦油中含氮化合物的缩合偏小，即所得焦油中的含氮化合物缩合度较低。说明了煤的二次热解应在 600℃ 附近，温度过高时，会发生缩聚，大分子结构解离后再缩聚成焦，可以把该阶段定义为淖毛湖煤热解中间相活跃阶

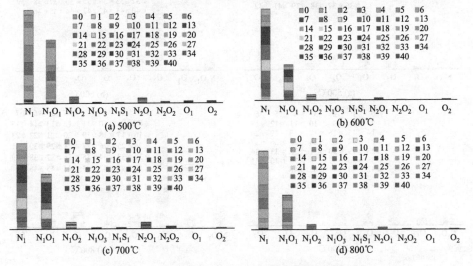

图 4.39　煤热解焦油的正离子轨道肼高分辨质谱分析

段，该结果与煤热解焦油收率最大相符。

通过分析可以发现，热解所产生的焦油中含氧化合物主要以酸性酚类为主，含氮的碱性化合物主要以喹啉及喹啉的烷基取代同系物为主，未发现较高缩合度的含氮、含氧化合物。鉴于上述分析，可以对焦油中的化合物的碳数、不饱和度及含杂原子个数进行分析，给出的为预判结果，由于具有局限性，从而不能对物质定量。但给出的信息可以为后期煤焦油准确定性服务，为准确地定性化合物赋存形态提供保障。

在 GC-AED 及高分辨质谱分析的基础上利用 GC-MS 对不同温度条件下淖毛湖煤热解的焦油进行分析，以期获得准确的定性、定量结果。所得总离子流图见图 4.40。

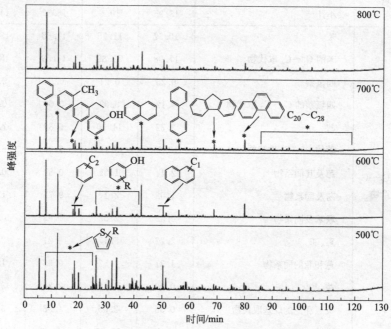

图 4.40　淖毛湖煤不同温度热解焦油 GC-MS 分析

从总离子流图上看，温度对煤焦油的物质组成基本没有影响，不同温度所得焦油的物质物性组成基本相同。由总离子流图可以看出，煤热解过程焦油主要以单环芳烃、双环芳烃及支链取代同系物为主，同时发现了三环的芴、菲及其同系物，焦油中含氧化合物主要以酚及酚的 $C_1 \sim C_3$ 取代同系物为主。MS 谱库很难对正构烷烃及含硫化合物定性响应，因此以 GC-AED 对杂原子化合物给出特定的元素色谱峰，同时以 MS 标准谱库为参考进行焦油中含硫化合物定性。同 $C_5 \sim C_{30}$ 标准化合物对比发现，焦油中含有从戊烷到三十一烷的链状烷烃，其中 600℃ 热解条件下所得烷烃的种类最丰富，相对含量也较高；通过 GC-AED 给出的含硫化合物出峰规律，定义出含硫化合物主要以噻吩及噻吩的 $C_1 \sim C_3$ 取代为主。在利用轨道肼高分辨质谱分析中含氧、含氮化合物的分析中发现，含氧化合物主要以酚、苯并呋喃及其烷基取代的同系物为主，含氮化合物主要以喹啉及喹啉的烷基取代为主。采用面积归一化对煤焦油的组成进行半定量分析，得到不同温度条件下煤热解焦油组成分布。结果见表 4.1。

表 4.1　煤热解焦油产物组成分析

分类	化合物名称	相对含量/%			
		500℃	600℃	700℃	800℃
链烃	链烃($C_5 \sim C_{31}$ 烷烃及烯烃)	13.95	10.60	16.32	14.47
	小计	13.95	10.6	16.32	14.47
芳烃及 $C_1 \sim C_3$ 取代产物	苯	10.57	11.75	11.68	13.94
	苯的 $C_1 \sim C_4$ 取代物	17.08	21.80	14.29	18.29
	四氢萘	0.25	0.21	0.00	0.00
	四氢萘的 $C_1 \sim C_3$ 取代物	0.12	0.09	0.00	0.00
	萘	3.72	11.30	6.89	7.41
	萘的 $C_1 \sim C_3$ 取代物	10.34	8.11	7.32	6.19
	茚及其同系物	2.44	1.09	0.50	0.99
	芴及同系物	1.09	2.17	9.71	1.96
	联苯及同系物	0.51	2.53	1.43	0.96
	蒽、菲	2.27	5.17	3.21	2.59
	蒽和菲的同系物	1.31	1.57	0.38	1.66
	芘	0.23	1.16	2.24	3.25
	荧蒽和芘的烷基取代物	0.56	2.05	1.98	3.50
	小计	50.49	68.99	59.63	60.74
含氮化合物	喹啉及同系物	0.83	0.23	0.32	0.45
	咔唑及同系物	0.00	0.30	0.12	0.00
	N_1O_1	0.86	1.43	1.33	0.57
	N_1O_2	0.23	0.14	0.23	0.00
	N_2O_1	0.00	0.12	0.15	0.13
	其他	0.78	0.86	0.00	0.00
	小计	2.70	3.08	2.15	1.15

分类	化合物名称	相对含量/%			
		500℃	600℃	700℃	800℃
含硫化合物	噻吩及同系物	1.12	3.23	1.64	1.52
	苯并噻吩及同系物	0.53	0.67	0.42	0.65
	S	0.00	0.1	0.12	0.21
	小计	1.65	4.10	2.18	2.38
含氧化合物	苯酚	7.15	3.04	6.59	4.86
	苯酚 $C_1 \sim C_3$ 取代物	17.69	7.24	8.26	12.17
	苯并呋喃及同系物	1.52	1.80	2.05	1.49
	O_1	1.10	0.00	0.75	0.65
	O_2	0.00	0.45	0.54	0.60
	O_3	0.00	0.21	1.34	1.43
	其他	3.75	0.49	0.20	0.46
	小计	31.21	13.23	19.73	20.8

由表4.1中数据可知，热解焦油主要以芳烃为主，主要以苯、萘、芴、菲及其对应的烷基取代产物为主，芳烃相对含量最高可达68.99%，这是与溶剂萃取及直接液化产物组成的最大区别，且焦油中富含大量的酚等含氧化合物，酚主要以苯酚、苯并呋喃及其烷基取代的同系物为主，酚含量为13.23%～31.21%。焦油中的链状烷烃的含量相对煤溶剂萃取及直接液化所得的煤基液体产物有所降低，但烷烃的碳数有所增加，最高碳数可达31，此结果说明了该煤种含有大分子链状烷烃或者是由于热解过程煤大分子结构开环所得。

4.4　矿物质对煤热解特性的影响

采用化学脱矿物法，使用盐酸对煤样进行脱矿物质处理，对酸洗前后的高碱煤煤样进行热解对比分析。从表4.2中的工业分析数据发现，酸洗后挥发分含量略有增大，灰分和固定碳含量减小。灰分含量显著减少，说明盐酸酸洗可以脱除大部分矿物质，剩余的矿物质可能是石英、高岭土等，与图4.41酸洗煤样的XRD谱图一致。挥发分含量略有升高，可能是因为煤中矿物质以配位的形式与脂肪族和芳烃侧链相结合，矿物质脱除后，侧链更容易断裂形成挥发分。

表 4.2 酸洗前后煤样分析

样品	工业分析/%				元素分析/%				
	M_{ar}	V_{daf}	A_d	FC_{daf}	C_{daf}	H_{daf}	N_{daf}	$S_{td,daf}$	O_{daf}
煤样-1	5.35	39.70	6.16	60.30	73.72	5.28	1.01	0.26	19.73
酸洗煤-1	3.64	40.76	2.39	59.24	73.02	4.19	0.84	0.21	21.74
煤样-2	4.64	33.85	22.84	66.15	75.16	4.04	1.01	0.25	19.54
酸洗煤-2	3.69	34.03	11.11	65.97	76.84	3.29	0.85	0.20	18.82

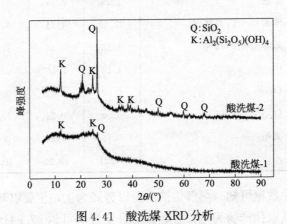

图 4.41 酸洗煤 XRD 分析

热重分析是解析煤热转化过程的重要手段之一。图 4.42 是煤样在升温速

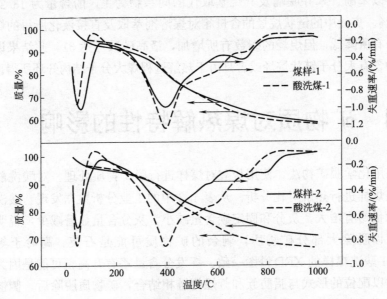

图 4.42 脱除矿物质前后煤的热重分析

率为 10℃/min、氮气气氛的条件下，从 30℃升温至 1000℃的热解失重（TG）和失重速率（DTG）曲线。

从热重曲线可以看出，煤样-1 在 450℃以前原煤的失重量要大于脱灰煤样，而 450℃以后，脱灰煤样的失重量要大于脱灰前煤样。同样的现象也发生在煤样-2 中，只是失重量转变的温度大约在 400℃。酸洗后煤样热解的起始温度升高，热解终温降低。说明煤中的矿物质，尤其是碱金属和碱土金属对煤的热解具有一定的催化作用。酸洗脱灰是造成热解起始温度延后，活泼热解阶段缩短，热解失重量减少的主要原因。而在温度高于热解终温时，酸洗煤样的失重量要大于原煤样，从差重曲线可以发现 500~700℃，脱灰煤样的失重速率要明显大于原煤样，造成此现象的原因可能是原煤样热解形成的半焦表面部分被物质包裹，阻碍半焦的缩聚反应。800℃左右，原煤样差重曲线有明显的失重峰，酸洗煤样此位置的失重峰消失，可以推断出此位置的失重峰是由于矿物质的分解所致，主要是碳酸盐类的分解。酸洗后煤样的最大失重速率均有所增大，说明酸洗过程中，脱除矿物质的同时，也脱除了很多孔隙中的杂质，加速了挥发分的扩散速度。这与工业分析中酸洗后挥发分含量增大一致。但最大失重速率温度却略有滞后，可能因为酸洗过程把煤大分子结构中部分不稳定的化学键断开，增大了煤大分子结构的稳定性。

目前，多数研究者倾向于认为在整个煤热解反应过程近似为一级分解反应。在 $n=1$ 时，可以获得较好的线性关系。反应速率表示为：

$$\frac{\mathrm{d}\alpha}{\mathrm{d}t}=kf(\alpha) \tag{4-1}$$

$$\alpha=\frac{m_0-m}{m_0-m_\infty}\times 100\% \tag{4-2}$$

$$k=A\exp\left(-\frac{E}{RT}\right) \tag{4-3}$$

式中　　α——煤热解转化率，%；

　　　　k——Arrhenius 速率常数；

m_0,m_∞,m——样品初始质量、最终质量、t 时刻样品质量，mg；

　　　　A——指前因子，min^{-1}；

　　　　E——反应活化能，kJ/mol；

　　　　R——气体常数，$R=8.314\times 10^{-3}\mathrm{kJ/(mol\cdot K)}$；

　　　　T——绝对温度，K。

$f(\alpha)$ 为反应机理函数，只与转化率 α 有关，表示为 $f(\alpha)=(1-\alpha)^n$，采用 Doyle 积分法对热解动力学参数研究，采用一级反应模型，式中 $n=1$。

将式（4-3）代入式（4-1）可得：

$$\frac{d\alpha}{dt} = A\exp\left(-\frac{E}{RT}\right)(1-\alpha) \tag{4-4}$$

在升温速率 $\Phi = \dfrac{dT}{dt}$ 下，式(4-4)可转化为下式：

$$\frac{d\alpha}{dT} = \frac{A}{\Phi}\exp\left(-\frac{E}{RT}\right)(1-\alpha) \tag{4-5}$$

对式(4-5)分离变量，积分得：

$$\ln[-\ln(1-\alpha)] = \ln\left(\frac{AE}{R\Phi}\right) - 5.314 - 0.1278\frac{E}{T} \tag{4-6}$$

因此，用 $\ln[-\ln(1-\alpha)]$ 对 $\dfrac{1}{T}$ 作图得一条直线，根据斜率和截距求出 A 和 E。

表 4.3 为样品的热解动力学参数。由于煤热解过程中各阶段反应机理不同，以煤热解过程为整体无法得到单一线性关系，故对热解过程分两段进行处理（350～430℃和430～550℃），以得到较好的线性关系（图 4.43）。

表 4.3　煤样热解动力学参数

样品	温度区间/℃	活化能 E/(kJ/mol)	指前因子 A/min^{-1}	相关系数 R^2
煤样-1	350～430	23.65	1.11	0.9994
	430～550	18.15	0.54	0.999
酸洗煤-1	350～430	29.74	2.61	0.9992
	430～550	20.41	0.70	0.9998
煤样-2	350～430	20.41	0.62	0.9987
	430～550	19.02	0.53	0.9993
酸洗煤-2	350～430	26.91	1.54	0.9991
	430～550	21.85	0.75	0.9998

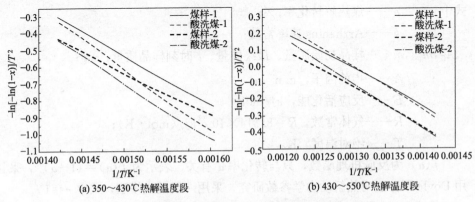

(a) 350～430℃热解温度段　　　(b) 430～550℃热解温度段

图 4.43　酸洗前后煤样的转化率随时间变化曲线的拟合

分析煤样的热解动力学参数发现，酸洗后煤样在不同温度段的活化能均显著增大，说明酸洗过程脱除了对煤具有催化作用的矿物质。在350～430℃温度区间主要为焦油的析出，430～550℃主要为轻质气体的挥发，分别观察每一温度段的酸洗前后差异发现，350～430℃温度区间酸洗前后活化能差异较大，说明矿物质对焦油析出的影响较大。

4.5 显微组分热解差别

煤转化过程依赖于煤的反应性，而反应性则主要受两个因素的影响。首先，煤中固有的 AAEMs 会对煤炭转化产生深刻影响。煤是由与矿物质相互结合的显微组分（即镜质组、壳质组和惰质组）组成的有机沉积岩。因此，各显微组分中的 AAEMs 的转化行为被认为是影响煤炭反应活性的关键因素，但相关研究很少。另一方面，煤的反应性也取决于煤有机质，即显微组分。因此，对煤的化学结构研究可对热转化行为提供支撑。但煤炭宏观结构的真实性质仍然难以捉摸，本质关键问题是大分子网络的复杂不均匀性和不可重复性。然而，煤中富集的显微组分的结构特征被认为能够更直观地解释煤的宏观结构。

4.5.1 分选煤样的结构特性

针对新疆沙尔湖高碱煤（S），经有机重液浮沉实验后，将原煤分选为不同密度的煤样（S_1：$\rho < 1.3 \text{g/cm}^3$；S_2：$\rho = 1.3 \sim 1.4 \text{g/cm}^3$；$S_3$：$\rho = 1.4 \sim 1.5 \text{g/cm}^3$；$S_4$：$\rho > 1.5 \text{g/cm}^3$）。显微组分分布如表 4.4 所示（$S_1$ 忽略不计）。从表中结果可以发现，随分选煤样密度增大，惰质组含量逐渐增大，镜质组含量逐渐减小，结合元素分析可知，随惰质组含量增大，煤样中的碳含量增大。S_4 中的灰分含量也较 S_2 和 S_3 显著提高，说明灰分和惰质组主要在高密度煤样中富集。

表4.4 沙尔湖煤分选组分的显微组分分布

样品	原煤	S_2	S_3	S_4
镜质组含量(体积分数,mmf)/%	46.81	74.68	30.66	11.77
惰质组含量(体积分数,mmf)/%	49.31	18.72	64.73	88.23
壳质组含量(体积分数,mmf)/%	3.89	6.60	4.61	0.00
矿物质含量(体积分数)/%	12.49	7.60	11.06	21.00
活性组分含量(体积分数)/%	40.96	69.00	27.27	9.30

样品	原煤	S_2	S_3	S_4
惰性组分含量(体积分数)/%	55.64	24.90	68.63	90.70
活性组分/惰性组分(体积分数)/%	0.74	2.77	0.40	0.10

对含有不同显微组分的分选组分进行固态核磁共振分析，采用 ^{1}H-^{13}C CP-HETCOR（二维异核交叉极化）方法评价有机显微组分的化学结构，尤其是区分不同有机显微组分的官能团，可以辨别官能团中未知的结构[21]。如图 4.44 所示为煤和有机显微组分的 ^{1}H-^{13}C 的耦合原子核吸收峰在特定 ^{13}C 化学位移区域（即 P_i、P_{ii} 和 P_{iii}）处的质子横截面谱图，用于识别不同功能基团之间的连接性或相似性，详细的光谱分配列于表 4.5。

表 4.5　NMR CP-HETCOR 光谱峰分配

\multicolumn{2}{} ^{1}H		\multicolumn{2}{} ^{13}C		峰位官能团结构
信号	化学位移	信号	化学位移	
P_i	1.8	a	15.5	甲基碳原子
		b	25.5	—CH$_2$—与末端 CH$_3$ 基团相邻的基团
		c	30.0	—CH$_2$—基团
		d	37.5	移动($\leftarrow$CH$_2\rightarrow_n$)基团
P_{ii}	3.6	e	59.6	OCH 直接与质子相连碳
		f	105.0	质子化的异头 O—CH—O
P_{iii}	6.4	g	116.0	烯烃碳直接与质子相连
		h	129.0	与芳香族相连的共轭芳香族碳
		i	146.0	含氮杂环芳香族碳，与芳香族质子相连
		j	156.0	酚羟基和/或含氧杂环基团
P_i	1.8	k	178.0	烷基质子
P_{ii}	3.6	l	178.0	O-烷基质子

如图 4.44 所示，原煤主要由芳香族或烯烃类组成，而脂肪烃的峰较弱，表明原煤中的—CH$_2$—和 $\leftarrow$CH$_2\rightarrow_n$ 基团含量低。此外，原煤中不存在 O—CH，烷基和 O—R。值得注意的是，具有高镜质组含量的 S_2 与原煤具有不同的功能基团特征。而且代表脂肪烃的信号比原煤强烈，这意味着脂肪族基团较多的存在于镜质体中。此外，在富镜质组和壳质组的 S_1 中也检测到含氮杂环芳族碳和酚羟基或含氧杂环官能团。S_3 的波谱与原煤相似（除了羰基的位点），这可能是由于类似的矿物成分，相反，具有高含量的惰性组分的 S_4 主要由芳香

族或烯烃基团组成，而脂肪族官能团的信号却很低，甚至被合并。总而言之，¹H-¹³C 2D CP-HETCOR 光谱表明，脂肪族官能团较多存在于富镜质组和壳质组的煤中，而富含惰质组的煤中则富含不饱和官能团。在结构上，不同有机显微组分中官能团分布的明显变化将很有可能引起不同的特征。因此，解析煤大分子结构中不同有机显微组分至关重要。

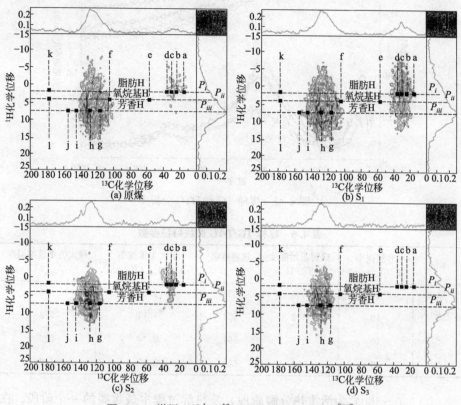

图 4.44　煤样二维¹H-¹³C CP-HETCOR 光谱[22]

4.5.2　不同显微组分的热解特性分析

图 4.45 是煤样在升温速率为 10℃/min、氮气气氛的条件下，从 30℃升温至 1000℃的热解失重（TG）和失重速率（DTG）曲线。表 4.6 给出了分选煤样的热解特性参数。从图中可以看出，四种煤样在热解过程中，显示出明显失重现象。热解失重过程大致可以分为三个阶段：

① 从室温到 300℃为干燥脱气阶段，此范围内的失重是由于煤大分子结构中的弱键的断裂和流动相的挥发所致，脱水主要发生在 120℃前，脱气（主要

脱除煤吸附和空隙中封闭的 CO_2、CH_4 和 N_2）大致在 200℃前后发生。煤样在此阶段失重量比较小，约10%；

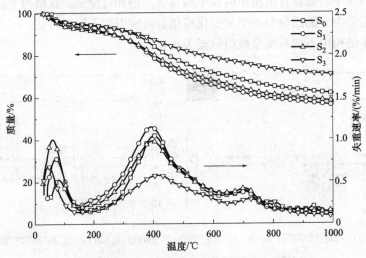

图 4.45　煤样 TG 和 DTG 分析

表 4.6　煤样 TG/DTG 曲线特征参数

样品	升温速率 $\Phi/(℃/min)$	热解起始温度 $T_0/℃$	热解终温 $T/℃$	最大失重速率 $(dx/dt)_{max}(\%/min)$	最大失重速率温度 $T_{max}/℃$
原煤	10	320	559	1.04	376
S_1	10	308	528	1.14	393
S_2	10	305	564	0.98	396
S_3	10	302	623	0.57	417

②　300～600℃为活泼热分解阶段，是热解过程中最重要的一个阶段。在该温度段内，热解过程以分解和解聚反应为主。在450℃左右排出的焦油量最大，在450～600℃析出大量高热值气体（包括气态烃、CO、CO_2 等），550～600℃煤黏结成半焦。此阶段 S_3 的失重量明显低于其他煤样，说明 S_3 煤样中惰质组含量高，热稳定性较强；

③　600～1000℃为热缩聚阶段，此阶段主要是芳香环的缩聚及其矿物质的分解，半焦缩聚形成焦炭，析出少量焦油和煤气，并伴有部分矿物质高温分解产生的气体。因而此范围内热解失重较前一阶段显著降低。

从 DTG 曲线分析，四种煤样有三个明显的失重速率峰，分别在 100℃、400℃、700℃左右。DTG 曲线在 100℃附近出现失重峰，这是由于加热过程中煤样脱水和脱除吸附气体造成的。在 400℃左右的失重峰，是热解阶段主要失重峰，S_1 和 S_2 的失重峰分布窄，强度大；S_3 的失重峰分布宽，强度小。说明惰质组组分热稳定性更强，镜质组组分更容易热解。挥发分的形成主要是煤中桥键断裂产生自由基，自由基能与煤内在的氢结合生成易挥发的低分子化合物。镜质组组分中的烷烃侧链相对较多，氢含量较高，芳香度较小，脂肪族碳氢键较多，受热易断裂。而惰质组组分中芳香族碳氢键较多，稳定性比脂肪族碳氢键高。S_3 的总失重量和在 400℃ 左右的最大失重速率均低于其他煤样，而且达到最大失重速率的温度也较高，说明 S_3 较其他煤样热解稳定性较强，不易发生热解，这与 S_3 的低挥发分和高惰质组组分有关。而且 S_3 在 800℃ 左右出现一个小的失重峰，其他煤样则没有，推测此处为矿物质分解所致。

4.5.3　热解过程产物与官能团结构变化关联

图 4.46 是热重红外联用分析，可以揭示在特定温度范围内的主要挥发产物。图中的轮廓线是等高线切片，颜色表示峰值强度。显然，FTIR 吸收峰的温度与 DTG 峰的温度一致。然而，在 FTIR 设备中气体产生与其检测之间的延迟引起的 DTG 峰值与 FTIR 曲线之间可能会出现轻微的位移。在 TG 曲线上识别出两个主要质量损失区域，因此，在 DTG 曲线上存在两个峰。110℃的第一个失重阶段是由物理吸收的水分和小分子气体的释放引起的。煤结构和固有矿物质（如方解石和白云石等）的分解在高于 300℃ 的温度下引起另一个主要的失重阶段的产生。此外，图中原煤和浮选煤样显示出不同的曲线，表明原煤及其分选煤样具有不同的热解途径，从而导致分段热解反应。

图 4.47 为热解过程中气体产物随温度的变化。尽管 $C_2 \sim C_4$ 小分子烃的产率相当低，但 S_1 中释放的 $C_2 \sim C_4$ 最高。$C_2 \sim C_4$ 被认为是来自在大约500℃ 的较长烷基链的裂解，比甲基（约 550℃）的裂解更容易一些。相反，具有高惰质组和少量烷基侧链结构的组分 S_3 产生较少的 $C_2 \sim C_4$。类似地，轻质芳香烃来自在约 500℃ 下的煤大分子的裂解以及酮、醛、酯等中的—C≕O。因此，具有较高镜质组和壳质组的 S_1 有更高的反应性，产生更多的轻质芳族化合物。CH_4 主要由烷基链的断裂产生，其在 550℃ 有最强的反应。理论上，具有较高的镜质组和壳质组的 S_1 具有较高的 CH_4 产率，而具有最高惰质组的S_3 产生最少的 CH_4。随着热解温度的升高，CO 的释放显著增强。煤在大约800℃ 的 CO 演化峰归因于挥发物（主要是 H_2O，包括二氧化碳）与焦炭中的碳的反应，即二次反应。S_1 和 S_2 中的 CO 的 TG-FTIR 曲线显著增加。相比之下，具有较高矿物质含量的 S_3 表现出较弱的 CO 吸收峰强度，这意味着焦炭中过量的矿物质可能阻碍气固二次反应。虽然原煤较 S_1 和 S_2 相比有较高的

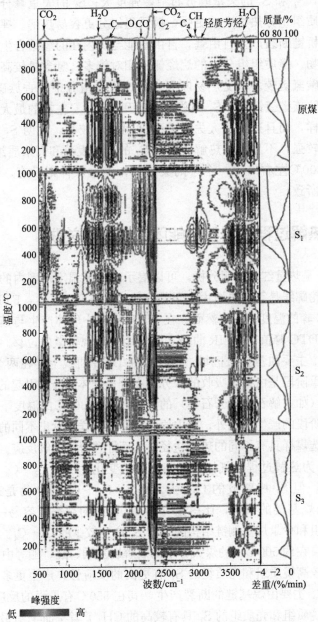

图 4.46　高碱煤 TG-FTIR 原位分析[22]

矿物质含量，但煤炭的高比表面积导致较高的 CO 产量。然而，由于温度不足以引发 CO_2 还原反应，在 550℃下仅获得低 CO 产率。二氧化碳的释放尽管其初始产生温度在酸洗后（特别是 S_3 中）稍微转移到更高的温度，但总体显示出不明显的变化。显然，去除 AAEMs 后对低温阶段热解的影响不大，但

$C_2 \sim C_4$、轻质芳烃以及—C＝O 化合物在酸洗后向较高温度区偏移。这意味着没有 AAEMs 的有机显微组分的分解需要更高活化能。换句话说，煤样中固有的 AAEMs 增强了有机分子结构的分解。另外，脱矿物质后，在较低温度下，来源于碳和挥发物（包括二氧化碳）的相互作用的 CO 的释放明显加快。因此，在较高温度反应阶段内 AAEMs 可能作为催化剂，因此不含 AAEMs 的样品的二次反应部分转移到较高的温度。酸洗后的原煤和显微组分的 CO 收率在 550℃ 显著增加。

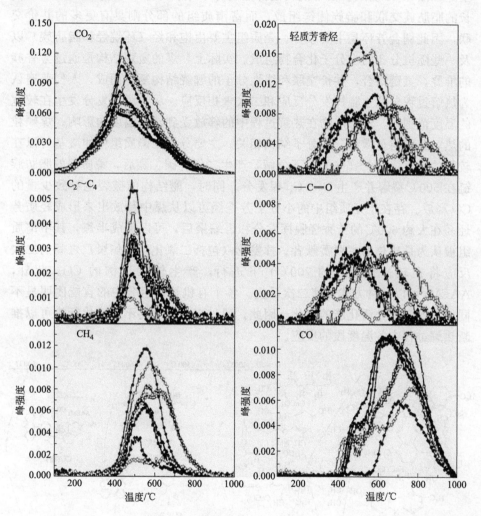

图 4.47　酸洗前后热解气体产物变化[22]

■ S　　● S_1　　▲ S_2　　◆ S_3
□ S-S　　◇ S_1-S　　△ S_2-S　　◇ S_3-S

简言之，原煤和显微组分中的 AAEMs 由于在不同温度下对二次反应的变化影响，对各种热解阶段气态产物的释放行为产生不同的影响。AAEMs 的催化作用主要表现在较高的温度，因此它们在不同分选煤样中的变化可能导致不同的催化热解特征。

煤的组成可能明显影响煤热解，因此与煤相关的模型对高效煤转化过程具有重要意义。因此，提出了基于有机显微组分特征的富惰质组准东煤模型，如图 4.48 所示。富含镜质组部分的分子结构几乎没有芳环，主要由更长的脂肪族交联和脂族侧链组成。而富惰质组的部分则具有更多的共价交联，因此稠合芳环是主要成分。壳质组主要由饱和烃（环烷烃和脂肪族）以及一些随机分布的小分子化合物组成。实际上，煤的宏观结构是通过芳香族的堆叠，氢键缔合，共价交联和线性分子的缠绕结构复合而成。人们普遍认为热解过程包括主脱挥发分反应和二次气相反应。尽管脱挥发分发生在较宽的温度范围内，气态产物在热解过程中的释放受到热解温度的影响。煤颗粒的热解路线与显微组分的分子结构相关。主要分散在镜质组中的羧基可以在较低的温度（400～500℃）下分解，产生二氧化碳。随后，镜质组的脂肪族链在 500℃ 裂解并产生 $C_2 \sim C_4$ 挥发分。同时，醚结构的破裂也导致少量的 CO 释放。存在于壳质组中的小分子芳香烃可以从煤中释放出来形成轻质芳烃。在大约 600℃ 的芳香烃脱挥发分和再缩聚后，可以形成半焦，其中惰质组被认为是成焦的主要贡献者。挥发物（包括二氧化碳与焦炭）之间的二次反应将在较高温度（约 700℃）下进行，产生较大比例的 CO。此外，AAEMs 可以某种方式加速二次反应。各个有机显微组分中的官能团明显不同，导致各组分活化能的变化。因此，通过煤大分子的不同演化行为可以推断热解过程中各温度段的反应。

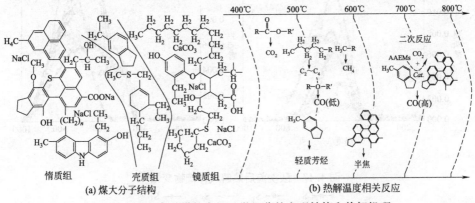

图 4.48　准东高碱煤的有机显微组分的宏观结构和热解机理

参考文献

[1] Pretorius G N, Bunt J R, Gräbner M, et al. Evaluation and prediction of slow pyrolysis products derived from coals of different rank [J]. 2017, 128: 156-167.

[2] Han J, Zhang L, Joon K H, et al. Fast pyrolysis and combustion characteristic of three different brown coals [J]. Fuel Processing Technology, 2018, 176: 15-20.

[3] van Heek K H, Hodek W. Structure and pyrolysis behaviour of different coals and relevant model substances [J]. Fuel, 1994, 6 (73): 886-896.

[4] 商铁成. 热解温度对低阶煤热解性能影响研究 [J]. 洁净煤技术, 2014, 6: 28-31.

[5] Feng S, Li P, Liu Z, et al. Experimental study on pyrolysis characteristic of coking coal from Ningdong coalfield [J]. Journal of the Energy Institute, 2018, 2 (91): 233-239.

[6] He X, Liu Z, Niu W, et al. Effects of pyrolysis temperature on the physicochemical properties of gas and biochar obtained from pyrolysis of crop residues [J]. Energy, 2018, 143: 746-756.

[7] Arni S A. Comparison of slow and fast pyrolysis for converting biomass into fuel [J]. Renewable Energy, 2018, 124: 197-201.

[8] Tian B, Qiao Y, Tian Y, et al. Investigation on the effect of particle size and heating rate on pyrolysis characteristics of a bituminous coal by TG-FTIR [J]. Journal of Analytical and Applied Pyrolysis, 2016, 121: 376-386.

[9] Canel M, Mısırlıoĝlu Z, Canel E, et al. Distribution and comparing of volatile products during slow pyrolysis and hydropyrolysis of Turkish lignites [J]. Fuel, 2016, 186: 504-517.

[10] Ripberger G D, Jones J R, Patersona A H J T, et al. Effect of autogenous pressure on volatile pyrolysis products [J]. Fuel, 2018, 225: 80-88.

[11] Cheng S, Lai D, Shi Z, et al. Suppressing secondary reactions of coal pyrolysis by reducing pressure and mounting internals in fixed-bed reactor [J]. Chinese Journal of Chemical Engineering, 2017, 4 (25): 507-515.

[12] Russel W B, Saville D A, Greene M I. A model for short residence time hydropyrolysis of single coal particles [J]. AIChE Journal, 1979, 1 (25): 65-80.

[13] 林雄超, 王彩红, 田斌, 等. 脱灰对两种烟煤半焦碳结构及 CO_2 气化反应性的影响 [J]. 中国矿业大学学报, 2013, 42 (06): 1040-1046.

[14] (澳) Chun-Zhu Li. 维多利亚褐煤科学进展 [M]. 余江龙, 常丽萍, 等译. 北京: 化学工业出版社, 2009.

[15] Strugnell B, Patrick J W. Hydropyrolysis yields in relation to coal properties [J]. Fuel, 1995, 74 (4): 481-486.

[16] Guo W, Wang Y, Lin X, et al. Structure and CO_2 gasification reactivity of char

derived through pressured hydropyrolysis from low-rank coal [J]. Energy & Fuels, 2019, 33: 8032-8039.

[17] 郭卫杰. 淖毛湖煤加氢热解及气化研究 [D]. 北京：中国矿业大学（北京），2021.

[18] Wang P, Jin L, Liu J, et al. Analysis of coal tar derived from pyrolysis at different atmospheres [J]. Fuel, 2013, 104: 14-21.

[19] 钟梅，马凤云. 不同气氛下煤连续热解产物的分配规律及产品品质分析 [J]. 燃料化学学报，2013，41（12）：1427-1436.

[20] 殷甲楠. 煤基液体产物的 GC-AED 分析方法及应用研究 [D]. 北京：中国矿业大学（北京），2021.

[21] Lin X, Wang C, Ideta K, et al. Insights into the functional group transformation of a chinese brown coal during slow pyrolysis by combining various experiments [J]. Fuel, 2014, 118: 257-264.

[22] Lin X, Luo M, Li S, et al. The evolutionary route of coal matrix during integrated cascade pyrolysis of a typical low-rank coal [J]. Applied Energy, 2017, 199: 335-346.

第**5**章

高碱煤热解
过程矿物质初始沉积

新疆高碱煤中 Na 和 Cl 元素含量很高，具有很高的活性。采用高碱煤为原料的锅炉、气化炉等设备在运行过程中均产生严重的沾污、腐蚀和结渣等问题[1-3]，给设备的安全操作带来很大的潜在威胁。明确煤热转化过程中腐蚀性元素的迁移转化规律对揭示高碱煤应用至关重要。

煤热解是煤热转化的初始阶段，在此过程煤中的水分和挥发分将逐一地从煤基质中扩散，同时伴随着煤中活性矿物质的释放及含硫和氯元素物质的分解。研究发现，煤中的碱性金属元素在 400℃ 以下就有少量的 Na 挥发，并且释放量随着热解温度的升高而增加[4]。不同的热解方式下碱金属元素的释放率存在较大差异，煤快速热解过程中绝大部分的 Na 将释放到气相中去，而在慢速热解过程中仅有约 20% 的 Na 从煤中释放[5]。释放的活性元素将在气相中相互作用而生成腐蚀性前驱体，并被挥发分携带出高温反应区，随着温度的降低而发生凝聚并沉积到设备表面而形成初始沉积层[6]。关于高碱煤中碱金属的释放和扩散行为已经被大量地研究，尤其是碱及碱土金属释放特性的定量分析。此外深入研究高碱煤热解过程初始沉积物的物化特性对碱金属的定向调控及设备的防护具有重要的意义。

本书在高温高压反应器中对新疆五彩湾高碱煤进行热解，考察了腐蚀性介质的演变沉积特性，系统研究了热解条件（热解温度和压力）对腐蚀性介质演变规律的影响，构建了准东煤高碱加压热解过程中腐蚀性物质沉积物的特征和形成机理。

5.1 热解过程碱性矿物质释放演变特性

煤在热解过程中，部分碱金属及碱土金属将伴随挥发分释放到气相中，如

图 5.1 所示。热解后煤焦中仍将残留大量活性 AAEMs,这些腐蚀性元素将对半焦的后续利用带来诸多问题。因此针对不同热转化阶段特性,分级研究高碱煤热转化过程 AAEMs 的演变行为,能够更清楚地揭示腐蚀性介质在不同热转化阶段的演变特性。此外,不同热转化气氛能够影响煤中有机质的转化行为,从而使煤中内在矿物质的转化表现出截然不同的过程及结果。具体而言,在热解过程中由于煤在惰性气氛中发生脱水、脱挥发分及缩聚的过程[7],大部分有机质无法分解并使得煤中大部分的内在矿物质仍然被其包裹,矿物质间的相互作用被明显削弱。

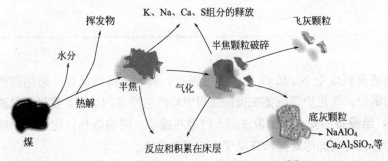

图 5.1　煤热转化过程各组分演变规律[8]

为研究不同赋存形态的内在活性碱性金属矿物质在热解过程中的转化规律,刘大海等[9]采用溶剂逐级萃取和微波消解相结合的方式,考察了准东原煤及不同萃取条件下获得的萃余煤热解过程中的转化规律。研究结果发现准东煤在 450~650℃热解时,煤中部分水溶 Na 和盐酸可溶 Na 将向乙酸铵溶形态转化。与此同时水溶 Na 和乙酸铵溶 Na 的释放主要发生在 650~850℃区间。大部分水溶 Na 将在热解过程中以挥发分的形式释放到气相中,残留在煤焦中的部分将向水不可溶形式转化。但是 Na 的释放并不总是与其挥发性相一致[10]。在低温热解时延长热解时间对挥发性 Na 的释放和转化影响不明显,而在高温下或热解初期时对 Na 的释放转化有着显著的影响。高温热解持续时间的延长,不再使残留在煤焦中的 Na 离子发生明显的释放行为,但是能够促进水溶 Na 向不溶形态转化。而在热解过程中乙酸铵溶 Na 挥发到气相后与气相中的自由基反应更可能转化为不溶性的 Na[11,12]。

此外,在煤热解和气化初期,水溶 Na 和乙酸铵溶 Na 和 K 含量均有所降低,而随着进程的深入其含量将有所增加。热解过程煤焦中产生的稳定形式的 Na 在煤焦后续的气化过程中由于煤基质的消耗和一系列化学反应将向其他形式转化。此外,以 $Na_2SO_4(K_2SO_4)$ 等形成存在于煤或焦中的含 Na 化合物在热解过程中对稳定组分如 $Na_2O \cdot Al_2O_3 \cdot 2SiO_2$ 和 $K_2O \cdot Al_2O_3 \cdot 2SiO_2$ 的产生能够起重要的促进作用[13]。

热转化条件对挥发分的释放及矿物质的迁移同样有着重要的影响。Sathe 等[14]研究了热网反应器中 Loy Yang 煤在不同压力下热解时碱金属和碱土金属物质的挥发释放特性。研究结果发现，在 600℃下 Na 在焦油生成结束前以小分子羧基化合物的形式挥发。当热解压力升高时，高压严重阻碍了这些羧基化合物在煤颗粒内部的扩散，导致这些小分子羧基化合物易分解生成 CO_2 和与半焦键合的 Na。Na 的释放程度与焦油的生成有密切的对应关系，研究还发现压力升高时 Na 的挥发反而增加，这说明 Na 的挥发不受颗粒内部扩散的控制，而是取决于煤中矿物质的化学反应过程。

Li 等[15]对维多利亚褐煤在不同压力下快速热解过程中碱金属的释放特性做了研究并论述了 Na 和 Mg 的释放量与热解温度的关系。当热解压力升高时，Na 和 Mg 的释放量减弱；此外煤颗粒内部发生的反应对 Na 和 Mg 的迁移释放也有着显著的影响。具体来说，高温时含 Na 和 Mg 的物质能够与硅铝酸盐反应生成更难挥发的矿物质而残留在煤焦中。但是该研究仅仅对热解过程中碱金属及碱土金属的释放进行了定量的分析测试，未能详细地阐明碱金属的释放形式。

随着研究的深入，一些在线定量的检测方法被应用到气相中碱性元素含量的测量中[16]。在线分析结果发现钠的释放速率在样品加入后迅速增加，气相中钠的含量将在短时间内达到峰值，同时钠释放的峰值在所有研究条件下均随着温度升高而升高。另外煤的化学组成对钠的释放同样有显著的影响。研究发现，当煤中有 Cl 和 S 等活性元素存在的情况下，能够促进煤热解过程钠元素的释放和沉积[17,18]。

与常规气化或燃烧过程中的研究相比，在煤热解过程中碱及碱土金属元素释放的化学和物理形式的研究相当有限。此外，从大型工厂直接获得的信息非常模糊，只能看到最终的沉积和腐蚀轮廓。对于热解过程 AAEMs 的释放及沉积和腐蚀特性仍然缺乏认知，因此深入研究准东高碱煤热解过程腐蚀性物质的释放及沉积过程对提高煤的综合利用有很大的促进作用。

热解装置流程如图 5.2 所示，在反应器的上部位置设置 3 处采样点，采样点间隔 55mm，分别来测定低温、中温及高温区的挥发性物质沉积特性。

在煤灰成分分析和沉积物质的半定量 SEM-EDX 和 XRF 分析的基础上，通过从 FactSage 7.0 计算的相图中提取相应的数据，可以有效地评估矿物质的转化行为。选择 FACT 纯物质（FactPS）和 FACT 氧化物（FT oxide）数据库。在热解温度 500～1200℃和压力 0.1～1MPa 范围内计算矿物质转化的平衡状态。通过固定系统中各组分的总量即反应物的量来定量分析。计算过程输入的物质及含量如下：$CaCO_3$ 5.1mol，$CaSO_4$ 0.2mol，SiO_2 2.0mol，

$Al_2Si_2O_7 \cdot H_2O$ 0.5mol，$MgSO_4$ 2.4mol，FeS_2 0.3mol 和 NaCl 0.4mol。

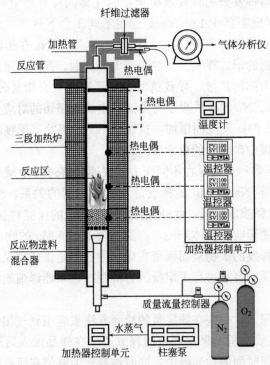

图 5.2　加压固定床热解/气化装置示意图

5.1.1　碱金属元素高温热演变规律

煤热处理过程中，煤中的活性元素将经历一系列物理化学变化并向不同的形态和物相中迁移，追踪高碱煤中腐蚀性元素的热转化行为有助于深入理解元素的转化迁移方向和规律，能够对其定向转化及控制提供很好的理论支撑。煤中碱金属和碱土金属存在的方式复杂多样，并在热转化过程中显示不同的迁移及演变特性。对不同热解温度下制备的半焦进行了 ^{23}Na 的 NMR 分析，结果如图 5.3 所示。煤焦中存在三种不同化学形态的 Na 元素，其含量主要取决于煤的热解温度。在 200℃下制备的煤焦中 Na 主要以有机形式存在，并且其NMR 峰（δ-5）较宽。随着热解温度从 300℃升高至 600℃，该峰的强度逐级减弱，同时在化学位移约为 8 处出现一个小的肩峰（代表 Na_2CO_3 和 NaCl 的峰）逐渐增加。在 200℃热解后，煤中的游离水将被完全除去，在进一步热解过程中，Na 离子可与溶解于煤孔隙水中的阴离子如 Cl^-、CO_3^{2-} 结合形成无机盐。另一方面，有机 Na（主要是羧基 Na）在较高温度下能够分解形成更稳

定的 Na_2CO_3。在 800℃ 热解的半焦中，NMR 谱图中在化学位移为 $-10\sim$ -15 处出现了一个新的峰值，表明羧基 Na 的分解与其他形式的 Na 的生成。在 800℃ 以上热处理后 Na 峰消失，表明大量的 Na 挥发到气相中。总的来说，煤中的 Na 在不同温度下热解过程中将发生连续的转化。

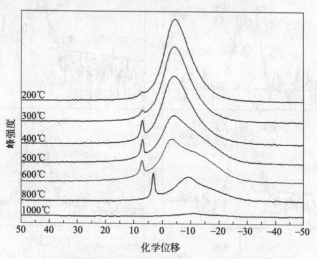

图 5.3　不同热解温度下制备的半焦中[23]Na 的核磁共振谱图

氯化物的迁移行为在煤热转化过程中对碱金属及碱土金属的释放及演变行为有着重要的作用[19]。由于 NMR 测试是一种对元素的全分析，XPS 分析可以分析元素的结合能和化学形态，可为 NMR 分析提供参考和验证。为获得热解过程中煤焦中 Na 和 Cl 构象的更详细信息，采用 XPSPEAK 软件将 XPS 测试中 Cl 2p3 和 Na 1s 峰解卷积成单独的谱峰。根据不同元素的结合能，Cl 被分类为无机 Cl 2p3 197.9~198.1eV（即 NaCl，KCl）和有机 Cl 2p3 199.8eV（即聚氯乙烯），而 Na 可被分为有机 Na(CH_3COONa，1071.1eV)[11] 和无机 Na(Na_2SO_4，1071.0eV 和 NaCl，1071.4eV)，如图 5.4 所示。可以清楚地发现，煤焦中的 Cl 以有机和无机形式存在。对于在 200℃ 下制备的煤焦，有机 Cl 峰略高于无机形式。由此可知煤焦中的 Cl 主要与煤焦基质的官能团结合，此外还有一些无机形式的 Cl 也可能局部存在于焦炭基质的微孔中而形成无机盐。同时，在 200℃ 下制备的煤焦中 Na 的 XPS 谱图中代表 Na_2SO_4，CH_3COONa 和 NaCl 的弱峰也表明 Na 可能隐藏在炭基质中。在 500℃ 和 800℃ 热解后，由于含 Cl 官能团的分解，有机 Cl 的峰强度逐渐降低；相反，由于无机 Cl 良好的热稳定性以及热解过程中分解的有机 Cl 与煤中金属矿物结合形成的无机盐，导致无机 Cl 的峰强度显著增强。此外，在 500℃ 和 800℃ 下热解后，无机 Na 的峰强度变得更高。这是由于在 500℃ 和 800℃ 的热解过程中，有机 Na（即 CH_3COONa）可以转化为无机形式的 Na 并残留在煤焦中。此外，煤热解过程中挥发分的脱除使碱金属矿物质在煤基质中结晶浓缩，因此使得无机 Na 的检测峰强度增加，这也与 ^{23}Na NMR 分析一致。

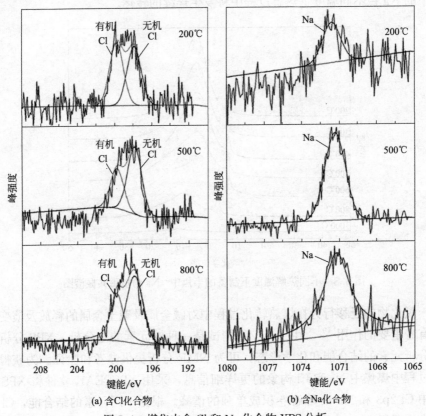

图 5.4　煤焦中含 Cl 和 Na 化合物 XPS 分析

煤热转化过程中内在矿物质，如黏土、石英等矿物质对碱金属及碱土金属的迁移演变起着重要的作用。采用原位高温 XRD 和 Factsage 热力学模拟软件分析了不同温度下煤灰的矿物质组成和热演变特性，结果如图 5.5 和图 5.6 所示。在 500℃ 下制备的煤灰中矿物质的化学形态大部分还保持其原有的矿物学性质，其主要晶相矿物质为石英（SiO_2）、方解石（$CaCO_3$）、硬石膏（$CaSO_4$）、石盐（$K_{0.2}Na_{0.8}Cl$）和氟磷灰石 $[Ca_5(PO_4)_3F]$。随着热处理温度的升高，即使在 1000℃ 石英也能保持稳定；然而方解石、硬石膏和氟磷灰石在 700℃ 下即能够完全分解。此外，代表岩盐（$K_{0.2}Na_{0.8}Cl$）的衍射峰在 700℃ 时逐渐减弱消失，并向代表氯化钙磷化物（Ca_2ClP）的衍射峰转化，证明了这些高活性物质之间存在较强的相互作用。与此同时，随着矿物的分解将会发生相变，并且在此过程中具有相似晶体结构或相似局部构型的矿物能够发生相互取代。例如，卤素（主要是 Cl）能够与由方解石（$CaCO_3$）和硬石膏（$CaSO_4$）分解产生的亚稳态含钙物质结合生成 Ca_2ClP。在 800℃以上热处理时，煤灰中的 Na 原子将挥发到气相中，这与 NMR 和 XPS 分析结果一致。分解和释放的活性碱金属及碱土金属元素可在较高温度（>700℃）下与酸性矿物质（黏土、石英等）相互作用生成诸如钙铝石、硅酸钙和钙黄长石等矿物质。

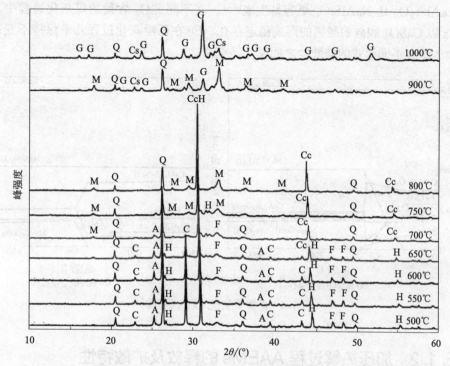

图 5.5　沙尔湖高碱煤 500℃灰化后灰原位 XRD 分析

Q—SiO_2；H—$K_{0.2}Na_{0.8}Cl$；C—$CaCO_3$；A—$CaSO_4$；F—$Ca_5(PO_4)_3F$

Cc—Ca_2ClP；M—$Ca_{12}Al_{14}O_{33}$；Cs—Ca_2SiO_4；G—$Ca_2Al_2SiO_7$

为揭示煤中固有酸性矿物质对活性碱金属迁移转化的影响，实验采用 FactSage 热力学软件模拟碱金属及碱土金属矿物质在不同 SiO_2 含量下随温度变化的演变特性。计算选取煤中的主要活性矿物成分 $CaSO_4$（0.2mol）、$CaCO_3$（1mol）、NaCl（0.4mol）、MgO（0.5mol）、FeS_2（0.3mol）、$Al_2(Si_2O_5)(OH)_4$（0.4mol）以及不同的 SiO_2 含量 [0.6mol（a）、6mol（b）] 来阐述活性碱性元素的演变规律。煤中水溶性 Na 在热解过程中将转化为 NaCl 的形式存在，低 SiO_2 含量的煤灰中在<550℃热转化过程中，NaCl 稳定存在于灰中。随灰化温度的升高，在 550℃时 NaCl 开始挥发，同时部分 Na 向

$NaAlSiO_4$ 转化，在约 620℃时，NaCl 消失，同时 $NaAlSiO_4$ 的含量逐渐增加并在 630℃左右趋于稳定。灰化过程中，SiO_2 含量的差异显著影响含 Na 矿物质的演变行为。热转化过程中，高含量 SiO_2 存在的条件下，Na 始终以 $NaAlSi_3O_8$ 形式稳定存在，这主要是由于高含量的 SiO_2 显著增加 Na 与 SiO_2 之间相互作用的机会，使 Na 更容易"侵蚀"SiO_2 与 Al_2O_3，另外在 FactSage 计算中，根据吉布斯自由能最小原理，在 SiO_2 含量较充足情况下，$NaAlSi_3O_8$ 比 $NaAlSiO_4$ 更容易生成[20]。在不同 SiO_2 含量的煤灰化过程中，Ca 以 $CaSO_4$ 和硅铝酸钙的形式稳定存在；Fe 在低温灰化过程几乎保持不变；而 Mg 在不同形式的硅酸盐之间发生转变。

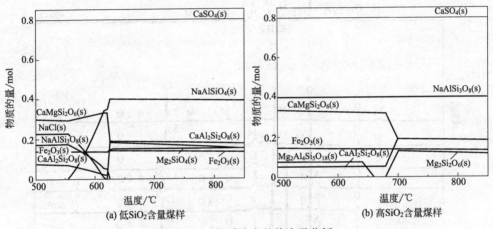

图 5.6　矿物质演变的热力学分析

5.1.2　加压热解过程 AAEMs 的释放及扩散特性

高碱煤热解过程中 AAEMs 元素的重量损失（％）定义为：

$$质量损失 = \left(1 - \frac{半焦中元素的量}{原煤中元素的量}\right) \times 100\%$$

图 5.7 给出了热解压力从 0.1MPa 升高至 3.0MPa 时高碱煤中 AAEMs 释放量与热解温度的函数关系。由图可知，Na 的总质量损失取决于热解系统的温度和压力，其挥发量为原煤中 Na 总含量的 15％～30％（质量分数）。虽然大量的 AAEMs 与煤结构中的羧酸和酚类官能团结合[15]，但是五彩湾煤中超过 50％的 Na 是水溶性的，这些水溶性的 Na 理论上倾向于在 700℃以下释放或蒸发[21]。然而，在当前的热解实验中，只有不到 30％的 Na 从煤中释放出来，这意味着大量的 Na 仍然残留在半焦的结构中。这是由于 Na 可能以某种方式被半焦吸附或和灰分反应，从而无法以气态的形式释放到气相中。与 Na

相比，K 的释放量小于 20%，其变化趋势与热解温度不如 Na 的明显，这主要是因为 Na 和 K 在准东煤中存在的化学形态不同。具体来说，五彩湾煤中大部分的 Na 以水溶性形式存在，而大部分的 K 则与硅铝酸盐相结合[22]，因此它们热解过程中释放的量存在较大的差别。

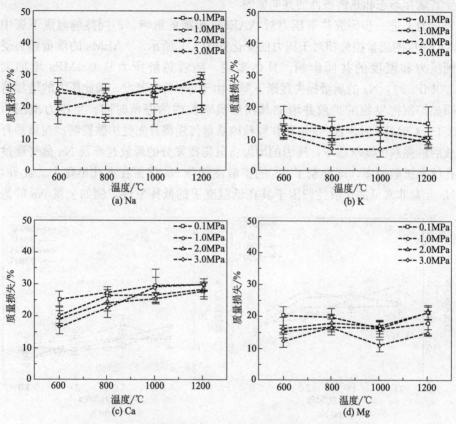

图 5.7　五彩湾煤热解过程热解温度对 AAEMs 释放的影响

　　五彩湾煤中 Ca 的含量相当高，尽管 Ca 在热解过程中相对较难挥发，但其演变行为仍然很显著。在煤热解过程中挥发性煤焦油、部分被破坏的半焦以及矿物颗粒的混合物将释放到气相，然后其在热泳扩散作用下可以将含 Ca 物质以细粉末的形式携带出反应区。热解后半焦中 Ca 含量变化趋势显示，随着热解温度升高至 1000℃，Ca 的释放量急剧增加，然后保持不变。准东煤中 Ca 主要以方解石和有机键合的形式存在，当煤热解加剧时，其在 800℃ 左右快速分解成细粉末，与此同时大量的挥发物携带着含 Ca 颗粒物质从半焦中释放出来。当热解温度高于 1000℃ 时，Ca 开始与铝硅酸盐反应形成硅铝酸钙，即钙长石[23]，并与半焦结合稳定存在于灰中。热解阶段释放的 Ca 能够加速低温共晶物的形成，从而加剧沉积界面上的沾污[14]。相比之下，Mg 的质量损失相对较少，其在不同的热解温度下释放量变化的趋势不明显。类似地，Mg 的释放量由含 Mg 细微颗粒和少量挥发性 Mg（羧酸镁）、金属 Mg 和其他类型的有机盐的扩散来控制。总的来说，煤热解过程中 AAEMs 的释放量很大程度上受其赋存形态和热解条件的共同影响。

为了进一步研究热解压力对 AAEMs 扩散的影响，不同热解温度下煤中 AAEMs 的质量损失相对于压力的变化如图 5.8 所示。AAEMs 的质量损失受到压力和温度的共同影响。具体来说，随着热解压力从 0.1MPa 增加到 3.0MPa 时，Na 的质量损失逐渐下降。由于 Na 易于蒸发，因此压力的增加将明显抑制挥发物的扩散并增加其在焦炭颗粒内的停留时间。当压力范围为 0.1～3.0MPa 时，含 Na 物质在颗粒内质量传递将首先受扩散控制。在焦油释放后的强制流动状态下，压力的增加将阻碍挥发分的释放速率及 Na 蒸气通过孔体系扩散速率，即抑制了 Na 的扩散使部分 Na 保留在多孔半焦中。此外，Na 元素非常低的扩散性归因于其在低温度下的低挥发性，例如金属 Na 的饱

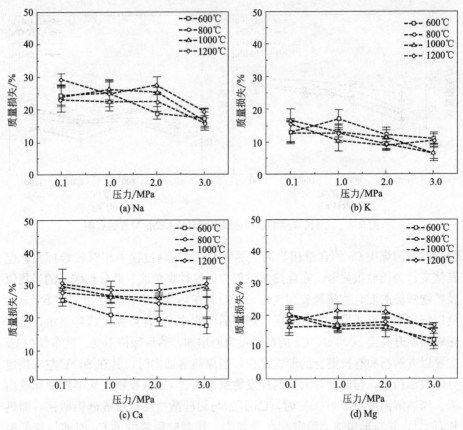

图 5.8　五彩湾煤热解过程热解压力对 AAEMs 释放的影响

和蒸气压在 600℃下为 3kPa[14]，增加压力能够显著增加其饱和蒸气压，从而抑制其释放。类似地，K 的释放被认为主要由挥发分的扩散控制。压力的上升将抑制挥发分的扩散，因此在一定程度上，较高的压力可以抑制 K 的释放。任何形式的 Ca 和 Mg 均具有很低的饱和蒸气压；它们的释放主要由热解过程中含 Ca、Mg 细粉末伴随煤焦油挥发分的挥发所控制。因此，较高的压力能够抑制挥发物的强制流动并减少含 Ca 和 Mg 的粉末的扩散。值得注意的是，它们的释放速率受多孔半焦结构吸附作用控制。

5.1.3 热解温度对碱性矿物沉积行为的影响

矿物质的扩散很大程度上受热解温度和压力的影响。热解过程中释放的无机矿物质将经历冷凝、结晶和沉积等过程，从而在设备特定的区域内引起结垢和腐蚀等现象。因此对特定区域元素分布的研究能够全面地说明矿物质的沉积机理和界面形态。采用 SEM-EDX 分析各个沉积阶段沉积物的形貌及元素分布，不同温度下特定区域（迎气流侧）放置的探针表面沉积物质的元素组成如图 5.9 所示。另外，煤中的矿物质可以在适当元素组成的区域产生氧化物熔体，并且含有 AAEMs 的氧化物可以很容易地溶解在这些熔体中。AAEMs 的存在能够在低于理论要求的温度下促进低温共晶体的形成[24,25]。因此基于实验结果，采用 FactSage 热力学模拟软件计算了从 500～1200℃过程中矿物质演变的相平衡结果，如图 5.10 所示。

由 EDX 能谱分析结果可知，在 600℃热解后，探针 1（321℃）表面的沉积物主要是含碳颗粒。这是由于热解温度和沉积区域的温度均较低，煤中活性矿物质的热扩散作用不显著，所以大部分矿物仍然保留在半焦中。此外，部分释放的碱金属元素在热解区域就可以沉积，因此无法扩散到低温区。在此区域上很少有矿物质发生沉积或凝结。热力学模拟计算表明，部分方解石在 600℃以下即可分解，分解产生的 CaO 可以与 Mg_2SiO_4 结合形成 $Ca_2MgSi_2O_7$ 长石，在此热解条件下仅有很少的矿物质能从煤中脱离出来并释放到气相中，因此采样基板上几乎观察不到矿物质的沉积。

800℃热解后矿物的沉积形貌组成相比于 600℃的发生了明显的变化，扫描电镜结果显示在探针表面上观察到了较多的矿物种类。根据 EDX 能谱结果可知，热解炭仍是主要沉积物质；然而，在 800℃热解后探针上出现了单独的矿物颗粒。这主要是源于黏土类矿物分解产生的以 SiO_2 形式存在的矿物质颗粒，而且其与半焦颗粒明显的分离开来。此外，$CaSO_4$ 将在低于 800℃时部分地转化为 CaO。当 CaO 在较低温度下（即 423℃，探针 1）附着在探针表面上时，它将会吸附并与含硫气体重新结合形成 $CaSO_3$ 晶体。释放的 Na 同样能

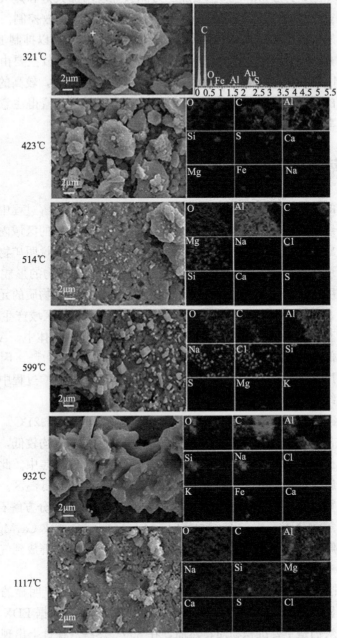

图 5.9　1MPa 热解后沉积物形貌及 SEM-EDX 分析

够与含硫气体结合生成 Na_2SO_4，这主要取决于物质的摩尔比和热解温度。由于温度较低（423℃），在其表面上没有检测到 NaCl 的存在；而在采样区 2（609℃）和采样区 3（719℃）上检测到 NaCl 晶体的存在。这是因为 NaCl 的沉积主要是由热解气中 NaCl 蒸气的冷凝而形成的，因此沉积温度对其冷凝沉积具有至关重要的作用。在采样区 1（514℃）和采样区 2（771℃）上发现了以立方体或长方体形式存在的 NaCl 晶体，然而由于探针 3 的温度较高（924℃），其表面并未检测到任何 NaCl 晶体的存在。此外，Ca-S-O 出现在 1000℃热解的检测区上，这与在 800℃下热解的结果相似。这些实验结果与热力学计算结果一致，这意味着在 800～1000℃热解过程中能够形成 MgO。同时在探针 1 上发现了 MgO 的存在，进一步证实了热力学计算结果的准确性结果。

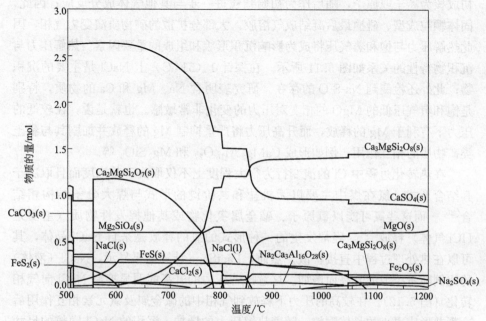

图 5.10　FactSage 模拟热解压力 1MPa 下矿物质转化行为随温度变化特性

较高的热解和沉积温度将导致不同的沉积形貌和组成。大量的 NaCl 晶体随机地分布沉积在探针 1（599℃）的表面上。此外原煤灰中的 MgO 被热解气体携带出反应区随后黏附到反应器表面形成初始沉积层。基于热力学计算结果，在这一过程中 MgO 将与黏土类矿物质相互作用而形成 Ca-Mg-Si-O 的低温共晶体。实验中在探针 2 上检测到的矿物质与探针 1 上的有着很大的区别。在探针 2 上（932℃）Na-Si-O 是主要的含 Na 物质而非 NaCl，表明在高温下 NaCl 易与 SiO$_2$ 反应而形成 Na-Si-O。在探针 3（1117℃）上同样观察到 Na-Si-O 的存在。

此外，在探针 2 上检测到 Mg 的存在，这可能由于 Mg 与 Al$_2$O$_3$ 基板反应形成 Mg-Al-O 尖晶石。在探针 2 上发现了单独的 Fe 的存在。这是由于在热解条件下，反应器中富集了大量的还原性气体，能够使沉积的 Fe_2O_3 还原为单质 Fe。由上述结果可知高温下各种矿物在沉积界面上聚集，表明初始结垢现象在较高温度下加剧。腐蚀性物质的释放和冷凝沉积特性受温度的影响很大，尤其是含钠矿物质的释放和沉积特性对于温度的变化较为敏感。

5.1.4 热解压力的变化对沉积特性的影响

在煤热解过程中，挥发性元素一旦离开了煤的表面，所形成的气相金属最初成核为离子或原子，随后作为初始颗粒进一步与其他气体成分反应；因此，固体颗粒成型、碰撞最后凝结成气溶胶。大部分扩散的矿物质演变为气相，因此热解压力与饱和蒸气压将成为影响沉积形貌和组成的重要因素。热解压力与沉积物特性的关系如图 5.11 所示。在探针 1（514℃）上 $NaCl$ 是主要的沉积物；此外还检测到 Na-S-O 的存在。研究表明含 Na、Mg 和 Ca 的物质，特别是饱和蒸气压低的 MgO 的相变对压力的变化非常敏感。也就是说，在较低的压力下有利于 Mg 的释放，而升高压力将严重抑制 Mg 的释放并加剧其与黏土类矿物质的相互作用，例如形成 $CaMg_2Al_{16}O_{27}$ 和 Mg_2SiO_4 等。

在热转化过程中 Cl 的演变行为很大程度上不仅取决于其浓度而且取决于其结合形式。氯在煤中主要以无机盐和共价键的形式与煤大分子结构相结合[26]。而这些氯可能以氯原子、碱金属氯化物或其他挥发性物质（主要是 HCl 气体）释放[22]。经常发生的一种形式的氯的释放是来自 $NaCl$ 晶体，其可以在热处理过程中直接扩散。然而，FactSage 计算结果显示，$NaCl$（液体）的比例随着压力的升高而增加。这意味着压力的升高能明显抑制 $NaCl$ 向气相转化（图 5.12）。在较高的压力下释放到气相中的碱金属及氯元素相互作用后冷凝并形成更小的晶体颗粒。随着热解压力的增加，沉积的 $NaCl$ 颗粒的尺寸逐渐减小。这是由于较高的压力可能更倾向于产生更多的晶核，而不是加速晶体的生长速率[27]。此外，升高压力抑制了碱金属和氯元素的释放导致它们在气相中的浓度降低。较高的压力还能够降低液体沉积物的表面张力，从而提高腐蚀性气体对界面探针的渗透性。

硫氧化物对于在热转化中产生的气溶胶的最终性能有着重要的影响。S 与 $NaCl$ 具有同步性，如图 5.12 所示。在 Na、SO_x 和 Cl 气溶胶的共凝聚过程中，沉积物质倾向于形成更紧致的晶体，因此，SO_x 倾向于取代 $NaCl$ 晶体。一些研究表明，Na_2SO_4 形成机理是基于 $NaCl$ 或其他化合物的非均相硫酸化[28]，与此研究结果一致。而且，热解过程中硫在热解气中倾向于形成亚硫（S^{4+}）而不是 S^{6+}[29]。由于 Na、SO_x 和 Cl 均具有很高的活性，这些沉积颗粒将不可避免地导致设备的持续污染和腐蚀。

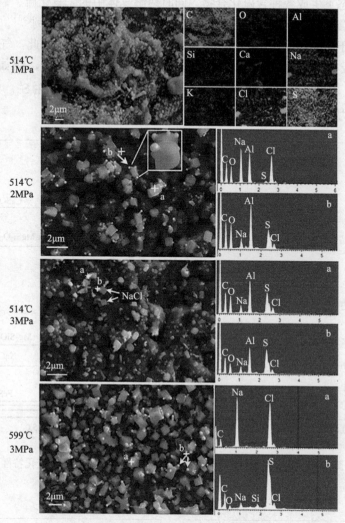

图 5.11　不同热解温度及压力下探针上沉积物 SEM-EDX 分析

　　沉积物中硫的分布形态存在很大的区别，采用 XPS 分析了初始沉积层中硫的结合形态。不同的结合能表明 S 的不同的存在形式：161.9eV（S^{2-}），162.9eV（$S_2O_3^{2-}$），164.0eV（S^0），169.4eV（SO_4^{2-}）[30-34]。在 1000℃ 和 0.1MPa 以及 1MPa 的热解条件下，对探针 1 上初始沉积层的形成贡献最大的是硫酸盐硫、硫代硫酸盐和硫（图 5.13），初始沉积表面上的含 S 物质可能是 Na_2S、$Na_2S_2O_3$ 和 $CaSO_3$ 等。由于 FeS 饱和蒸气压低，因此不可能发生 FeS 的沉积[35]。此外，$CaSO_3$ 来源于原煤灰的扩散，因为 CaO 和 SO_2 是原煤中的主要部分。根据温度和 SO_2 的分压，SO_2 与 CaO 和 Na_2O 之间的反应可以在稳定状态下生成各种含硫化合物。同时热解气体中的二氧化硫、氧气和氢气的浓度也会严重影响细颗粒中不同类型含硫化合物的最终比例[36]。在热解过程中，由于强的还原气氛，H_2S 和 SO_2 将在气相中存在；因此，气溶胶中的 Na 原子或离子可以容易地与它们结合并产生沾污前驱体，例如 Na_2S 和 $Na_2S_2O_3$。XPS 和 SEM-EDX 分析结果都表明沉积物质中存在 S^0。S^0 可能是在较高压力和还原性气氛下由 $S_2O_3^{2-}$ 分解产生。

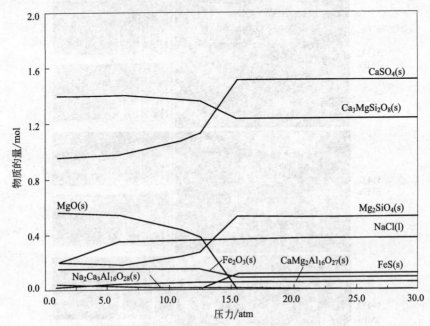

图 5.12　1000℃热解过程 FactSage 模拟矿物质演变随压力变化特性

(1atm=101.325kPa)

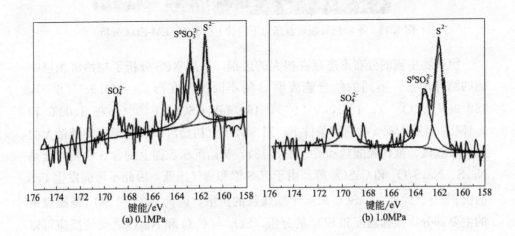

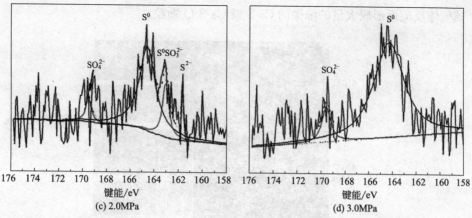

图 5.13　不同热解压力下在 514℃ 沉积的含 S 物质的 XPS 分析（热解温度 1000℃）

5.2　半焦中碱性矿物的物化特性

残留在焦炭中的矿物质可以阐明矿物在热解过程中的扩散路径，更重要的是，可以揭示后续利用中这些腐蚀性矿物质的污染演变行为。因此，解析热解后半焦中残留的矿物的物化特性至关重要。

原煤中含有各种硅铝酸盐黏土类矿物相，在各个不同的热演化阶段可以呈现不同的化学形态。黏土在 500℃ 左右失去羟基，然后发生相变生成石英和莫来石等物质[37]。由图 5.14 可知，热解后半焦中 SiO_2 是主要的矿物，表明其在原煤灰中含量很高。在 800℃ 制备的半焦中矿物质分布与 600℃ 的相似。此外在 800℃ 的半焦中观察到 Na-Si-Al-O 的存在，这意味着 Na 在高温下与铝硅酸盐结合并稳定存在。Na-Si-Al-O 的形成证实 Na 的释放与其保留之间存在竞争关系，更具体地说，Na 与矿物质的潜在反应直接导致其稳定化以及被固化，因此避免其扩散。相反，矿物相的变化可以抑制具有多孔结构半焦的形成[38]，反过来这将进一步影响 AAEMs 在半焦中的残留。例如，在 1000℃ 下 Ca-Si-Al-O 产生而非 Na-Si-Al-O，因为 Ca 离子可以在铝硅酸盐结构中取代 Na 离子，进而从 Na-Al-Si-O 共晶中驱逐出 Na，加速 Na 的扩散。

热解压力对半焦中的矿物分布的影响不太明显。SiO_2 广泛地分布在高温下制备的半焦中。与低热解压力相比，较高的压力增强了气体和焦炭之间的反应，导致半焦的结构部分断裂。然而，温度仍然是影响矿物形态的关键因素。例如，在高温半焦中 Ca-Si-Al-O 和 Ca-Si-O 被观测到，而非含 Na 矿物质。随着温度的进一步升高至 1200℃，半焦中热分解产生的 CaO 能够和气相中的含硫气体反应而形成大量的细微的 Ca-S 或 Ca-S-O 颗粒。

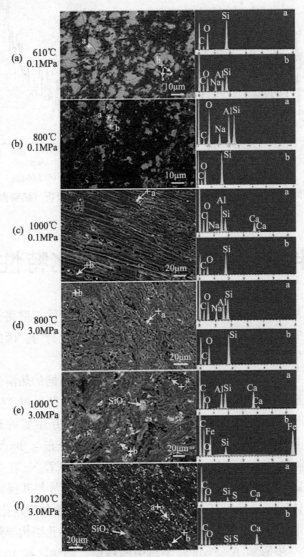

图 5.14　半焦中矿物质分布的 BSE-EDX 分析

5.3 煤热解过程中不同形态的 Na、Cl 和 S 的相互作用

图 5.15 对比了混合不同添加剂的煤热解过程中采集的沉积物的形貌。首

先将原煤酸洗脱除原生碱性矿物质，通过负载不同形态的含碱化合物，考察不同形态的 Na、Cl 和 S 间的相互作用。为了区分不同赋存形态的钠对其扩散行为的影响，通过浸渍方法将一定量的 NaOH 负载到煤中（以下称为无机 Na-煤）[39]。此外，在该实验中还制备了乙酸钠（CH_3COONa）离子交换的煤样（称为有机 Na-煤）[40]。为了阐明不同化学形态的 Cl 和 S 对钠扩散行为的影响，三种不同的含 Cl 和 S 添加剂，即 NH_4Cl（1%）、聚氯乙烯（PVC，1%）和 FeS_2（1 和 3%），分别与负载 Na 的煤样混合。

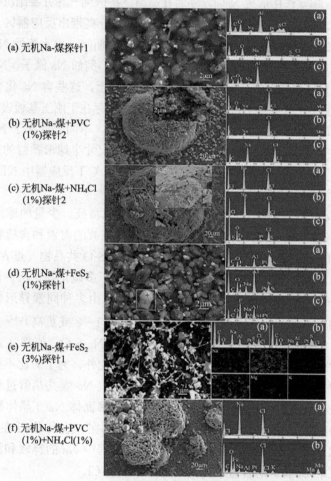

图 5.15　1000℃ 及 1MPa 热解后沉积物的形貌及组成

　　由于原煤中大部分挥发性的 Cl 和 S 元素通过酸洗后被脱除，气相中只有很少的阴离子化合物可以与 Na 元素反应而沉积。在 1000℃ 下热解之后，仅在 1 号探针上观察到少量细小的白色颗粒。沉积物中 Na、Cl 和 S 元素的共存现象，意味着 NaCl 和 Na-S/Na-S-O 共晶物的生成。这些结果清楚地表明，含钠矿物的沉积特征与煤中活性 Cl 和 S 的含量密切相关。

煤的不同组成可以显著改变沉积物的形态和组成。在负载 PVC 的煤热解过程中，半球形大颗粒紧密地黏附到 2 号探针上（温度为 771℃），同时大量的 NaCl 晶体颗粒分布在这些大颗粒的表面或周围。有研究表明在木屑颗粒燃烧过程中 HCl 的存在同样增强了钾的挥发和沉积。这是由于在低于 510℃的温度下，PVC 受热分解释放出大量的 HCl 气体[41]，这些释放的 HCl 可以穿过煤层并与 NaOH 或 Na 相互作用形成 NaCl，随后在高温下扩散到气相并凝结沉积在探针上形成大颗粒。另外，少量的 PVC 颗粒能够被挥发分夹带出反应器区，然后由于其在高温下的软化作用而黏附在反应器壁上。在此期间，由水溶性 Na 的挥发及有机结合形式 Na 的分解而产生的少量含 Na 组分，例如 Na 原子、NaCl、Na_2O 和 NaOH，释放到气相中，随后黏附到 PVC 颗粒上，这些含 Na 化合物以氯化物的形式（点 b）或者与 PVC 反应（点 a）而稳定存在于刚玉基板表面。NH_4Cl 混合的 Na 负载煤热解过程中也观察到类似的结果，不同之处在于 NaCl 颗粒被包裹在薄膜中（点 a 和 b 所示），而不是分布在大尺寸半球形颗粒的表面上。这可能是由于 NaOH 的低熔点（318.4℃）和在约 300℃下反应器中 NH_4Cl 快速分解产生的高浓度 HCl 引起的。

负载 FeS_2 的煤热解后显示出完全不同的沉积特征。少量的球形或长方体 Na-S-O 颗粒黏附到 1 号探针上（点 a）。此外，释放的卤素和含硫物质将与含 Na 物质竞争反应并形成 NaX（X 指卤素）和 Na-S-O 共晶物（点 b）。EDX 结果表明，白色晶体含有较高的硫含量，表明形成了多硫化物。从理论上讲，含硫气体在 FeS_2 热分解过程中释放出来，气体通常由多种同素异形体组成，应视为混合物而不是纯气体，可以用 S_n 表示（n 从 1～8 或更高）[42]。因此，挥发的和热分解产生的 Na 将与含硫气体反应形成 Na-S-O。值得注意的是，当增加煤中含硫物质时，矿物质的沉积得到增强。此外，为了对比不同元素对钠释放及沉积作用的影响，实验对三种添加剂与无机 Na-煤共热解过程的矿物质沉积特性进行了研究。从图中可以观察到大量的多面体 NaCl 晶体被包裹在大颗粒中，而在探针上未检测到 Na-S-O 化合物的存在，这表明 Cl 在与含 Na 物质反应中比 S 更具竞争性。因此，准东煤热解过程中 Na 的释放和沉积特征显著依赖于煤中 Cl 和 S 的含量，尤其是煤中活性的 Cl。

据文献报道，随着煤热处理温度的升高，残留在煤焦中的水溶性 Na 将显著降低；而有机键合的 Na 在低温下几乎是恒定的，直到当温度高于 800℃时有机键合的 Na 才开始挥发[10]。水溶性 Na 更具挥发性和腐蚀性；而煤中有机键合的 Na 较稳定，挥发性相对较差[43]。为了研究有机键合 Na 对含钠腐蚀性物质的转化和沉积特性的影响，对各种添加剂对煤热解过程中 Na 演变特性进行了研究，其热解沉积特性结果如图 5.16 所示。同样地，由于气相中阴离子化合物的缺失，在煤热解过程中只有少量 NaCl 和 Na-S-O 晶体或共晶体沉积在 1 号探针表面。在负载 PVC 的有机 Na-煤热解过程中沉积物形貌经历了明显的变化。具体来说，大量的 NaCl 晶体颗粒随机分布在 2 号和 3 号探针的检测区域，与负载 PVC 的煤热解获得的沉积物形成鲜明对比。

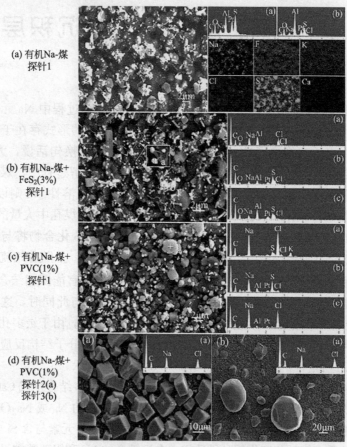

(a) 有机Na-煤
探针1

(b) 有机Na-煤+
FeS₂(3%)
探针1

(c) 有机Na-煤+
PVC(1%)
探针1

(d) 有机Na-煤+
PVC(1%)
探针2(a)
探针3(b)

图 5.16　1000℃及 1MPa 热解后获得的沉积物的 SEM-EDX 结果

　　由于 FeS₂ 的分解温度高，在此情况下有机键合的 Na 同样会分解并挥发释放到气相中，因此当 FeS₂ 负载的无机 Na-煤和有机 Na-煤热解时，含 Na 物质沉积形貌相似。而在含 Cl 化合物负载煤热解过程中，无机 Na-煤中存在的 NaOH 会以超细颗粒或分子/原子尺度的形式穿过煤颗粒孔隙并在热解气流的作用下携带到低温区域，然后与含 Cl 化合物分解产生的 HCl 反应并在气相中形成 NaCl 颗粒。但是，部分 NaOH 同样会不可避免地扩散到 PVC 或 NH₄Cl 的表面上生成大块的颗粒，这些将在高温下挥发或被气流夹带并随后沉积在探针上。与无机 Na-煤热解过程不同，有机 Na-煤中有机键合的 Na 在较高的温度下才分解。而 PVC 在 510℃ 以下就可以完全分解并在反应器中产生大量 HCl。因此，有机钠共价键断裂产生的 Na 或 Na_2O 将与 HCl 在气相中反应并在特定温度下产生均匀的 NaCl 沉积物。与此同时，含硫气体也将被释放并与含 Na 物质反应形成 Na-S-O 晶体。

5.4 高碱煤热解过程初始沉积层形成机理

煤中含 Cl 和 S 化合物的存在能够显著影响煤热解过程中 Na 元素的演变和沉积特性。通常，煤中可溶性 Na 和 Cl 以水合离子的形式存在于煤的微孔中，或以可离子交换离子或共价键的形式存在[22,44]。换句话说，大量的 Na 和 Cl 与煤孔中的水分或煤有机基质结合。煤在低温热解过程中，煤孔中的水随挥发分释放，一部分 Na 将挥发到气相；而大部分水溶性 Na 则以 NaCl 或 NaOH 微晶的形式残留在焦中。随着热解温度的升高，煤孔中大量的 Na 将以 Na 原子的形式释放；随后，释放到气相中的含 Cl 和 S 化合物将与气相中的 Na 原子或 Na_2O 相互作用生成 NaCl 和 Na-S-O 气溶胶，并随着气流温度的降低最终沉积在反应器中的特定区域[45]。然而，与羧基官能团相结合的 Na 在高温下才能分解并与有机挥发物一起释放到气相中。与此同时，这些释放的 Na 能被炭基质表面的含 N 或 O 官能团重新捕获；此外，由于炭多孔结构的强吸附性，释放的 Na 也可被炭微孔吸收，并与炭有机大分子结构反应，从而使煤焦中 HCl 可溶性的 Na 元素含量增加，如图 5.17 所示。

当 CaO 负载到煤中时，释放的 Cl 原子可优先与 CaO 结合生成 $CaCl_2$，导致气相中的阴离子含量显著降低。这能够使释放到气相中的 Na 或 Na_2O 从反应器中逸出而不沉积。同时，负载的 CaO 还可以增强活性 Na 元素与含 Si 或 Al 的物质以及煤基质之间的相互作用，导致焦中有机键合的 Na 和铝硅酸钠（$NaAlSiO_4$ 或 $NaAlSi_3O_8$）的含量显著增加。该研究表明，煤中活性的含 Cl 和 S 物质的存在可以与释放到气相的 Na 原子或 Na_2O 结合并增强含 Na 物质的沉积。因此，通过消除或固定碱金属或阴离子物质来抑制 Na 的沉积都是切实可行的。

热解过程中 AAEMs 的扩散机理相比于燃烧或气化有很大的区别。其中最显著的区别来自半焦的作用，其多孔结构显示了对易挥发物质的强吸附作用和相互作用，而在燃烧或气化过程中矿物质离开主体后将会随机扩散。总结上述实验结果，热解过程初始沉积层形成过程如图 5.18 所示。在加压热解过程中探针上初始沉积层的形成受到一系列的物理和化学过程所控制，主要包括碱金属蒸气的凝结、细颗粒的热泳扩散、大颗粒的惯性碰撞以及持续的化学反应，同时这些过程均随温度和压力的改变而改变。

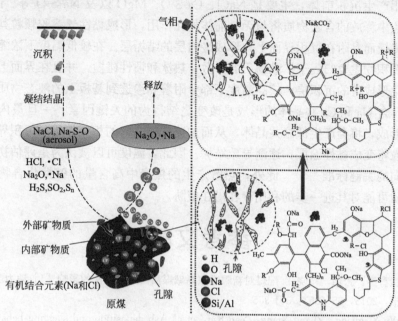

图 5.17　热解过程 Na 和 Cl 迁移释放机理示意图

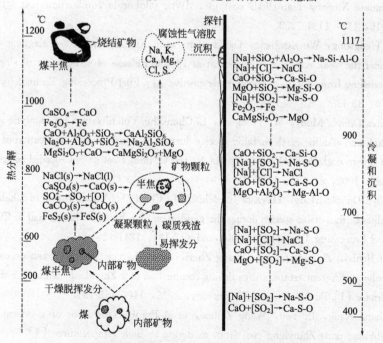

图 5.18　煤热解过程初始沉积形成机理示意图

当煤热处理时，来自高碱煤的扩散物质，主要是 Na、K、Ca、Mg、S 和 Cl，能够引起明显的煤灰结垢倾向[46]。这些元素将以原子或化合物的形式相互作用产生沉积前体，主要是 NaCl、Ca-S-O、MgO 以及 Na-S-O 等。同时，从半焦中释放的含碳物质将与无机前体相互作用，形成黏性气溶胶颗粒其通过惯性碰撞而黏附在沉积界面上并形成最内层的结垢层。在较低温度下浓缩或堆积的沉积物主要归因于扩散物质的扩散、热泳和惯性碰撞，并且在界面上持续的固化形成薄的沉积层。较高温度下部分附着和渗透到基板上的液态物质发生烧结，含 Na 和 Ca 共晶体的形成是改变烧结行为的关键因素。一旦最内层沉积物形成，将会产生低温共晶体，从而加速矿物之间的相互作用。沉积界面中的颗粒将变成黏性涂层，逐渐导致结垢。因此，温度可以被认为是评估初始沉积倾向的关键标准[6,47]。此外，热解产生的焦炭中高含量的碱性化合物烧结矿物质可能对其进一步的利用存在潜在威胁。

参考文献

［1］ 崔育奎，张翔，乌晓江. 配煤对新疆准东高碱煤沾污结渣特性的影响［J］. 动力工程学报，2015，35（05）：361-365.

［2］ Wu Xiaojiang, Zhang Xiang, Yan Kai, et al. Ash deposition and slagging behavior of Chinese Xinjiang high-alkali coal in 3MWth pilot-scale combustion test［J］. Fuel, 2016, 181：1191-1202.

［3］ Ji Hengsong, Wu Xiaojiang, Dai Baiqian, et al. Xinjiang lignite ash slagging and flow under the weak reducing environment at 1300 C Release of sodium out of slag and its modelling from the mass transfer perspective［J］. Fuel Processing Technology, 2018, 170：32-43.

［4］ Quyn Dimple Mody, Wu Hongwei, Li Chun-Zhu. Volatilisation and catalytic effects of alkali and alkaline earth metallic species during the pyrolysis and gasification of Victorian brown coal. Part I. Volatilisation of Na and Cl from a set of NaCl-loaded samples［J］. Fuel, 2002, 81（2）：143-149.

［5］ Quyn Dimple Mody, Hayashi Jun-Ichiro, Li Chun-Zhu. Volatilisation of alkali and alkaline earth metallic species during the gasification of a Victorian brown coal in CO₂［J］. Fuel Processing Technology, 2005, 86（12-13）：1241-1251.

［6］ Li Jianbo, Zhu Mingming, Zhang Zhezi, et al. Characterisation of ash deposits on a probe at different temperatures during combustion of a Zhundong lignite in a drop tube furnace［J］. Fuel Processing Technology, 2016, 144：155-163.

［7］ Zhang Kang, Li Yan, Wang Zhihua, et al. Pyrolysis behavior of a typical Chinese subbituminous Zhundong coal from moderate to high temperatures［J］. Fuel, 2016, 185：701-708.

［8］ Zhang Haixia, Guo Xuewen, Zhu Zhiping. Effect of temperature on gasification performance and sodium transformation of Zhundong coal ［J］. Fuel, 2017, 189: 301-311.

［9］ 刘大海, 张守玉, 涂圣康, 等. 五彩湾煤中钠在热解过程中的形态变迁 ［J］. 燃料化学学报, 2014, 42 (10): 1190-1196.

［10］ Wang Chang'An, Jin Xi, Wang Yikun, et al. Release and transformation of sodium during pyrolysis of zhundong coals ［J］. Energy and Fuels, 2015, 29 (1): 78-85.

［11］ Li Rongbin, Chen Qun, Zhang Haixia. Detailed Investigation on Sodium (Na) Species Release and Transformation Mechanism during Pyrolysis and Char Gasification of High-Na Zhundong Coal ［J］. Energy & Fuels, 2017, 31 (6): 5902-5912.

［12］ Sugawara Katsuyasu, Enda Yukio, Inoue Hiroaki, et al. Dynamic behavior of trace elements during pyrolysis of coals ［J］. Fuel, 2002, 81 (11-12): 1439-1443.

［13］ Wei Xiaofang, Huang Jiejie, Liu Tiefeng, et al. Transformation of alkali metals during pyrolysis and gasification of a lignite ［J］. Energy and Fuels, 2008, 22 (3): 1840-1844.

［14］ Sathe Chirag, Hayashi Jun-Ichiro, Li Chun-Zhu, et al. Release of alkali and alkaline earth metallic species during rapid pyrolysis of a Victorian brown coal at elevated pressures ［J］. Fuel, 2003, 82 (12): 1491-1497.

［15］ Li C. Z. , Sathe C. , Kershaw J. R. , et al. Fates and roles of alkali and alkaline earth metals during the pyrolysis of a Victorian brown coal ［J］. Fuel, 2000, 79 (3-4): 427-438.

［16］ Zhang Zhen, Liu Jing, Shen Fenghua, et al. On-line measurement and kinetic studies of sodium release during biomass gasification and pyrolysis ［J］. Fuel, 2016, 178: 202-208.

［17］ Wu Jingli, Chen Tianju, Luo Xitao, et al. TG/FTIR analysis on co-pyrolysis behavior of PE, PVC and PS ［J］. Waste Management, 2014, 34 (3): 676-682.

［18］ Kuramochi Hidetoshi, Nakajima Daisuke, Goto Sumio, et al. HCl emission during co-pyrolysis of demolition wood with a small amount of PVC film and the effect of wood constituents on HCl emission reduction ［J］. Fuel, 2008, 87 (13-14): 3155-3157.

［19］ Shao Yuanyuan, Wang Jinsheng, Xu Chunbao Charles, et al. An experimental and modeling study of ash deposition behaviour for co-firing peat with lignite ［J］. Applied Energy, 2011, 88 (8): 2635-2640.

［20］ Wang Yang, Wang Dongxu, Dong Changqing, et al. The behaviour and reactions of sodium containing minerals in ash melting process ［J］. Journal of the Energy Institute, 2017, 90 (2): 167-173.

［21］ Li Gengda, Li Shuiqing, Huang Qian, et al. Fine particulate formation and ash deposition during pulverized coal combustion of high-sodium lignite in a down-fired furnace ［J］. Fuel, 2015, 143: 430-437.

［22］ Yudovich Ya. E. , Ketris M. P. Chlorine in coal: A review ［J］. International Journal of Coal Geology, 2006, 67 (1-2): 127-144.

[23] Jiang Yong, Lin Xiongchao, Ideta Keiko, et al. Microstructural transformations of two representative slags at high temperatures and effects on the viscosity [J]. Journal of Industrial and Engineering Chemistry, 2014, 20 (4): 1338-1345.

[24] Lin Xiongchao, Ideta Keiko, Miyawaki Jin, et al. Correlation between fluidity properties and local structures of three typical Asian coal ashes [J]. Energy and Fuels, 2012, 26 (4): 2136-2144.

[25] Chen Xiao-Dong, Kong Ling-Xue, Bai Jin, et al. Effect of Na_2O on mineral transformation of coal ash under high temperature gasification condition [J]. Ranliao Huaxue Xuebao/Journal of Fuel Chemistry and Technology, 2016, 44 (3): 263-272.

[26] Vassilev S V, Eskenazy G M, Vassileva C G. Contents, modes of occurrence and origin of chlorine and bromine in coal [J]. Fuel, 2000, 79 (8): 903-921.

[27] Osborn G. A. Review of sulphur and chlorine retention in coal-fired boiler deposits [J]. Fuel, 1992, 71 (2): 131-142.

[28] Anthony E J, Granatstein D L. Sulfation phenomena in fluidized bed combustion systems [J]. Progress in Energy and Combustion Science, 2001, 27 (2): 215-236.

[29] Wijaya Niken, Zhang Lian. Generation of ultra-clean fuel from Victorian brown coal-Synchrotron XANES study on the evolution of sulphur in Victorian brown coal upon hydrothermal upgrading treatment and thermal pyrolysis [J]. Fuel, 2012, 99: 217-225.

[30] Cruz M, Morales J, Espinos J P, et al. XRD, XPS and 119 Sn NMR study of tin sulfides obtained by using chemical vapor transport methods [J]. Journal of Solid State Chemistry, 2003, 175 (2): 359-365.

[31] Siriwardane Ranjani V. Interaction of SO_2 and O_2 mixtures with CaO (100) and sodium deposited on CaO (100) [J]. Journal of Colloid and Interface Science, 1989, 132 (1): 200-209.

[32] Siriwardane Ranjani V, Cook Jason M. Interaction of SO_2 with iron deposited on CaO (100) [J]. Journal of Colloid and Interface Science, 1987, 116 (1): 70-80.

[33] Shul Ga Yu M, Rubtsov V I, Vasilets V N, et al. EELS, XPS and IR study of C 60 • 2S 8 compound [J]. Synthetic Metals, 1995, 70 (1-3): 1381-1382.

[34] Goh Siew Wei, Buckley Alan N, Lamb Robert N, et al. Pentlandite sulfur core electron binding energies [J]. Physics and Chemistry of Minerals, 2006, 33 (7): 445-456.

[35] Brooker D D, Oh Myongsook S. Iron sulfide deposition during coal gasification [J]. Fuel processing technology, 1995, 44 (1-3): 181-190.

[36] Anthony E J, Granatstein D L. Sulfation phenomena in fluidized bed combustion systems [J]. Progress in Energy and Combustion Science, 2001, 27 (2): 215-236.

[37] Reifenstein A P, Kahraman H. , Coin C. D. A. , et al. Behaviour of selected minerals in an improved ash fusion test: Quartz, potassium feldspar, sodium feldspar, kaolin-

ite, illite, calcite, dolomite, siderite, pyrite and apatite [J]. Fuel, 1999, 78 (12): 1449-1461.

[38] Bai Lei, Karnowo K, Kudo Shinji, et al. Kinetics and mechanism of steam gasification of char from hydrothermally treated woody biomass [J]. Energy and Fuels, 2014, 28 (11): 7133-7139.

[39] Quyn Dimple Mody, Wu Hongwei, Li Chun-Zhu. Volatilisation and catalytic effects of alkali and alkaline earth metallic species during the pyrolysis and gasification of Victorian brown coal. Part I. Volatilisation of Na and Cl from a set of NaCl-loaded samples [J]. Fuel, 2002, 81 (2): 143-149.

[40] Guo Shuai, Jiang Yunfeng, Liu Tao, et al. Investigations on interactions between sodium species and coal char by thermogravimetric analysis [J]. Fuel, 2018, 214: 561-568.

[41] Li Wen, Lu Hailiang, Chen Haokan, et al. The volatilization behavior of chlorine in coal during its pyrolysis and CO_2-gasification in a fluidized bed reactor [J]. Fuel, 2005, 84 (14-15): 1874-1878.

[42] Hu Guilin, Dam-Johansen Kim, Wedel Stig, et al. Decomposition and oxidation of pyrite [J]. Progress in Energy and Combustion Science, 2006, 32 (3): 295-314.

[43] Wang Liying, Mao Haixin, Wang Zengshuang, et al. Transformation of alkali and alkaline-earth metals during coal oxy-fuel combustion in the presence of SO_2 and H_2O [J]. Journal of Energy Chemistry, 2015, 24 (4): 381-387.

[44] Benson S A, Holm P L. Comparison of inorganic constituents in three low-rank coals [J]. Industrial & Engineering Chemistry, Product Research and Development, 1985, 24 (1): 145-149.

[45] Frigge Lorenz, Strohle Jochen, Epple Bernd. Release of sulfur and chlorine gas species during coal combustion and pyrolysis in an entrained flow reactor [J]. Fuel, 2017, 201: 105-110.

[46] Frederick W J, Ling A, Tran H N, et al. Mechanisms of sintering of alkali metal salt aerosol deposits in recovery boilers [J]. Fuel, 2004, 83 (11): 1659-1664.

[47] Luan Chao, You Changfu, Zhang Dongke. Composition and sintering characteristics of ashes from co-firing of coal and biomass in a laboratory-scale drop tube furnace [J]. Energy, 2014, 69: 562-570.

第6章

高碱煤气化过程
碱性矿物质扩散和结渣

6.1 煤焦中碱性矿物质特性及结渣规律

6.1.1 半焦中 AAEMs 的赋存形态及分布特性

原煤中的 AAEMs、卤素和有毒微量元素等在热解过程将从煤基质中首先释放出来。但是热解后的煤焦中仍然残留大量的腐蚀性物质，这将严重影响后续的转化利用。本章分析了在不同气化温度下，加压固定床气化过程中准东高碱煤焦加压气化过程中 AAEMs 的形态和矿物学演变特征。同时分析了底灰和沉积物的形态、元素分布、组成和结合状态。为了区分 AAEMs 在热解和气化不同热转化阶段的释放和沉积特征，将实验分成两个阶段。在气化实验之前，原煤分别在 800℃、1000℃ 和 1200℃ 及 3MPa 下热解，制备不同热解半焦。热解压力分别为 0.1MPa、1MPa、2MPa 和 3MPa，反应器内气体雷诺数约为 $2.6 < Re < 115.0$，气体为层流流动。

通过逐级萃取分析了半焦中不同化学形态的 Na、K、Ca 和 Mg。在不同温度热解后，残留在煤焦中 AAEMs 的赋存形态发生了很大的变化，如图 6.1 所示。具体来说，水溶性和乙酸铵可溶性 Na 和 K 的含量在煤焦中显著降低，而 HCl 可溶性 Na 和 K 的量明显增加。由于水溶性和乙酸铵溶性 Na 和 K 主要以水合离子的形式溶解于煤孔隙中的水分中或以有机键合形式（主要与含氧官能团如羧基结合）存在，HCl 可溶性 Na 和 K 通过与含 N 或 O 官能团形成配位共价键的形式与煤/炭基质有机键合[1]。此外，煤中碱金属元素和氯的含量不成比例，热解过程煤中的一部分氯元素会释放出来；含氧官能团如羧基在热解过程中基本上分解成 CO_2，并且结合的 Na 或 K 将不可避免地释放出来。因此，大多数活性碱金属元素将被吸附在半焦的有机大分子结构中或与炭的有机大分子结构反应，导致半焦中 HCl 可溶性碱金属物质的增加。然而，二价碱土金属元素的演化规律与 Na 和 K 的完全不同。热解后水溶性 Ca 的比例显著增加，而 HCl 可溶部分显著减少。原煤中钙主要以方解石形式存在或与煤基质有机结合；而有机键合和 HCl 可溶的 Ca 在热解过程中会在 800℃ 左右分解并产生 CaO，导致水溶性 Ca 的含量明显增加。而各种形式的可溶性 Mg 的含量均随着温度升高而增加。特别是在 1000℃ 和 1200℃ 下制备的半焦中乙酸铵和 HCl 可溶性 Mg 的含量远高于在 800℃ 下获得的半焦中的含量。这可能是由于 Mg 在低温下能够形成 Ca-Mg-Si-O 和 Mg-Si-O 低温共晶体，然而，在高于 850℃ 时它会分解并产生 MgO，并且在较高温度下可能与其他物质反应生成乙酸铵或 HCl 可溶形式的 Mg[2]。

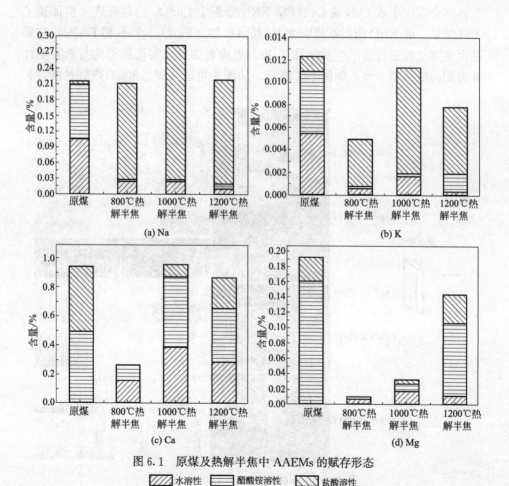

图 6.1 原煤及热解半焦中 AAEMs 的赋存形态

▨ 水溶性　▥ 醋酸铵溶性　◿ 盐酸溶性

6.1.2 不同气化温度下矿物质层状沉积特性

在热转化过程中，煤中的矿物质将经历一系列的物理化学变化，包括挥发、熔融、结晶和沉积等，而温度对这些转化过程起着决定性的作用。通常，在锅炉管上形成的灰沉积物主要归因于以下三种机制：扩散、热泳和惯性碰撞[3]。在800℃气化时，由于气化温度远低于煤灰的熔融温度，气化后残留的矿物质将不会发生熔融和凝聚。因此，在气化过程中合成气夹带的矿物质沉积物松散地积聚在2号探针表面，其沉积形貌如图6.2所示。从EDX线扫描能谱分析结果发现，Al、Si、Na以及Ca、S的衍射强度具有一致性。由此可以推测，Na主要以由Na和黏土之间反应产生的Na-Al-Si-O的形式黏附在探针上。$CaCO_3$以及有机键合的Ca在800℃下能够分解并产生CaO，然后与含S气体结合反应生成CaS或Ca-S-O，XRD分析中$CaSO_4$的存在进一步证实了上述结果。而XRD衍射结果中含Fe晶体矿物（Fe_2O_3、FeS和Fe_7S_8）主要是由金属基板的腐蚀产生的（图6.3）。更重要的是，实验结果均与热力学计算得到的结果相一致，如图6.4所示。从图中可以发现，800℃热解时霞石和

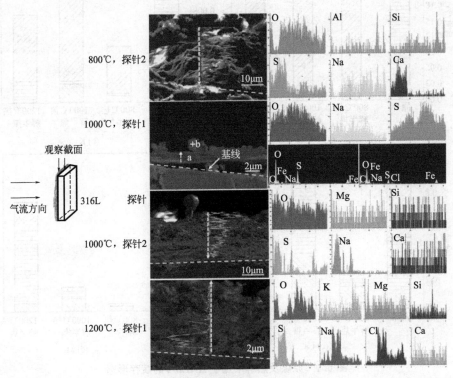

图6.2 沉积物截面 SEM-EDX 分析结果

硫酸钠是主要的含钠矿物。同时还生成了大量的 Ca-S 晶体。此外，800℃下一部分由碳酸盐或有机键合的 Ca 和 Mg 分解产生的 CaO 和 MgO 能够与石英反应形成 $CaMgSiO_4$ 和 $Ca_3MgSi_2O_8$。

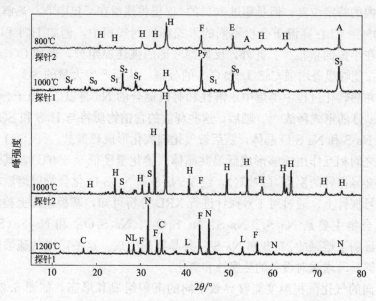

图 6.3　不同气化温度下获得的沉积物的 XRD 衍射分析

H—Fe_2O_3；A—$CaSO_4$；E—$Na_2Si_4O_9$；S—Na_2SO_4；S_0—Na_2S_3；S_1—Na_2S；N—NaCl；L—KCl；S_2—$Na_2S_4O_{13}$；S_3—$Na_2S_5O_{16}$；S_f—$Na_2Fe(SO_4)_2$；F—FeS；Py—Fe_7S_8；C—$CaMgSiO_4$

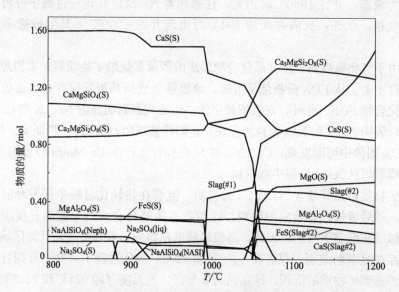

图 6.4　不同气化温度下矿物质演化行为 FactSage 模拟计算

煤焦在 1000℃ 气化后矿物的沉积特性发生了显著的变化。约 $2\mu m$ 厚的 Na-S-O 和 Na-S 混合物的沉积层附着到 1 号探针表面。在热解研究中发现，原煤高温热解过程中，大量的 NaCl 会挥发到气相，随后以 NaCl 的形式黏附在反应器内的特定位置，但是超过 70% 的 Na 仍将残留在半焦中[2]。热解过程中超过 80% 的 Cl 在高温下会以不同的形式释放到气相中，例如 HCl 和 NaCl，而残留在半焦的量很少。此外，反应器底部的强还原组分，例如 CO、H_2 和 C 的存在能够显著增强 $CaSO_4$ 和 CaS 的分解，从而产生大量的 SO_2。从根本上说，在热转化过程中半焦中水溶性和有机键合的 Na 将以 Na 原子、NaOH 以及 Na_2O 的形式释放[4]。随后，这些释放的含钠物质将与 H_2S 和 SO_2 反应而生成 Na-S 和 Na-S-O 晶体，随后被气化剂氧化形成硫酸盐。Na-S-O 和含铁的基板之间相互作用能够形成低温共晶体（熔化温度低至 690℃），其熔融温度低于 2 号探针的温度（771℃），结果 Na-S 和 Na-S-O 化合物以熔融状态附着在 1 号探针上。通过对 1 号探针进行 XRD 分析可知，基板表面上检测到的含 S 化合物主要是 Na_2S_3、Na_2S、$Na_2S_4O_{13}$、$Na_2S_5O_{16}$ 和 $Na_2Fe(SO_4)_2$，进一步证明了熔融的 Na-S 和 Na-S-O 共晶物的生成。这些熔融的硫酸钠在高温下能够显著增强对设备的热腐蚀和氧化。

不同的气化沉积温度能够导致不同的沉积组成和形态，如图 6.2 所示。1000℃ 气化后沉积物紧密地黏附在 2 号探针的表面。根据 EDX 分析结果可知在沉积物的外层上检测到 Na_2SO_4 晶体的存在，这与 XRD 结果能够很好地对应（图 6.3）。热力学计算表明（图 6.4），Na_2SO_4 在 884℃ 以上从固态转变为液态，并在 1060℃ 时消失，这意味着 Na_2SO_4 在这一过程中分解或挥发到气相。此外，灰渣在大约 994℃ 时出现并在 1000℃ 下其生成速率明显加快。

由于气化温度高，由共晶化合物形成的团聚和烧结矿物质颗粒牢固地黏附在探针 1 上。从 EDX 分析结果可知，硫能够与金属基板反应并在界面处产生含硫化合物 Fe-S。此外，在沉积截面的中间还观察到明显的 Na、K 和 Cl 的衍射峰，表明 NaCl 和 KCl 颗粒的存在，这同样被 XRD 结果进一步证实。另外，从 EDX 图像中可以发现，Ca、Mg 和 Si 在探针上产生 Ca-Mg-Si-O 低温共晶，这同样可以从 XRD 结果中观察到。

矿物质，尤其是含 Na 或 Ca 的物质，能够在热转化过程中挥发释放到气相中，然后成核、凝结成细颗粒。这些颗粒能够与合成气一起离开反应器区域，然后在低温下沉积。因此，高温区域沉积物的形貌和组成与低温区域沉积物将存在显著的差别。煤焦在 1000℃ 和 1200℃ 气化过程中，在 3 号探针上完全检测不到矿物质的沉积，这是因为 3 号探针的温度（即 924℃ 和 1117℃）接近气化温度。在 1200℃ 气化后的 2 号不锈钢基板上观察到少量的单个矿物颗粒的沉积，结果如图 6.5 所示。在检测区（点 a）发现了具有细"纤维"的团聚矿物颗粒，通过 EDX 能谱分析结果可知其主要由 Ca、Mg 和 O 组成，表明此物质为 CaO 和 MgO 的混合物。此外，Ca（煤灰中的主要元素）可以生成 Ca-Si-O 和 Ca-Mg-Si-O（检测点 b 和 d）并且以烧结和不规则的块状物紧密地黏附到探针的表面上。更重要的是，在探针（检测点 c）上观察到具有少量 Ca-Si-O 的单独的 NaCl 立方体晶体，表明 Na 的存在可以显著增强矿物的熔融[5,6]。

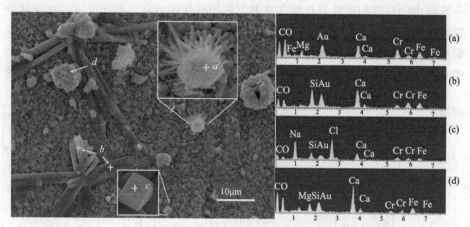

图 6.5　1200℃气化后 2 号探针表面沉积物 SEM-EDX 分析结果

6.1.3　高碱煤焦加压气化过程中底灰矿物特性

不同尺寸的灰渣颗粒具有不同的组成和迁移沉积倾向。为了进一步研究底灰矿物的演化和结渣特征，将底灰（气化后的底灰灰渣照片如图 6.6 所示）使用 $\phi 0.25$mm 的标准网筛筛分成不同粒度的两部分。

图 6.6　五彩湾煤焦不同温度气化后底灰形貌

采用 XRD 对底灰进行了分析,其结果如图 6.7 所示。从图中可以看出在大颗粒部分的灰渣中主要的晶相矿物质为 SiO_2、MgO、$NaAlSiO_4$、$CaCO_3$ 和 $Ca_3Si_2O_7$。当气化温度升至 1000℃时,大颗粒的气化灰渣中石英的衍射峰仍旧很强,而 $CaCO_3$ 和 MgO 的衍射峰消失,这是由于 $CaCO_3$ 和 MgO 与煤中黏土、石英及 Al_2O_3 等酸性氧化物矿物质反应生成低温共熔物,例如 Ca-Al-O 和 Ca-Al-Si-O 等。当气化温度达到 1200℃时,石英的 XRD 衍射峰值强度急剧下降;同时钙黄长石($Ca_2Al_2SiO_7$)的衍射峰强度明显增加,表明灰分颗粒中的石英和碱性氧化物在高温下的相互作用增强。相比之下,在细灰分颗粒中几乎检测不到 SiO_2 的衍射峰,而 $Ca_2Al_2SiO_7$ 的衍射峰则在所有细灰颗粒中均是最强的,这再次表明在 800℃以上的温度下 Ca、Al 和 Si 之间的强相互作用。此外,一部分 Ca 还可以与硅或铝氧化物结合并形成硅酸钙、铝酸

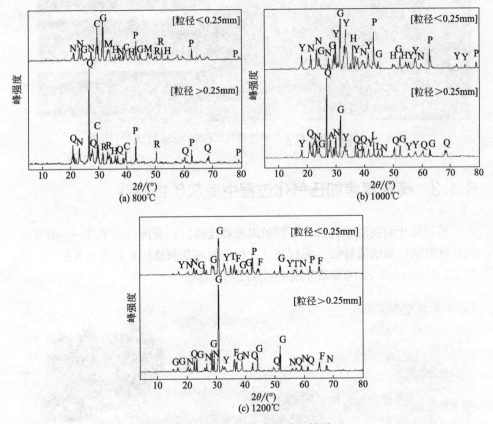

图 6.7　底灰 XRD 衍射分析结果

Q—SiO_2；P—MgO；N—$NaAlSiO_4$；C—$CaCO_3$；H—Fe_2O_3；G—$Ca_2Al_2SiO_7$；

M—$Ca_3Mg(SiO_4)_2$；R—$Ca_3Si_2O_7$；F—$(Mg,Fe)_2SiO_4$；L—$(Fe,Mg)SiO_3$；

Y—$Ca_{12}Al_{14}O_{33}$；A—$CaA_{12}SiO_8$；T—Fe_3O_4

钙或硅铝酸钙等，例如 $Ca_{12}Al_{14}O_{33}$ 和 $Ca_3Si_2O_7$。有趣的是，MgO 存在于所有细灰颗粒中，这主要有以下两个原因：首先，在较低的气化温度下，MgO 与矿物质之间的相互作用和灰渣的团聚作用不显著；其次，在 1000℃ 气化的灰渣中 $Ca_3Mg(SiO_4)_2$ 的 X 射线衍射峰消失，而 MgO 的峰强度增加，表明 $Ca_3Mg(SiO_4)_2$ 在高温下能够分解生成 MgO。此外，热力学平衡计算结果进一步说明了不同温度气化后 MgO 的存在。

气化温度对底灰中 AAEMs 的转化和分布有着重要的影响。为了研究气化后准东煤灰渣的结渣及熔融特性，实验采用 SEM-EDX 对底灰的形貌和元素组成进行了详细的分析，结果如图 6.8 所示。根据文献报道，在 800℃ 气化后，超过 50% 的 Na 将残留在底灰中并且不发生团聚[7]。因此，准东煤焦在 800℃ 气化后得到富含 Na、Ca、Mg 和 Si 的未熔融灰颗粒。随着气化温度的升高，易熔的霞石（$NaAlSiO_4$）发生熔融凝聚并形成较大块的灰颗粒。与此同时，底灰中碱土金属含量较高或钠的含量相对较低的难熔煤灰颗粒能够黏附在熔融的黏性矿物颗粒表面，见图中点 b 和 c。值得注意的是，在 1200℃ 下气化得到的灰渣颗粒的形态和化学组成与在 800℃ 下气化得到的灰渣完全不同。1200℃ 的气化灰渣中观察到了光滑的球形矿物颗粒（点 a），表明这些矿物在高温气化过程中经历了明显的熔化和烧结。此外，半熔融状态的灰分颗粒（点 b）和非熔融矿物颗粒（点 c）富含 Ca 和 Mg 元素，而形成灰渣网络结构的元素（如 Si 和 Al）含量相对较少[8]，这是因为具有高含量的碱土金属元素的矿物通常具有相对高的熔点[9]。值得注意的是在 1200℃ 气化后收集到的细灰颗粒中未检测到 Na 元素的存在，这表明在高温煤焦气化过程中含 Na 化合物熔化并聚集成大块矿渣。如图 6.9 所示，1200℃ 气化熔融和玻璃化球形颗粒由 EDX 能谱分析结果可知其元素主要为 Na、Si、O 和 Al，即霞石（Na-Al-Si-O）。主要反应路线包括：

$$2CaO+Al_2O_3+SiO_2 \longrightarrow Ca_2Al_2SiO_7$$
$$Na_2O+Al_2O_3+2SiO_2 \longrightarrow 2NaAlSiO_4$$

总的来说，准东煤焦气化过程中气化温度对底灰中 AAEMs 的转化和分布具有重要的影响。而煤灰中 AAEMs 的存在可以加速霞石、钙黄长石等低温共晶体的形成。此外，在煤焦气化过程中，Na 对引起矿物质的熔融团聚比 Ca 和 Mg 的作用效果更显著。

气化温度是控制含 AAEMs 矿物质演变和沉积的决定性因素。从理论上讲，挥发性物质之间的相互作用、凝聚颗粒的热泳扩散和碰撞以及团聚矿物颗粒的沉积是导致设备内部的结垢和结渣的成因。在气化过程中，煤焦的有机大分子结构通过与气化剂反应逐渐被消耗。矿物质尤其是可溶性和活性的碱金属物质会失去其物理载体或基质，导致这些无机物质完全暴露在高温的环境下。因此，含有 AAEMs 的化合物和灰分颗粒将随着合成气扩散到气相中并与气相组分相互作用而生成含碱化合物（如 NaCl、Na_2SO_4）。不同组分的矿物质具有不同的熔点及挥发性，因此导致矿物的层状沉积和分布。

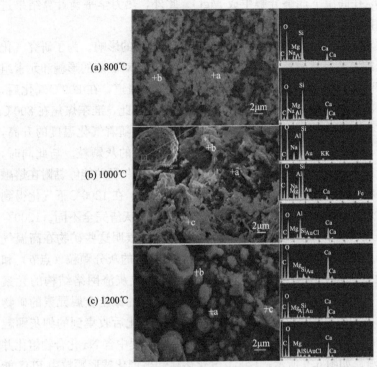

图 6.8　不同气化温度制备的灰渣的 SEM-EDX 分析

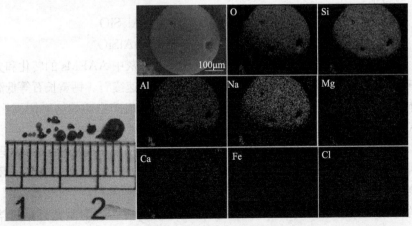

图 6.9　1200℃气化后底渣中熔融玻璃化矿物质的 EDX 分析结果

6.2　气化过程中细颗粒物形成和释放规律

高碱含量的煤/焦气化过程中产生大量的矿物质气溶胶不仅能够造成反应器壁面大面积的沾污结垢,还可以释放出大量的细微颗粒(PM)。据报道,富含 AAEMs 的褐煤气化或燃烧过程中产生的超细 $PM_{0.2}$(空气动力学直径<$0.2\mu m$ 的颗粒物)的量比高阶烟煤多 5.1 倍,而 $PM_{2.5}$(或 PM_1)的产量大致保持相同的量级[10]。这些释放的 PM 颗粒将对生产运行条件和环境造成严重影响。因此,全面了解 PM 的形成特性对设备的设计和运行具有重要意义。

在过去的几十年中,专家们对煤热转化过程中 PM 形成特性及机理进行了广泛的研究。根据文献报道,细微颗粒的释放和形成主要受两个关键因素的控制:煤中的矿物特性和煤/炭颗粒所经历的热转化条件[11]。$PM_{1\sim10}$ 的形成与外在矿物的破碎有关[12]。此外,煤中直径小于 $10\mu m$ 的部分固有矿物质可直接被气体夹带出反应区或直接挥发到气相中形成 PM_{10}[13]。更重要的是,高活性的水溶性和有机结合的 AAEMs,特别是钠,在煤燃烧过程中能够挥发并随后成核、凝结并团聚形成小于 $1.0\mu m$ 的颗粒[10]。为了控制 PM 的释放,通常引入含 Si 和 Al 的外在矿物质,例如高岭土和石英等,将活性含碱物质固定在灰分颗粒中来降低 PM 的释放[14]。然而,作为气化操作的重要参数,底灰的矿物学特性很少受到关注。

此外,可通过改变煤中矿物质碎裂、熔化和团聚的方式来改变 PM 释放的浓度。通常,超细颗粒产率随着氧浓度、操作温度和煤中挥发物质含量的增加而增加,随着煤炭颗粒尺寸的增加而减少[15]。然而,不同的气化压力、气氛和各种矿物质对颗粒物释放的影响以及 PM 粒度的分布尚未得到充分研究。目前,众多学者采用荷电低压撞击器对释放的 PM 粒度的质量分布进行了广泛的研究。但是,上述采样系统的温度通常保持在 120℃左右,由于采样温度较低,大部分飞灰颗粒可能凝结并沉积在管道上而导致采样的不准确。而且 PM 的定性分析而不是定量分析在理解 PM 形成机制中起到关键作用。此外,煤气化和燃烧是不同的热转化过程,矿物质的演化存在明显的区别;而且煤焦的转换过程是决定性阶段。上述研究主要集中在煤的燃烧过程,而富钠煤焦加压气化过程中 PM 的形成机理非常缺乏。

因此,对典型富 Na 煤焦加压气化过程中 PM 颗粒物质的初始扩散规律和演化行为进行了研究。此外,还分析了煤焦中不同矿物质对 PM 的演化行为的影响。采用自行设计的玻璃纤维过滤器在特定位置捕集气相中可过滤的

PM 颗粒物，随后采用扫描电子显微镜和 X 射线能量检测仪（SEM-EDX）定性地表征过滤 PM 的组成和形态。通过统计的方法分析 PM 的粒度分布（PSD）。系统地阐明了气化温度、压力和外在矿物质对 PM 的释放和演化特征的影响，为深入了解高碱煤焦气化过程中 PM 的形成机制及其抑制措施提供有用的信息。

研究采用新疆三种典型的高碱煤样，即五彩湾褐煤、沙尔湖褐煤和淖毛湖次烟煤。首先将原煤破碎研磨并筛分制备两种不同粒度的煤样，即 0.9~2mm 和 <0.125mm，然后在真空干燥烘箱（80℃）中干燥 24h 后密封备用。为了消除有机挥发物对 PM 收集的干扰，在水平管式炉中 N_2（300mL/min）气氛 600℃ 下对筛分后的煤样热解 30min（确保煤中的有机挥发物基本释放）来制备热解半焦。

热解半焦气化过程中 PM 的释放行为和演变特性在电加热的加压固定床热解/气化反应器中进行研究，装置示意图如图 5.2 所示。为了维持 PM 采集区的温度在 240℃ 左右，反应装置的出口至 PM 采样装置处采用保温棉保温，同时部分区域采用电加热带进行加热。煤焦气化实验中，将约 20g 热解煤焦（0.9~2mm）加入反应器中，然后将炉子在 N_2（50mL/min）下分别加热至目标温度，即 1000℃、1050℃、1100℃ 和 1150℃；然后，将高纯度氧气（20mL/min，纯度 ≥99.995%）和蒸汽（0.3mL/min，超纯水）注入反应器中并气化 2h。此外，实验还考察了不同的气化压力对 PM 释放和沉积的特性的影响。在气化结束之后，煤焦的碳转化率超过 80%。烟气中的 PM 颗粒通过设置在反应器出口约 92mm 处的分级过滤系统进行采集，过滤系统中两个具有不同的过滤精度玻璃纤维滤膜（化学组成为 Ca-Mg-Si-Al-O，过滤精度分别为 10μm 和 0.22μm）有序地放置在过滤装置内部。由这些过滤膜过滤的颗粒物质分别命名为 PM_{10} 和 $PM_{0.22~10}$。比较实验前后过滤膜的宏观形貌可以发现在滤膜表面没有明显的积炭和其他粗颗粒矿物的沉积。

研究还探讨了不同矿物质对 PM 释放特性的影响。首先，将一定量的半焦（粒径 <0.125mm）用去离子水洗涤 12h，然后在 80℃ 的真空烘箱中干燥 24h，得到水洗半焦。其次，将不同的矿物质添加剂（3%，以半焦质量为基准），即高岭土、硅藻土和 CaO 与半焦机械混合。随后，将预处理的半焦样品在固定床反应器中 1100℃ 和 2MPa 条件下气化 2h。收集气相中释放的矿物质并进行分析。将半焦、负载高岭土的半焦和负载硅藻土的半焦在马弗炉中 500℃ 下灰化烧掉残留的炭，收集灼烧后的灰并测试灰熔融性。PM 具有复杂的粒径分布和化学组成，准确获得 PM 颗粒粒径分布（PSD）具有重要意义。PSD 的测量通过计算机控制的 SEM 进行。具体来说，利用分析软件计算从 SEM 图像中收集的颗粒的横截面。每种条件下分析了超过 150 个颗粒物。

6.2.1 热转化条件对 PM 形成特征的影响

图 6.10 给出了在不同煤焦样品热解和气化过程中产生的 PM_{10}（左栏）和 $PM_{0.22\sim10}$（右栏）的微观形态和化学组成。通常，煤/焦的热转化条件能够显著影响矿物元素的迁移和演化行为。煤在 1100℃下热解后，在滤膜上仅捕集到很少量的热解炭颗粒（点 a）；而且几乎观察不到矿物质的存在。

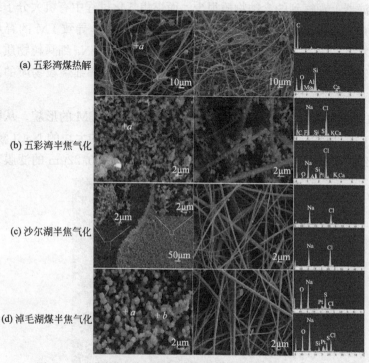

图 6.10 不同煤焦样品热解或气化后产生的 PM 颗粒的形貌及组成

然而，当煤焦在 1100℃和 2MPa 条件下气化之后，过滤膜上捕集的颗粒物质的形貌和组成发生了明显的变化。具体而言，在五彩湾半焦气化过程中，由于颗粒物质的相互凝聚，大量细小的 NaCl 颗粒富集在 $10\mu m$ 的滤膜表面（图中的点 a）；但是仍然有一部分颗粒尺寸较小且未团聚的 NaCl 颗粒穿过第一级过滤膜然后黏附在 $0.22\mu m$ 的玻璃纤维上形成 $PM_{0.22\sim10}$（点 b）。沙尔湖半焦气化过程中 $10\mu m$ 滤膜上形成了一层 NaCl 沉积层（点 a），并且在其表面分布有大量的细微立方体 NaCl 晶体。沙尔湖半焦气化过程产生大量 NaCl 细微颗粒的主要原因归因于沙尔湖煤中极高的 Na 和 Cl 含量。此外，直径大于 $2\mu m$ 的团聚束状的 NaCl 颗粒黏附在玻璃纤维上，表明这些颗粒在沙尔湖半焦气化初期形成并经历了完全地熔融。同样地，在淖毛湖半焦气化过程中形成了大量细微球形颗粒，其主要组成为 NaCl 和 Na-S-O 共晶体。更重要的是，由于在沙尔湖半焦和淖毛湖半焦气化过程中 NaCl 颗粒的团聚，在 $0.22\mu m$ 的滤膜上未检测到矿物质颗粒的存在。另外，滤膜上收集的所有颗粒均可以用水洗脱掉，这表明气化过程中只产生了水溶性的活性矿物颗粒。

在煤热解过程中约 20％的钠元素在 600℃之前释放，并且升高温度 Na 释放量将略微增强，但是大部分 Na 仍残留在煤焦中。因此，在煤焦进一步热解过程中在过滤器上观察到的含钠物质很少。而煤焦气化过程中有机大分子结构通过与气化剂反应被消耗掉，从而使无机物质暴露出来，导致 PM 的释放增强。因此，富 Na 煤/焦在气化过程中能够产生大量活性含 Na 细颗粒物质，从而严重腐蚀管道并造成操作条件恶化[16]。因此，深入了解细颗粒物质的演化和形成过程对于富 Na 煤/焦气化具有重要意义。

图 6.11 比较了在不同压力下煤焦气化过程中收集的 PM 的形貌。从图中可知，煤焦在 0.1MPa 气化后，$10\mu m$ 滤膜上积累了大量的大块的 NaCl 颗粒，而由于第一级滤膜的孔被大量的 NaCl 颗粒堵塞，因此在 $0.22\mu m$ 的滤膜表面

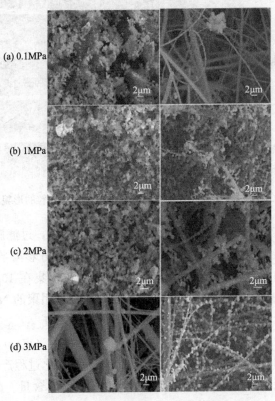

图 6.11 1100℃下不同气化压力下捕集的 PM_{10}（左栏）和 $PM_{0.22\sim10}$（右栏）微观形貌

几乎观察不到颗粒的沉积。然而，改变气化的压力能够显著改变 PM 的形态。煤焦在 1MPa 的条件下气化后，10μm 滤膜上形成了黏性超细 NaCl 沉积层；在 0.22μm 过滤膜上同样过滤了大量的 NaCl 颗粒，这与在 0.1MPa 下煤焦气化时获得的结果形成鲜明对比。五彩湾半焦在 2MPa 下气化时，其过滤结果与在 1MPa 下气化的结果相似。然而，随着气化压力升高至 3MPa，在 10μm 过滤膜上观察到很少的细微颗粒，而在 0.22μm 的滤膜上积累了大量球形 NaCl 颗粒。由此可以推测，增加气化压力可以显著抑制矿物质的释放和冷凝，但是能够增加细微颗粒的数量。这是由于较高的压力能够显著抑制 Na 和 Cl 元素挥发进入气相，导致释放到气相中的含 Na 元素的浓度降低；此外，高压还能够抑制气相中元素的扩散和碰撞，从而使气相中矿物质元素倾向于形成更多的晶核而不是加速晶体的生长。虽然气化压力的增加可以抑制钠的释放，但反过来显著减小了 PM 颗粒的尺寸。

PM 的形貌随气化温度变化的特性如图 6.12 所示。值得注意的是，五彩湾半焦在所考察的温度区间内气化时，在 10μm 过滤器 1 上仅捕集到少量单独的颗粒，其化学组成主要是 NaCl 和铝硅酸盐。然而，大量未凝聚的超细 NaCl

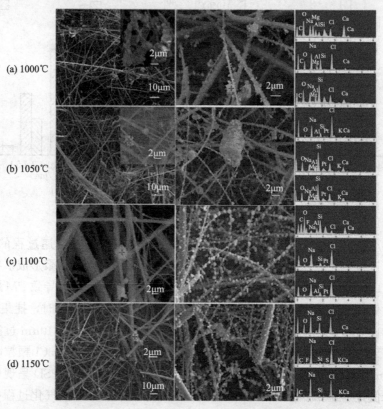

图 6.12　3MPa、不同气化温度下得到的 PM 颗粒的微观形貌

颗粒附着在 $0.22\mu m$ 的玻璃纤维上形成 $PM_{0.22\sim10}$，这与图 6.11 的结果一致。为了进一步揭示温度对 PM 形成特性的影响，实验统计了 $PM_{0.22\sim10}$ 颗粒尺寸分布与颗粒数量的关系，结果如图 6.13 所示。从图中可以清楚地发现，五彩湾半焦在 1000℃ 和 1050℃ 气化过程中，尺寸小于 $0.4\mu m$ 的 PM 颗粒占主要部分（>80%）；而且所有细颗粒的尺寸均小于 $0.8\mu m$。而随着气化温度升高到 1100℃ 和 1150℃，$PM_{0.22\sim10}$ 的量显著增加。同时，尺寸在 $0.6\mu m$ 和 $1.2\mu m$ 之间的颗粒是主要组成部分，而尺寸小于 $0.6\mu m$ 的 PM 很少，这意味着 PM 颗粒的尺寸随着气化温度的增加而增加。理论上说，在气化温度较低时，由于矿物质元素相对较低的饱和蒸气压，挥发到气相中的 Na 元素浓度很低，这在之前的研究中得到证实[2,17]。此外，低温下煤焦低的气化速率和碳转化率同样抑制 Na 的蒸发。结果，气相矿物的成核/缩合被削弱并产生更小尺寸的颗粒。相反，由于含 Na 元素的挥发性增强，高温气化有利于形成相对尺寸较大的颗粒。

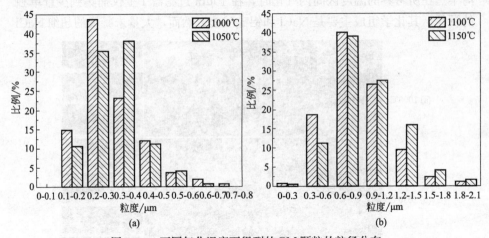

图 6.13　不同气化温度下得到的 PM 颗粒的粒径分布

　　煤/焦热转化过程中超细颗粒的形成主要受固-气-颗粒传递过程的控制，在这一过程中一部分矿物质在高温下挥发，然后通过冷凝和凝聚形成矿物质颗粒。与此同时，矿物质的挥发受反应气氛的显著影响，能够导致 PM 颗粒形貌发生变化，结果如图 6.14 所示。五彩湾半焦在 CO_2 中气化时，捕集的 PM 颗粒的微观形貌与 O_2/H_2O 气氛中的微观形貌明显不同。在 $10\mu m$ 过滤膜表面观察到大量的超细聚集的 NaCl 颗粒；而只有少量的球形 NaCl 颗粒附着在 $0.22\mu m$ 过滤膜的玻璃纤维上。此外，PM_{10} 和 $PM_{0.22\sim10}$ 的 PSD 呈现单峰分布，峰值分别在 $0.25\mu m$ 和 $0.5\mu m$ 附近。从理论上讲，煤/焦气化过程中气化剂的氧化性按以下顺序排列：$O_2(105)>H_2O(3)>CO_2(1)>H_2(0.003)$，括号中的数字表示气化剂氧化能力的相对比率[18]。换句话说，在 CO_2 气化过程中炭基质的转化率相比 O_2/H_2O 气化要慢很多，因此气相中 Na 的浓度相应地降低，导致气相中凝聚的矿物质颗粒的尺寸减小。此外，在所有条件下，Na元素的总释放量随着温度和持续时间的增加而增加；但是，Na 的挥发主要发生在煤热转化的最初 30min 阶段，并且焦炭中的总 Na 含量随着持续时间的进一步延长而略有变化，这表明在气化初期时气相中 Na 的浓度高。结果，在 $0.22\mu m$ 滤膜上最初形成的 PM 颗粒的尺寸更大。总的来说，在富 Na 煤焦气化过程中细微 PM 颗粒的形态和浓度的变化受压力、热处理温度和气化气氛的显著影响。从本质上来说，气相中矿物的浓度和结晶性质使 PM 的形成特征多样化。

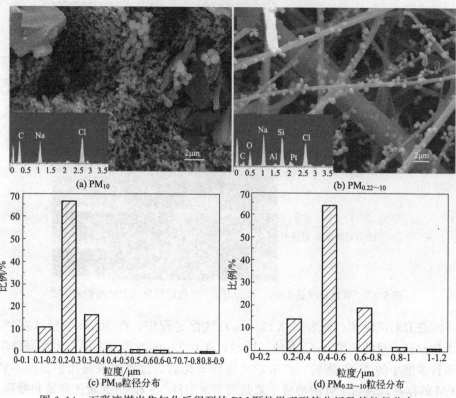

图 6.14　五彩湾煤半焦气化后得到的 PM 颗粒微观形貌分析及其粒径分布

6.2.2　外加矿物对煤焦气化过程中 PM 释放特性影响

超细颗粒主要是由煤/焦气化过程中活性含钠物质的挥发-冷凝产生的。从理论上来说，通过去除或吸附剂吸附 Na 或 Cl 可能改变 PM 的形成途径。因此，考察了不同处理方法对 PM 释放的影响，结果如图 6.15 所示。此外，采用 XRD 对预处理的五彩湾煤焦高温气化后残余矿物的矿物相组成进行了分析，结果如图 6.16 所示。

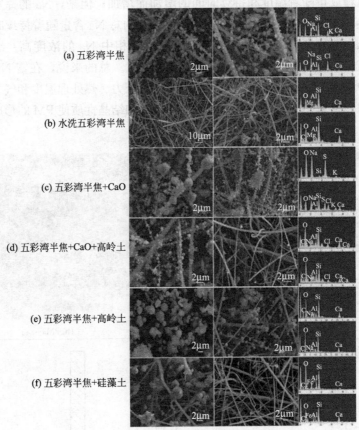

图 6.15　预处理样品 1100℃和 2MPa 下气化后捕集的 PM 形貌和组成

在五彩湾煤焦（粒径＜0.125mm）气化过程中，在 10μm 滤膜（左栏）上检测到大量的超细 NaCl 晶体；同时，在 0.22μm 滤膜（左栏）表面同样积聚许多细小的 NaCl 颗粒。在五彩湾煤焦气化后，过滤膜表面几乎检测不到 PM 的存在，表明 PM 的形成主要归因于水溶性 Na 和 Cl 元素的释放和凝聚。在五彩湾煤焦气化后，底灰中的矿物主要是含 Ca、Mg 和 Fe 的硅酸盐或硅铝酸盐；此外，Na 倾向于与黏土反应生成 $NaAlSiO_4$ 和 $NaAlSi_3O_8$。对于五彩湾煤焦气化，含 Ca、Fe 和 Mg 的硅酸盐或硅铝酸盐的衍射强度仍旧很强；然而，$NaAlSiO_4$ 和 $NaAlSi_3O_8$ 的衍射峰强度急剧下降，表明煤焦水洗脱过程大部分的钠被脱除。值得注意的是，由于五彩湾煤焦中相对过量的含 Si 和 Al 的矿物，在热转化过程 MgO 转化为硅铝酸盐。

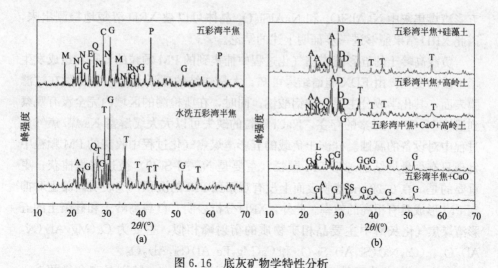

图 6.16　底灰矿物学特性分析

Q—SiO_2；G—$Ca_2Al_2SiO_7$；D—$Ca(Mg,Al)(Si,Al)_2O_6$；N—$NaAlSiO_4$；L—$NaAlSi_3O_8$；
R—$(Mg,Fe)_2SiO_4$；E—$CaSO_4$；M—$Ca_{12}Al_{14}O_{33}$；H—Fe_2O_3；P—MgO；S—Ca_2SiO_4；
C—$Ca_2Al_2Si_2O_8$；A—$(Ca,Na)(Si,Al)_2Si_2O_8$；T—$Ca(Mg,Fe,Al)(Si,Al)_2O_6$

　　五彩湾煤热解过程中 Cl 和 S 元素的存在对 Na 的演变和沉积行为有着至关重要的影响，并且 CaO 的添加可有效捕获热解过程释放的 Cl 原子或 HCl，从而抑制 Na 元素的释放和沉积[19]。然而，在五彩湾煤焦气化过程中添加 CaO 能够显著促进 PM 的生成。大量大块烧结的 Na-S-O 颗粒黏附在玻璃纤维上；同时，许多中等尺寸的 NaCl 和 Na-S-O 共晶体包裹在玻璃纤维上，这表明这些化合物具有很强的黏结特性；此外，大量细小的 NaCl 晶体聚集在纤维上或填充在滤膜的孔隙中。造成这一现象的原因是由于 CaO 可以与硅酸盐和硅铝酸盐反应，从而降低了碱性化合物与硅酸盐和硅铝酸盐在高温下反应的可能性，导致更多的 Na 元素释放。图 6.16 中 XRD 分析的结果进一步证明，负载 CaO 的五彩湾煤焦灰中的主要晶相矿物质为 $Ca_2Al_2SiO_7$、$(Ca,Na)(Si,Al)_2Si_2O_8$ 和 Ca_2SiO_4，而 $NaAlSiO_4$ 的衍射峰消失。此外，假设在煤焦气化过程中 CaO 转化为 $CaCl_2$ 和 $CaSO_4$，其将会在还原气氛下进一步分解或与硅酸盐和硅铝酸盐反应，从而阻碍 CaO 捕获 Cl 或 S 元素。因此，Na 和 Cl 或 S 元素在气相中的反应将得到增强，并因此产生大量的细 PM 颗粒。然而，在高岭土和 CaO 负载的五彩湾煤焦气化后，PM 的形态和组成发生了显著变化；在 $10\mu m$ 的滤膜表面观察到相对较少的球形细小 PM 颗粒，其主要成分为 NaCl 和 Na-Al-Si-O 的共晶体；此外 $0.22\mu m$ 滤膜上同样捕获到很少的纳米级超细颗粒，表明添加 Si 和 Al 基矿物质能够明显抑制 PM 释放。这是由于碱性化合物与硅酸盐和硅铝酸盐具有强烈的化学反应性。在高岭土和 CaO 负载的

五彩湾煤焦灰中 $NaAlSiO_4$ 和 $NaAlSi_3O_8$ 晶体可以被 XRD 清楚地检测出来，因此 XRD 结果能够进一步证明上述的结论。

负载高岭土的五彩湾煤焦气化过程中捕集到的 PM 颗粒的形貌和组成发生了本质的变化。由 EDX 能谱结果可知，大量烧结的球形 PM 颗粒黏附在过滤膜表面，其化学成分主要为硅铝酸钠；同时，在所检测的区域内完全没有观察到活性 Na 和 Cl 元素的存在，NaCl 颗粒的缺失可以大大缓解富 Na 煤/焦气化过程中对设备的腐蚀。硅藻土负载的五彩湾煤焦气化过程中收集的 PM 颗粒中发现只有少量烧结的球形 PM 颗粒（主要是 Na-Al-Si-O）被过滤膜捕获；更重要的是，在 $0.22\mu m$ 滤膜表面上没有观察到 PM 的沉积，这表明硅藻土对抑制 PM 形成具有很高的效率。此外，XRD 分析表明，负载高岭土和硅藻土的五彩湾煤焦气化灰渣中主要晶相矿物质的衍射峰相似，主要为 $Ca(Mg,Al)(Si,Al)_2O_6$、$(Ca,Na)(Si,Al)_2Si_2O_8$ 和 $Ca(Mg,Fe,Al)(Si,Al)_2O_6$。

总之，煤/焦中活性 AAEMs、Cl 和 S 元素的存在，特别是高含量的 Na、Ca 和 Cl，可以大大增加活性 Na 基 PM 的释放和形成。虽然增加煤焦中含硅和铝矿物质的含量可以增强酸性和碱性矿物间的反应从而降低活性含 Na 微粒的形成；然而，酸性矿物质可与碱性金属元素反应形成低温共晶细微颗粒，并可被合成气夹带出反应区，随后凝集成细小的球形颗粒。实际上，PM 在燃料热转换过程中不可避免地会产生；然而，这些 PM 的浓度、形态和组成很大程度上受到燃料中矿物质组成的影响。因此，调节矿物质组成是减轻 PM 负面影响的可行且有效的方法。

6.2.3 外加矿物对气化底灰形态的影响

化合物的表面形貌特征对其化学反应起着十分重要的作用。因此本节对比了高岭土和硅藻土的微观结构的差异，结果如图 6.17 所示。从图中可以看出，添加剂的微观形貌有着明显的区别。首先硅藻土的表面多孔，这可以促进其对

(a) 高岭土 (b) 硅藻土

图 6.17 高岭土和硅藻土微观形貌

Na 的吸附，从而增加其与碱性金属的相互作用而减少 PM 释放的量。相反高岭土的表面结构比较平滑，因此其对 Na 的吸附效果相对较弱。

煤中矿物质的高温矿物学特性，如灰熔融温度和黏度，是气化炉稳定运行的重要参数。为了进一步评估添加剂对底灰矿物学特性的影响，研究了煤灰的熔融特性，结果如图 6.18 所示。五彩湾半焦的灰熔融温度为 1218℃；而半焦中添加 3％高岭土后的气化灰渣的熔融温度明显提高。相反，在五彩湾半焦中加入硅藻土能够显著降低气化后灰渣的熔点，这主要归因于高含量的 SiO$_2$ 和低温共晶的产生。

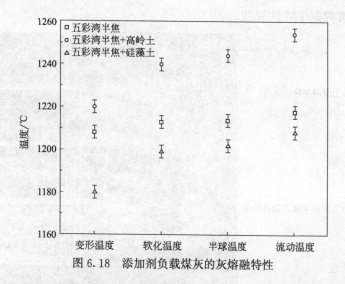

图 6.18　添加剂负载煤灰的灰熔融特性

从理论上讲，熔融矿物具有很强的黏附其他矿物颗粒的倾向，导致矿物团聚，从而能够减少 PM 的释放和形成。采用 SEM-EDX 对五彩湾半焦及添加剂负载的五彩湾半焦气化后灰渣的微观形貌进行了测定，结果如图 6.19 所示。五彩湾半焦在 1100℃下气化后，许多高熔点晶体嵌入熔融的矿物骨架中（主要是 Na-Al-Si-O）（点 *a*）。由于高岭土负载的气化灰渣的熔融温度较高，尺寸较小的矿物松散地团聚在一起。因此，熔融矿物捕获细灰颗粒的能力明显减弱，从而高岭土负载的五彩湾半焦气化过程中产生大量球形烧结 PM 颗粒。相反，在硅藻土负载的五彩湾半焦气化过程中，大量烧结的球形细微颗粒附着在粗渣的表面或孔上，导致产生的 PM 颗粒的量显著降低。

添加剂负载的半焦气化过程中 PM 的形成机理，如图 6.20 所示。通常，煤中活性 Na 和 Cl 元素以离子的形式存在于煤微孔中的水分中，以有机可交换离子和共价键形式存在[20]。在五彩湾煤预热解后，部分活性 Na 和 Cl 会释放出来；然而，大部分的 Na 仍然会通过形成 NaCl 和有机键合的 Na 而保留在煤焦中。焦炭在高温气化过程中，含 Na 化合物将以 Na 和 Cl 原子的形式释放到气相中，随后在特定的气化条件下重新组合并形成各种结构的晶体。将高岭土混入五彩湾半焦中后，扩散的 Na 元素具有很强的倾向性与高岭土颗粒反应，然后在高岭土颗粒的表面上形成熔融的低温共晶物，熔融的矿物质随后可被合成气夹带出反应区产生微米级尺寸的球形 PM 颗粒。然而，当硅藻土代替高岭土加入五彩湾半焦中时，由于硅藻土中 SiO$_2$ 的含量高，底灰中将形成更多熔点相对低的含 Na 化合物。结果，这些熔融矿物具有很强的黏结性，其能够黏附团聚在惰性矿物表面从而形成大块的矿物颗粒。与此同时，生成的 PM 颗粒也可以被黏性熔融矿物质液膜捕获，因而负载有硅藻土的五彩湾半焦气化过程中能够抑制 PM 的释放。

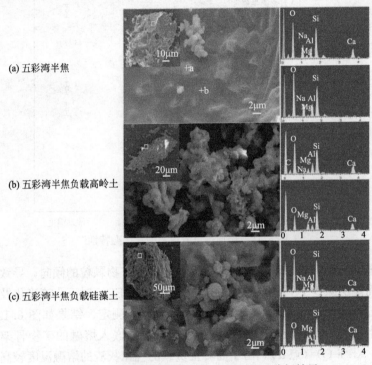

图 6.19　不同煤焦气化后底灰 SEM-EDX 分析结果

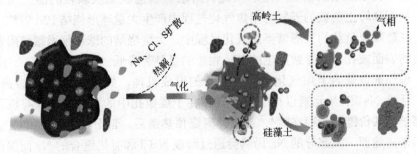

图 6.20　富钠煤热解和气化过程矿物及 PM 演变机理示意图

6.3 高碱煤工业气化结渣分析

6.3.1 高碱煤气化灰渣组成及矿物相分析

以新疆北山煤和新疆牧场煤（1∶4）为原料的工业四喷嘴水煤浆气化炉运行过程中产生的灰渣为研究对象，分析研究其矿物质组成、微观形貌及灰熔融特性。并结合 FactSage 热力学模拟软件来分析矿物质的演化过程，揭示其结渣特性。从表 6.1 中的数据可以发现，两种煤的煤灰中 Na_2O 的含量均很高，尤其是北山煤中 Na_2O 的含量为 4.42%，远高中国其他地区的煤种，高的碱金属含量是造成其无法正常利用的主要原因。

表 6.1　北山煤和牧场煤煤灰化学成分分析

单位：%（质量分数）

样品	SiO_2	CaO	Al_2O_3	Fe_2O_3	Na_2O	SO_3	MgO	TiO_2	P_2O_5	K_2O	Cl
北山煤	31.83	13.76	9.45	19.43	4.42	11.67	6.23	0.57	0.48	0.25	0.93
牧场煤	29.65	16.31	12.94	20.26	1.93	12.78	3.58	0.62	0.68	0.11	0.076

图 6.21 给出了采用新疆高碱煤为原料的水煤浆液态排渣气化炉气化过程中在排渣口处灰渣结渣情况。熔融的液态灰渣在排渣口处固化并逐渐向排渣口中心收缩，这最终将导致排渣口堵塞导致无法排渣而被迫停车。因此如何避免高碱煤灰的结渣已成为工业上亟待解决的问题。

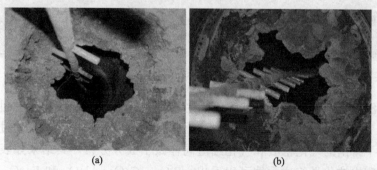

(a)　　　　　　　　　　　　(b)

图 6.21　北山煤和牧场煤混煤水煤浆气化炉结渣状况

为解析高碱煤灰渣的特性和形成过程，实验选取水煤浆气化炉气化过程中产生的渣块作为研究对象，灰渣的宏观形貌如图 6.22 所示。从图中可以清楚地发现，在排渣口固化的渣块具有明显的层状分布的特性。具体来说，S1 和 S3 层面的灰渣呈黑色玻璃质，而中间层的 S2 灰渣呈灰色且质地坚硬，表明此处排出的熔融矿物质的组成及矿物相特性存在明显的差异。为进一步分析不同灰渣的物化特性，对该部分灰渣样品进行切割，并采用环氧树脂进行包裹固定，利用慢速切割机进行切割，然后对切割面进行打磨抛光处理，随后对处理后的灰渣采用 SEM-EDX 进行分析。从图中可以发现，具有玻璃质特性的 S1 区域的表面致密平整，其放大后的形貌同样呈现此种特性。从 EDX 能谱面扫分析结果可以发现，S1 区域灰渣的化学组成主要是 Na、Mg、Ca 和 Fe 的硅铝酸盐共融体系。另外从实验分析结果发现，S3 具有和 S1 相似的形貌和化学组成分布。然而 S2 区域的灰渣则呈现多孔结构。对 S2 区域进一步放大并结合 EDX 能谱面扫分析结果后发现，S2 灰渣存在明显的矿物质边界，结合 EDX 面扫分析结果可知，深灰色区域矿物质主要是由 Na-Al-Si-O 构成，而浅灰色的矿物质的组成主要是 Ca、Mg 和 Fe 的硅酸盐共融体系。然而，SEM-EDX 分析只能分析矿物质的元素组成而无法获得详细的矿物相组成。

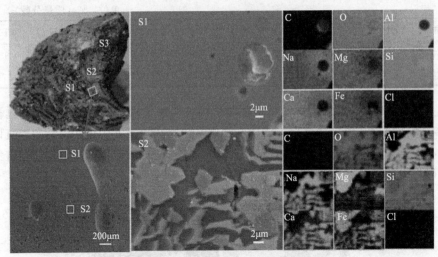

图 6.22　气化炉中灰渣的 SEM-EDX 分析

　　将渣块采用物理分离的方法分割为只含有 S1、S2 和 S3 的矿物组分，然后采用 XRF 对其化学组成进行分析；另外，对气化炉采用混煤气化过程中正常工况下排出的气化粗渣和气化细渣同样做了成分分析，其结果如表 6.2 所示。从表中的化学组成数据可以看出，SiO_2、CaO、Al_2O_3 和 Fe_2O_3 是这些气化灰渣主要的化学组分，而且这几种元素在不同灰渣中的含量相差不大，尤其是在 S1、S2 和 S3 中。然而，Na_2O 的含量在不同的灰渣组分中差别较为显著。具体来说，Na_2O 在 S1 和 S3 中的含量均为 3.85％ 左右，其含量几乎相同；而 Na_2O 在 S2 中的含量（4.87%）较 S1 和 S3 中的明显偏高。气化炉排出的气化粗渣中 Na_2O 的含量为 6.25%，约是 S1 和 S3 的两倍；而气化细渣中 Na_2O 的含量只有 1.15%。由表 6.1 可知，北山煤和牧场煤中 Na 的含量均较高，导致 Na 在气化后的熔融灰渣中富集。由于矿物质中 Na 的存在能够起到助熔的作用从而降低煤中矿物质的熔融温度[21]，因此气化过程中高碱含量的熔融矿物质团聚凝结形成尺寸较大的矿物质颗粒；相反，由于部分矿物质颗粒中碱金属含量较低，导致其灰熔融温度较高而凝聚成较细的灰渣。可以推测，灰渣中钠含量的差异可能导致矿物质灰熔融特性及流动性不同，从而导致矿物质灰渣的黏温特性及固化温度不一而引起结渣。

表 6.2　不同灰渣样品的化学组分分析　　单位：%（质量分数）

组成	SiO_2	CaO	Al_2O_3	Fe_2O_3	Na_2O	SO_3	MgO	TiO_2	K_2O	MnO
S1	34.22	16.57	15.09	22.96	3.90	0.23	3.85	0.69	0.45	0.30
S2	34.81	15.46	15.82	22.36	4.87	0.22	3.21	0.65	0.50	0.28
S3	34.94	16.19	15.24	22.66	3.84	0.22	3.76	0.70	0.48	0.29
气化细渣	35.02	16.23	18.09	20.38	1.15	0.69	5.44	0.80	0.18	0.27
气化粗渣	34.70	14.97	14.42	23.25	6.25	0.00	3.13	0.69	0.38	0.28

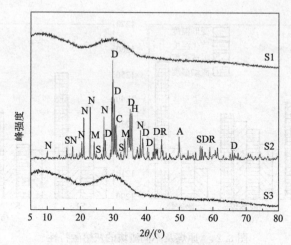

图 6.23　不同部分灰渣的 XRD 分析

D—Ca(Mg,Al)(Si,Al)$_2$O$_6$；N—NaAlSiO$_4$；M—CaMgSiO$_4$；S—Na$_2$Ca$_2$CO$_{33}$；

R—(Mg,Fe)$_2$SiO$_4$；A—Na$_2$Si$_2$O$_5$；H—Fe$_2$O$_3$；C—CaAl$_2$SiO$_6$

采用 XRD 对分离的灰渣矿物相组成进行了分析，结果如图 6.23 所示。从图中可以看出，S1 和 S3 灰渣的 XRD 衍射结果中没有明显的晶相衍射峰，这表明 S1 和 S3 灰渣熔融冷却后发生玻璃化，其矿物相几乎为非晶态。而 S2 的矿物质则存在明显的衍射峰，其主要矿物相组成为钙镁的硅铝酸盐、$NaAlSiO_4$ 和 $Na_2Si_2O_5$。

6.3.2　灰渣高温熔融及黏温特性

煤灰的熔融特性对气化炉的操作参数的设定起着至关重要的作用。故对原料煤灰及气化灰渣的熔融特性进行了考察，结果如图 6.24 所示。北山煤的灰流动温度约为 1240℃，略高于牧场煤；而混合煤的变形温度、软化温度和半球温度均低于北山煤和牧场煤的，但是其流动温度高于两种原煤。气化粗渣的灰熔点明显低于 S1 和 S2 的，这可能是由于气化粗渣中较高的 Na 含量促进了矿物质的熔融。此外，混煤气化后的灰渣中 S1 的灰熔点和混煤灰的灰熔点较为相近。S2 的半球温度、软化温度和变形温度均高于 S1 的，而流动温度要低于 S1 的。众所周知，煤中的矿物质具有不均一性和复杂性等特点，在高温热转化过程中，这些矿物质相互作用并经历一系列复杂的物理化学反应，导致形成的矿物质灰渣具有多样性。因此，熔渣组成的波动使其本身的高温矿物学特性（即灰熔点和黏温特性）发生变化，从而引起熔渣的黏度增大而黏附到气化炉壁上产生结渣。

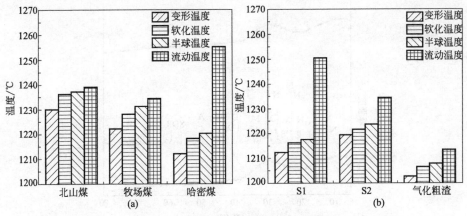

图 6.24　原煤及不同渣块的灰熔融特性

采用 FactSage 热力学计算软件，从理论上来阐明矿物质的熔融特性随组成变化的规律，结果如图 6.25 所示。Na-Si-O 体系中其初始液相形成温度仅为 800℃左右，随着 Na_2O 含量升高，其初始液相形成温度基本保持不变。而当混入一定量的 $Al_2Si_2O_7$ 后，其液相初始形成温度迅速升高至 1050℃左右；随着 Na_2O 的量增加至 0.95mol 时，其初始液相温度约为 750℃。煤气化过程中，矿物质高温下发生熔融形成组分复杂的共熔物，随着温度的降低液态灰渣中某些具有高熔点的矿物质体系将结晶形成晶核，晶核迅速生长形成矿物质颗粒，如图中 S2 灰渣所示。而该固液混合物的形成将显著增加熔渣的黏度[22]，从而导致灰渣无法顺利从气化炉内流出而发生堵渣。此外，由于高温气化过程中碱金属元素的高挥发性以及其分布的不均一性，导致形成的熔渣中 Na、Ca 等碱性助熔矿物质分布不均，因而不同矿物质体系中的矿物质高温熔融流动特性差异明显。这与实际实验室所测定的煤灰的灰熔点及黏温特性存在偏差，因而可能导致某些高熔点、高黏性的矿物质在指定的工况下达不到液体排渣的要求而引发气化炉排渣口灰渣积累。

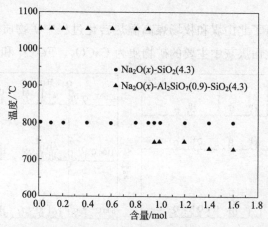

图 6.25　不同矿物质组分初始液相温度的 FactSage 计算结果

图 6.26 给出了北山煤和牧场煤（1∶4）混合后的煤灰高温黏温特性。从

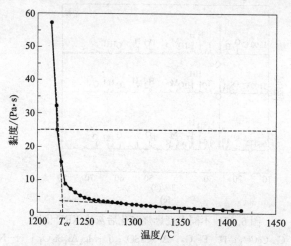

图 6.26　北山煤和牧场煤混合煤的高温黏温特性

图中可以清楚地看出，当温度高于 1250℃时，煤灰的黏度随着温度的增加而缓慢降低，此时大部分矿物质熔融，只有很少量的固相矿物质存在；而当温度处于 1225℃左右时，温度发生微小的改变，煤灰的黏温曲线将发生剧烈的变化，此处的温度被称为临界黏度温度（T_{cv}），也是煤灰的黏度受晶体影响和不受晶体影响的分界点。此时气化炉的操作温度操作区间过窄导致弹性较小，气化温度稍有波动就能够引起熔融灰渣的黏度发生剧烈的波动容易发生堵渣等现象。因此，北山煤和牧场煤灰的此种高温特性容易造成结渣。

6.3.3　高碱煤气化过程矿物演变及结渣预测

图 6.27 分析了北山煤和牧场煤高温热转化过程中矿物质的演变规律。在 600℃灰化时，北山煤灰中主要的矿物质为 $CaCO_3$、Fe_2O_3 和石英。牧场煤灰

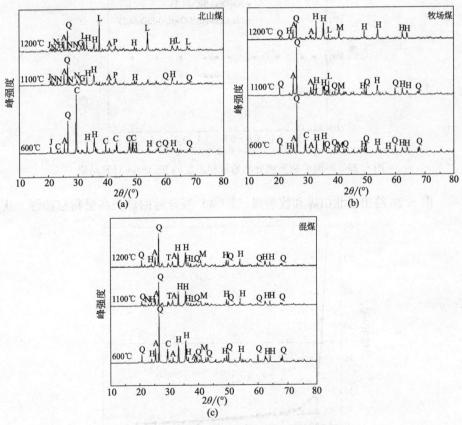

图 6.27　不同温度燃烧灰化后灰渣 XRD 谱图

Q—SiO_2；C—$CaCO_3$；H—Fe_2O_3；A—$CaSO_4$；J—$Mg_2Al_4Si_5O_{18}$；N—$NaAlSiO_4$；
P—MgO；G—$Ca_2Al_2SiO_7$；L—CaO；M—$Al_6Si_2O_{13}$；T—$Ca(Mg,Fe)Si_2O_6$

中的晶相矿物质主要包括石英和 Fe_2O_3 以及少量的 $CaSO_4$，煤灰中的钠含量较低，所以未检测到含钠矿物质的存在。混煤灰的 XRD 结果和鉴定出来的晶相矿物质与牧场煤中的相似，这是由于混煤中牧场煤的质量分数占 80%；而且低温下，煤中矿物质几乎不发生相互反应，因此混煤中矿物质的组成较接近牧场煤。另外低温灰的 XRD 衍射结果能在一定程度上反映原煤中矿物质的化学组成。在 1100℃ 灰化后，北山煤中矿物质主要以石英和 Fe_2O_3 为主。值得注意的是，北山煤在此温度灰化后，煤中的钠与钙和煤灰中的黏土、石英等反应生成了 $NaAlSiO_4$ 和 $Ca_2Al_2SiO_7$ 低熔点矿物质。灰化温度进一步升高至 1200℃ 后，北山煤中的矿物质较 1100℃ 时没有发生大的变化，主要区别在于 1200℃ 后矿物质中 CaO 的衍射峰明显增强。从 XRD 分析结果可以得出高温下北山煤的矿物质主要发生了如下反应[23]：

$$Na_2O+Al_2O_3+2SiO_2 \longrightarrow 2NaAlSiO_4$$
$$2CaO+Al_2O_3+SiO_2 \longrightarrow Ca_2Al_2SiO_7$$

牧场煤在 1100℃ 和 1200℃ 灰化后，其主要晶相矿物质仍然为石英、Fe_2O_3 和 $CaSO_4$ 以及 $CaCO_3$，显然牧场煤灰在高温下矿物质的相互作用及转化不显著。同样地，混煤高温灰化后煤中的矿物质也未发生显著的矿物相转化。然而在混煤 1100℃ 灰化后的矿物质中检测到 $NaAlSiO_4$ 的衍射峰；此外混煤中的 Ca、Fe 和 Mg 等碱性金属元素还与石英反应生成 $Ca(Mg,Fe)Si_2O_6$。

北山煤中 Na 的含量非常高，具有助熔效果的碱金属很容易与煤中的酸性矿物质，如石英、黏土等相互作用产生低温共熔物。而钙镁铁等的硅铝酸盐矿物质具有较高的熔点，在熔渣降温的过程中与无定形玻璃体矿物质形成固液共融体系，这些高熔点的矿物质为煤灰熔融过程中提供了较强的"骨架"作用，从而促进混煤灰中结渣的形成[24]。

为进一步阐明煤中矿物质高温熔融过程矿物质间的相互作用以及不同冷却方式下矿物质的晶相演变规律，实验将北山煤灰、牧场煤灰及混煤灰在 1300℃ 下加热熔融，分别采用在炉内自然冷却和高温下迅速放入冰水中淬冷，然后采用 XRD 对灰渣进行分析，其结果如图 6.28 所示。从图中可以看出，当熔融灰渣的冷却速率较慢时，大部分的矿物质仍以晶相形式存在；在此过程中，煤中的 Ca 和 Mg 元素与含 Si 和 Al 类矿物质反应形成 Ca 和 Mg 的硅铝酸盐形式。而在淬冷灰渣中，仅检测到 Fe_2O_3 的衍射峰，其余矿物质主要以玻璃态的非晶相形式存在。此外，在高温熔融灰渣中未检测到含 Na 矿物质的存在，这可能是新疆煤中大部分的 Na 以酸可溶的形式存在，这部分的 Na 具有很高的活性且易挥发，因此在升温过程中大部分的 Na 挥发到气相中导致残留的灰渣中含 Na 化合物的缺失。由此可知，新疆煤在高温气化过程中，活性碱金属的释放分离将导致煤中的矿物相化学组成存在较大的差异，这将导致不同矿物质颗粒间的高温熔融特性、黏温特性存在较大差异；这可能是气化炉中S2晶相高硬度灰渣形成的原因。相反，在实验室条件下测定的煤的灰熔点、黏温特性等物性参数时，煤灰混合较均匀，因此矿物质颗粒的熔融温度基本一致。

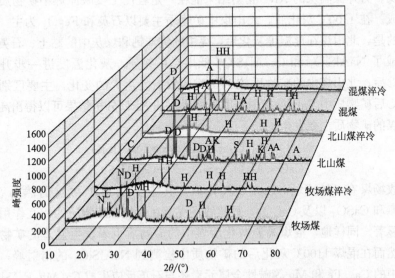

图 6.28　不同冷却方式制备的灰渣的 XRD 衍射分析

D—Ca(Mg,Al)(Si,Al)$_2$O$_6$；K—K$_6$Ca(SO$_4$)$_4$；L—NaAlSi$_3$O$_8$；H—Fe$_2$O$_3$；M—Ca$_3$Mg(SiO$_4$)$_2$；
N—Ca(Mg,Fe)Si$_2$O$_4$；C—CaAl$_2$SiO$_8$；S—Al$_2$SiO$_5$；A—Ca(Mg,Al)(Si,Al)$_2$O$_6$

总的来说，新疆煤中 Na 的含量非常高，这些高活性具有助熔效果的碱金属很容易与煤中的酸性矿物质，如石英、黏土等矿物质相互作用产生低温共熔物；另一方面，这些活性的 Na 具有很强的挥发性，导致矿物质组成存在较大的差异。而钙镁铁等的硅铝酸盐矿物质具有较高的熔点，熔融的灰渣与高熔点的矿物质形成的固-液共熔体系具有很高的黏度，因此在气化炉中流动得较慢而形成晶相矿物体系。

煤灰结渣常常受多种氧化物的综合影响。煤灰由 SiO$_2$、Al$_2$O$_3$、Fe$_2$O$_3$、CaO、MgO、Na$_2$O、K$_2$O、TiO$_2$ 和 SO$_3$ 等组分构成，其中 SiO$_2$、Al$_2$O$_3$ 和 TiO$_2$ 为酸性氧化物，Fe$_2$O$_3$、CaO、MgO、Na$_2$O、K$_2$O 为碱性氧化物[25]。酸性氧化物具有提高煤灰熔点的作用，使煤的结渣性降低；而碱性氧化物呈现降低煤灰熔点的作用，使煤的结渣性升高。在煤灰组分相近的情况下，高灰煤比低灰煤易结渣。煤灰含量对结渣性的影响还体现在当灰分含量在 10%～25% 之间时灰熔点出现最低值。因此，一般说来灰熔点低、灰分高、碱酸比（B/A）值大的煤，具有较强的结渣倾向。在煤中矿物质的赋存形态和分布上，与结渣性密切相关的玻璃态物质主要是由煤中的内在矿物质转化而来，如灰的团聚、结渣以及在气体输送管和热交换器的沉积。

通过前期研究建立的灰渣预测模型，对煤灰的酸碱分析值与结渣进行判断[26]：

判据1　碱酸比值 $(B/A)=(Fe_2O_3+CaO+MgO+SO_3+K_2O+Na_2O)/(SiO_2+Al_2O_3+TiO_2+P_2O_5)$。当 $B/A<0.206$ 时不易结渣，当 $0.4<B/A<1$ 时为中等结渣，当 $B/A>1$ 时为严重结渣。

判据2

$$SiO_2+Al_2O_3\leqslant 64.1\%\qquad\qquad 严重结渣$$
$$64.1\%<SiO_2+Al_2O_3<79.8\%\qquad\qquad 中等结渣$$
$$SiO_2+Al_2O_3\geqslant 79.8\%\qquad\qquad 轻微结渣$$

判据3

$$CaO+FeO\geqslant 25.5\%\qquad\qquad 严重结渣$$
$$9.8\%<CaO+FeO<25.5\%\qquad\qquad 中等结渣$$
$$CaO+FeO\leqslant 9.8\%\qquad\qquad 轻微结渣$$

从三种样品的组分分析可以初步判定，北山煤 $B/A=12.89$，$SiO_2+Al_2O_3=41.28\%$，$CaO+FeO=33.19\%$；牧场煤 $B/A=16.07$，$SiO_2+Al_2O_3=42.59\%$，$CaO+FeO=36.57\%$，属于严重结渣煤，与结论一致。控制煤灰结渣的首要原则是选取煤种的熔渣黏温特性和灰熔点尽可能与气化炉设计参数接近。若煤质与设计相差较大，则应选择配煤的方式。熔渣临界黏度温度较低且变化平缓的原料煤，抗温度波动干扰强，熔渣流动性好且排渣稳定。一般控制原料煤熔渣的黏度在 $15\sim25Pa\cdot s$ 为最佳，灰分一般控制在小于 10%，灰熔点一般不高于 $1250℃$ 为宜[27]。

在操作方面，应避免由于操作工况的大幅度变化导致气化炉堵渣。正常运行时控制中心氧比例 $15\%\sim16\%$，调节时以气化炉上下温差不超过 $50℃$ 为宜，避免中心氧比例过大破坏激冷水膜（设计中心氧比例为 15%）。在操作中随着系统负荷变化及时调整激冷水量，激冷水量就高不就低，以保护激冷环及下降管。

参考文献

[1] Guo S, Jiang Y, Yu Z, et al. Correlating the sodium release with coal compositions during combustion of sodium-rich coals [J]. Fuel, 2017, 196: 252-260.

[2] Lin X, Yang Y, Yang S, et al. Initial deposition feature during high-temperature pressurized pyrolysis of a typical Zhundong Coal [J]. Energy and Fuels, 2016, 30 (8):

6330-6341.

［3］ Niu Y，Tan H，Hui S. Ash-related issues during biomass combustion：Alkali-induced slagging，silicate melt-induced slagging（ash fusion），agglomeration，corrosion，ash utilization，and related countermeasures［J］. Progress in Energy and Combustion Science，2016，52：1-61.

［4］ van Eyk P J，Ashman P J，Alwahabi Z T，et al. The release of water-bound and organic sodium from Loy Yang coal during the combustion of single particles in a flat flame［J］. Combustion and Flame，2011，158（6）：1181-1192.

［5］ Li J，Zhu M，Zhang Z，et al. Characterisation of ash deposits on a probe at different temperatures during combustion of a Zhundong lignite in a drop tube furnace［J］. Fuel Processing Technology，2016，144：155-163.

［6］ Takuwa T，Mkilaha I S N，Naruse I. Mechanisms of fine particulates formation with alkali metal compounds during coal combustion［J］. Fuel，2006，85（5-6）：671-678.

［7］ Xiaoyu Z，Haixia Z，Yongjie N. Transformation of Sodium during the Ashing of Zhundong Coal［J］. Procedia Engineering，2015，102：305-314.

［8］ Dai B，Wu X，De Girolamo A，et al. Inhibition of lignite ash slagging and fouling upon the use of a silica-based additive in an industrial pulverised coal-fired boiler. Part 1. Changes on the properties of ash deposits along the furnace［J］. Fuel，2015，139：720-732.

［9］ Zhang Z，Zhang L，Li A. Development of a sintering process for recycling oil shale fly ash and municipal solid waste incineration bottom ash into glass ceramic composite［J］. Waste Management，2015，38（1）：185-193.

［10］ Gao Q，Li S，Yuan Y，et al. Ultrafine particulate matter formation in the early stage of pulverized coal combustion of high-sodium lignite［J］. Fuel，2015，158：224-231.

［11］ Wen C，Gao X，Yu Y，et al. Emission of inorganic PM10 from includedmineral matter during the combustion of pulverized coals of various ranks［J］. Fuel，2015，140：526-530.

［12］ Tian C，Lu Q，Liu Y，et al. Understanding of physicochemical properties and formation mechanisms of fine particular matter generated from Canadian coal combustion［J］. Fuel，2016，165：224-234.

［13］ Lian Z，Yoshihiko N. Emission of suspended PM 10 from laboratory-scale coal combustion and its correlation with coalmineral properties［J］. Fuel，2005，85（2）：194-203.

［14］ Sun W，Liu X，Xu Y，et al. Effects of the modified kaolin sorbents on the reduction of ultrafine particulate matter（PM0. 2）emissions during pulverized coal combustion［J］. Fuel，2018，215：153-160.

［15］ Li Q，Jiang J，Zhang Q，et al. Influences of coal size，volatile matter content，and additive on primary particulate matter emissions from household stove combustion［J］. Fuel，2016，182：780-787.

[16] Chen X, Liaw S B, Wu H. Effect of water vapour on particulate matter emission during oxyfuel combustion of char and in situ volatiles generated from rapid pyrolysis of chromated-copper-arsenate-treated wood [J]. Proceedings of the Combustion Institute, 2019, 37 (4): 4319-4327.

[17] Yang Y, Lin X, Chen X, et al. The formation of deposits and their evolutionary characteristics during pressurized gasification of Zhundong coal char [J]. Fuel, 2018, 224: 469-480.

[18] Takht R M, Sahebdelfar S. Carbon dioxide capture and utilization in petrochemical industry: Potentials and challenges [J]. Applied Petrochemical Research, 2014, 4 (1): 63-77.

[19] Yang Y, Lin X, Chen X, et al. Investigation on the effects of different forms of sodium, chlorine and sulphur and various pretreatment methods on the deposition characteristics of Na species during pyrolysis of a Na-rich coal [J]. Fuel, 2018, 234: 872-885.

[20] Benson S A, Holm P L. Comparison of inorganic constituents in three low-rank coals [J]. Industrial & Engineering Chemistry, Product Research and Development, 1985, 24 (1): 145-149.

[21] 徐荣声, 王永刚, 林雄超, 等. 配煤和助熔剂降低煤灰熔融温度的矿物学特性研究 [J]. 燃料化学学报, 2015, 43 (11): 1303-1310.

[22] 代百乾, 乌晓江, 张忠孝. 洗煤对高碱煤碱金属迁移及灰熔融特性的影响 [J]. 热能动力工程, 2014, 29 (01): 76-80.

[23] Li J, Zhu M, Zhang Z, et al. Themineralogy, morphology and sintering characteristics of ash deposits on a probe at different temperatures during combustion of blends of Zhundong lignite and a bituminous coal in a drop tube furnace [J]. Fuel Processing Technology, 2016, 149: 176-186.

[24] Xiaojiang W, Xiang Z, Baiqian D, et al. Ash deposition behaviours upon the combustion of low-rank coal blends in a 3 MWth pilot-scale pulverised coal-fired furnace [J]. Fuel Processing Technology, 2016, 152: 176-182.

[25] Blasing M, Muller M. Release of alkali metal, sulphur, and chlorine species from high temperature gasification of high- and low-rank coals [J]. Fuel Processing Technology, 2013, 106: 289-294.

[26] Song G, Qi X, Yang S, et al. Investigation of ash deposition and corrosion during circulating fluidized bed combustion of high-sodium, high-chlorine Xinjiang lignite [J]. Fuel, 2018, 214: 207-214.

[27] Marc B, Kaveh N, Michael M. Release of alkali metal, sulphur and chlorine species during high-temperature gasification and co-gasification of hard coal, refinery residue, and petroleum coke [J]. Fuel, 2014, 126: 62-68.

第**7**章

高碱煤燃烧过程结渣行为

7.1 燃烧结渣机制及结渣预测

随着优质煤炭资源的大量消耗，促使越来越多的电厂燃用廉价丰富的低阶煤、可再生能源（生物质、固废）等。然而，由于现已知的众多低阶煤（如新疆准东煤、维多利亚褐煤和菲律宾褐煤等）、生物质以及城市固废等的矿物质组成具有特殊性，例如准东煤中 Na_2O（2%~10%）和 CaO（20%~40%）的含量，普遍要高于我国其他地区的动力用煤[1]；生物质灰中通常钾含量很高[2]；城市固废中的 Cl 和 S 等含量较其他燃料明显偏高[3]。在实际运行过程中，原料煤和锅炉负荷的波动都促进了熔融煤/灰颗粒的沉积，容易引起锅炉内水冷壁、大屏等部位非常严重的积灰和结渣问题，如图 7.1 所示。积灰结渣将致使受热面的热阻显著增大，降低锅炉的换热效率，使省煤器的烟气出口温度升高，并导致下游选择性催化还原（SCR）系统运行出现问题[4]；严重时会造成锅炉停炉。通常锅炉采用数十至数百个吹灰器对沉积到受热面上的灰渣进行清扫，这种方式可以有效清除沉积在对流换热面上的松散灰颗粒[5]。然而，辐射受热面上沉积的熔融态致密渣层具有很强的黏附力，普通吹灰方式很难去除，结果导致在实际锅炉中燃烧器折焰角周围和屏式过热器表面上经常出现严重的结渣情况。考虑到我国对低阶煤、生物质等燃料的巨大需求，厘清不同燃料在锅炉内高温区的结渣特性及倾向这一科学问题，将对燃用这些低品质燃料时锅炉内结渣的预测和防控具有很好的指导意义。

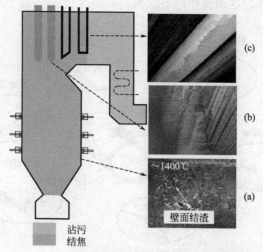

图 7.1 典型燃煤锅炉内各受热面处积灰结渣

7.1.1 矿物质颗粒高温结渣行为

固体燃料燃烧过程中,由于矿物质的存在不可避免地将造成锅炉内积灰和结渣的形成。结渣是指在设备内的高温区域,呈黏性或熔融/半熔融状态的矿物质颗粒沉积在水冷壁或受热面,随后黏结在其表面上形成的矿物质渣层。渣层的形成受沉积物表面的温度和与矿物质接触的气体温度综合影响[6]。一般说来,设备内结渣的形成过程主要由以下四个阶段:①气相中矿物质颗粒向设备壁面扩散运输;②初始沉积层的形成;③黏性灰渣捕获气相中的矿物质颗粒并使沉积层生长;④灰渣生长与脱落趋于动态平衡。其中,气相中颗粒的沉积机理包括:惯性撞击(inertial impaction)、热泳沉积(thermophoresis)、冷凝机理(condensation)、化学反应(chemical reaction)和湍流沉积(eddy deposition),具体过程如图 7.2 所示。惯性撞击是指气相中的飞灰颗粒由于惯性作用撞击到积灰管表面,此过程大灰颗粒($>20\mu m$)作用较为显著,且主要发生在迎风面一侧;热泳沉积是指在积灰管表面边界层内由温差引起的热泳力驱动细飞灰颗粒扩散到受热面表面,主要发生在 $10\mu m$ 以下飞灰颗粒,也主要发生在迎风面一侧;冷凝机理是指烟气中气态无机矿物质成分遇到表面温度较低的积灰管并发生冷凝,该机理发生在整个积灰管的四周;化学反应主要指沉积在换热管表面的碱性物质的硫酸盐化、未燃尽碳氧化以及酸性氧化物吸附碱性物质等过程;湍流沉积有两种情况,一种是在积灰管背风面湍流区内细颗粒在湍流作用下碰撞到表面,另一种是由于已堆积大灰颗粒间隙内形成湍流涡，进而驱使细颗粒在湍流作用下沉积。

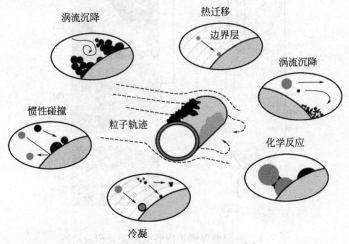

图 7.2　颗粒沉积机理示意图[7]

　　江锋浩等[8]总结了高碱煤燃烧过程中结渣机理的研究现状，并概述了其结渣机理。在燃烧过程中，高碱煤中的矿物质经气化、成核、凝结、团聚、爆裂等过程形成粗灰颗粒和细微灰颗粒，然后通过离子扩散、热迁移、惯性迁移运动至受热表面。此过程中形成的细微灰颗粒及气态活性成分选择性或熔融性地沉积于受热表面形成白内层。随着白内层厚度增加逐渐形成具有黏性的烧结层。烧结层捕获烟气中的固态及熔融态灰颗粒至受热表面形成熔融层。结合高碱煤结渣的特点，可以通过改善煤质及保持受热面洁净的办法防治锅炉结渣。燃用高碱煤时掺烧添加剂，如单一有效成分添加剂（硅石）、氧化铝、矿物添加剂（蛭石）、高岭土、铝土矿及复合添加剂，可减缓结渣。通过对高碱煤的预处理，降低混煤中碱金属、碱土金属和 Fe 等的含量也可以减缓燃用高碱煤锅炉结渣现象。如可以通过高碱煤与低碱煤的合理混掺降低混煤中碱金属的含量。另外，通过保持受热面洁净以减少细微颗粒在受热表面的沾附，可以达到抑制结渣的目的。

　　在实际沉积过程中，不同阶段颗粒沉积机制对积灰层的形成和生长过程的贡献差异显著，如图 7.3 所示。在初始阶段，由于管表面温度低，灰沉积主要由固体燃料燃烧后产生的盐类（主要为含碱金属盐）蒸汽、碱金属蒸汽主要以氯化物、硫酸盐、氧化物等细飞灰颗粒物通过热泳力和蒸汽冷凝的方式沉积在换热管表面，此时热泳沉积起重要作用。由于沉积物的生长，到达沉积管的热通量迅速减少，导致沉积物表面温度迅速升高。随着沉积表面温度的升高，沉积表面的矿物质颗粒逐渐熔融，导致初始结渣层的形成，蒸汽凝结过程逐渐较弱并消失，热泳沉积对结渣的贡献下降。此后，粗飞灰颗粒的惯性撞击是渣层生长的主导过程。与初始阶段相比，由于此时换热管表面的沉积物更多，管的热阻更高且热通量较低，沉积表面温度缓慢升高。随着沉积物的生长，沉积物的脱落、表面的液体流动、重力脱落等增强。当脱落速率与沉积速率相近时，沉积物的沉积过程达到动态平衡。

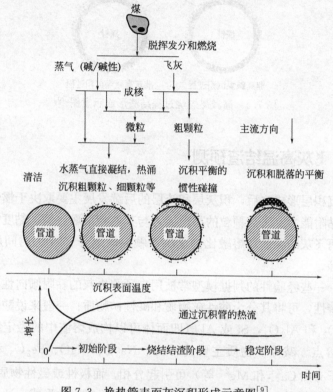

图 7.3　换热管表面灰沉积形成示意图[9]

初始沉积层的成分与燃料的矿物质组成密切相关，但总的来说主要由碱金属化合物、黄铁矿的分解产物以及含磷化合物等。由于初始沉积层主要为易熔融的矿物质构成，其对积灰层的后续发展起重要作用。例如，在 25kW 的连续进料落管式燃烧炉内考察了采用准东高碱褐煤和普通非高碱褐煤为原料燃烧时设备的灰污特性，发现准东褐煤在 1150℃ 下燃烧时燃烧炉壁上形成积灰的量要显著高于其他的非高碱煤种的，这是由于准东褐煤中高含量的碱金属和碱土金属、Cl 和 S 等腐蚀性元素的释放能够在设备表面及大灰颗粒表面上形成最初的黏性沉积层，这些沉积物能够黏附气相中的飞灰颗粒而促进设备表面的沾污和结渣的形成，其形成过程的机理如图 7.4 所示。由此可知，碱金属含量高的燃料燃烧过程中能够加速受热面上初始沉积层的形成，同时也增加大灰颗粒表面熔渣的形成。

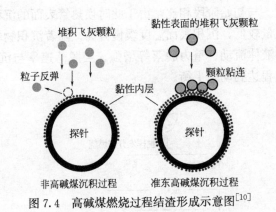

图 7.4　高碱煤燃烧过程结渣形成示意图[10]

7.1.2　飞灰高温结渣预测

初始沉积层形成之后，积灰层和渣层的后续发展主要取决于惯性碰撞的飞灰颗粒的黏附能力。飞灰颗粒的黏附能力与其液相熔融比例、黏度等具有较强相关性，而飞灰的黏度及熔融比例取决于颗粒的成分、温度-时间历程和颗粒周围气氛等。

通常，一些经验性的判据模型常被用来预测煤灰的黏附倾向性。针对灰中矿物质的特性，可将其分为酸性矿物质和碱性矿物质；一般来说酸性矿物质指灰中的 SiO_2 和 Al_2O_3，Si 或 Al 氧四面体可以构成熔渣中的稳定结构，可以提高灰的熔点。碱性矿物质主要为 CaO、Na_2O、MgO、Fe_2O_3 和 K_2O 等，高场强离子（如 Ca^{2+} 和 Mg^{2+} 等）可引起分相，而极性或磁性物质（如 Fe 和 Ti 等）易产生析晶，Na 和 K 则可以促进低温共融矿物的形成。通过分析对比灰中碱性矿物质和酸性矿物质的比值来推测飞灰的结渣倾向是最为常用的方法。另外，矿物质的硅铝比、硅比等均被用来判定飞灰的结渣倾向，飞灰熔融等特性同样影响结渣倾向。表 7.1 总结了文献中报道的常用的煤灰结渣判断方法，并详细阐述了其评价指标及判别方法。

表 7.1　灰颗粒结渣倾向判定[11-13]

评价指标	判定方法	沾污/结渣等级
碱酸比	$B/A = (CaO + Na_2O + MgO + Fe_2O_3 + K_2O)/(SiO_2 + Al_2O_3 + TiO_2)$	<0.5 低 0.5~1.0 中 >1.0~1.75 严重
硅铝比	$R = SiO_2/Al_2O_3$	>2.65 高 1.87~2.65 中 <1.87 低

评价指标	判定方法	沾污/结渣等级
硅比	$G = SiO_2 \times 100/(SiO_2 + CaO + MgO + Fe_2O_3)$	72～80 低 65～72 中 50～65 高
渣流动特性	$(4DT + HT)/5$	＞1343℃ 低 1232～1343℃ 中 1149～1232℃ 高 ＜1149℃ 严重

为研究低温共融物的产生量对灰结渣特性的影响，笔者课题组解析了 SiO_2-Al_2O_3-CaO/FeO-低温共晶（LTEs）体系中 SiO_2、Al_2O_3、CaO 以及 FeO 总量与结渣指数之间的关系。研究根据 264 个典型煤样的三元相图，综合研究了 SiO_2-Al_2O_3-CaO/FeO 低温共晶对结渣特性的影响；提出了两个新的煤灰结渣特性标准，并通过这两个标准来预测高碱煤的结渣特性。结果发现 LTEs 是造成煤灰结渣的主要原因，其数量与结渣特性密切相关。此外，SiO_2 和 Al_2O_3（A）的总量以及 CaO 和 FeO（B）的总量可以被认为是关于 LTEs 的形成的重要因素。另外，A 和 B 与灰渣结渣指数有显著的线性相关性。与一般标准（如灰分软化温度，碱/酸比，SiO_2-Al_2O_3 质量比和 FeO-CaO 质量比）相比，可以使用 A 和 B 的值来更精确地定义结渣水平（轻度、中度、严重）[14]。

然而上述定性预测模型仅对灰组分进行宏观判断，准确性不高，且无法表征飞灰温度、气氛以及流动特性等因素对结渣倾向的影响，难以作为可靠的结渣倾向判定标准。颗粒能否发生黏附受颗粒的撞击过程及黏附过程控制。流场中的颗粒与管束之间的撞击取决于颗粒的属性及其流动特性，可以通过对流场的分析来计算得到，而颗粒的黏附概率是需要重点关注的问题。为实现炉内灰渣黏附概率的定量预测，从而准确全面地表征固体燃料积灰结渣特性，文献中提出了多种灰渣黏附概率的定量化预测模型，主要包括熔融相比例模型、临界黏度模型、临界速度、临界撞击角和弹性潜能模型等。Isaak 等[15] 首先提出了熔融比例作为熔盐颗粒黏附的判据；随后 Mueller 等[16] 采用 15%～70% 液相熔融比例作为判据来判断颗粒的黏附与否，当颗粒的熔融比例小于 15% 时，颗粒的黏附概率为 0；当熔融比例为 15%～70% 时，颗粒的黏附概率与熔融比例呈线性关系；而熔融比例大于 70% 时，颗粒的黏附概率为 1。Walsh 等[17] 通过定义灰渣的参比黏度来评估灰渣的黏附性能，但是不同特性的颗粒的参比黏度有较大差别，更重要的是参比黏附无法预先获得，只能通过实验获得，因此该判据模型无法预测灰渣的黏附概率。此外，通过颗粒的黏温特性获得的颗粒临界黏度也被用来作为黏附概率的判据。临界黏度的判据主要分为两种，一种是二进制的 0-1 模型，即当颗粒的黏度低于临界黏度时，颗粒的黏附概率为

1，而当颗粒的黏度大于临界黏度时，其黏附概率为 0；另一种判据为当颗粒的黏度小于临界黏度时，颗粒的黏附概率为 1，而颗粒的黏度大于临界黏度时，其黏附概率为临界黏度与颗粒黏度的比值。另外，熔融比例结合颗粒的动能-能量耗散被提出用来判定颗粒的黏附概率，该模型中颗粒的黏附概率与熔融比例呈指数关系。

然而这些模型的预测结果之间存在较大的偏差，且有些模型中的参数并不是已知的，很难作为预测准则来定量化判定颗粒的黏附概率。因此，亟须针对不同固体燃料灰渣，开展沉积条件精确控制的机理实验，以揭示沉积动态过程，并定量表征沉积黏附概率。

7.2　新疆高钠煤燃烧利用过程中的问题

张守玉等[18]综述了高钠煤的燃烧利用现状，并提出了高钠煤燃烧过程中存在的问题。锅炉在燃烧高钠煤的过程中会出现严重的沾污问题。沾污会导致换热面管束间被堵塞，影响受热面的传热，进而影响锅炉其他部分的正常运行。同时，释放出的钠与管壁发生高温腐蚀，严重影响了高钠煤的大规模燃烧利用。分析了煤阶、显微组分和煤中氯对煤中钠存在形式的影响，概括了燃烧过程中煤中钠的迁移规律及其影响因素。阐明了高钠煤燃烧利用过程中的沾污机理，即：高温使煤中的钠元素释放到烟气中并冷凝到换热管壁上，然后与烟气中的物质化合形成硫酸盐。

郭涛等[19]通过对准东高钠煤特性的研究，对比灰熔点、灰成分和一维炉结渣指数指出，准东高钠煤均为严重结渣煤，如表 7.2 所示。

表 7.2　典型准东高钠煤结渣特性

结渣性判别		数值	等级
灰熔点	变形温度(DT)/℃	1160	严重
	软化温度(ST)/℃	1170	严重
	流动温度(FT)/℃	1190	严重
	熔点结渣指数(Rt)	1162	严重
灰成分	酸碱比(B/A)	0.444	严重
	Fe_2O_3/Al_2O_3	0.792	严重
	硅比(SP)	0.650	严重
	FKNA 指数	1.001	严重
一维炉结渣指数	TPRI结渣指数(Sc)	0.68	严重

由表 7.3 可以看出，按碱酸比判断，准东地区绝大部分高钠煤结渣倾向严重。

表 7.3 准东地区已开采煤矿煤质及计算碱酸比 单位：%（质量分数）

检测项目	神华准东	湖北宜化	中联润世	天池能源	华电英格玛	将军戈壁	沙尔湖
煤灰中二氧化硅	26.97	9.02	41.18	14.68	54.55	16.54	7.99
煤灰中三氧化二铝	7.72	4.7	16.87	4.63	27.11	5.59	6.38
煤灰中三氧化二铁	7.66	7.7	7.19	10.07	4.38	25.1	6.56
煤灰中氧化钙	22.86	43.94	12.1	33.27	6.76	20.34	63.81
煤灰中氧化镁	9.0	10.26	2.73	8.23	0.61	5.7	6.12
煤灰中氧化钠	3.91	6.33	3.82	4.05	1.73	3.12	4.68
煤灰中氧化钾	0.51	1.11	1.01	0.56	0.29	0.27	0.51
碱酸比	1.27	5.05	0.46	2.91	0.17	2.46	5.68
结渣倾向	严重	严重	严重	严重	轻微	严重	严重

实际燃烧中发现，由于煤中 Na 等碱金属含量高，燃烧后易在尾部受热面结渣，影响锅炉机组正常运行。燃用准东煤过程中，在掺烧比例超过 50% 后，绝大部分电厂出现不同程度的受热面结渣情况，不同电厂发生结焦和沾污的受热面位置有所不同。郭涛等[19] 通过调研及参阅相关文献总结了准东高钠煤燃烧利用过程中的诸多问题，如下：

① 受热面结渣沾污，并且在炉膛、屏区、高再区域结渣严重，其他区域在停炉后检查发现沾污严重。

② 尾部受热面腐蚀、沾污积灰和管壁磨损。

③ 煤质变化对结渣影响较大，研究发现，同一台锅炉在不同矿区的准东煤掺烧性能差异明显，结焦部位有明显不同。

④ 燃用准东煤锅炉多数出现结焦迎风"生长"、发展的特点。

⑤ 准东煤的掺烧比例同锅炉负荷高低关系密切，一旦负荷超过某一临界负荷，结焦发展速度非常迅速，准东煤掺烧能力大幅度下降。

⑥ 锅炉控制沾污的手段较少，多采用掺烧、吹灰和定期停炉清灰等措施。

⑦ 大部分现役锅炉掺烧准东煤后会出现飞灰含碳量升高的现象，并造成屏式受热面和对流发生结焦的概率增加。

⑧ 目前实际燃用准东煤的锅炉机组容量基本在 330MW 及以下，随着锅炉容量增加，掺烧准东煤的性能总体有所提高。

⑨ 燃用准东煤过程中吹灰频率显著增加，随着掺烧比例提高多数情况下

需要进行连续吹灰。

于强等[20]发现，部分电厂开始掺烧高钠煤后出现了锅炉受热面的结焦、沾污、积灰和高温腐蚀等问题。研究发现，较高的碱金属含量造成了准东煤的高结焦性、高沾污性，高钠煤燃烧时会出现严重结焦和高温对流受热面严重沾污，大大限制了准东煤在电站锅炉中的大规模运用。通过对新疆高钠煤的特性分析，针对结焦特性和沾污机理等方面的研究，并根据经验发现，当掺配煤后 Na_2O 含量<0.5%（质量分数），尾部受热面沾污现象明显好转。

孙瑞金等[21]将五彩湾煤和新疆潞安煤的等离子低温灰成分组成作为研究基准，通过 FactSage 模拟研究了富氧燃烧中灰成分的演化行为、气相中元素的分布规律以及灰成分随温度的变化情况。同时研究了氧气浓度和添加剂种类对灰成分组成的影响。图 7.5 主要表示了五彩湾煤灰中 Cl、S 和 Na 在不同气氛下随温度升高的挥发情况。气氛的改变对各元素的挥发行为影响较弱，其主要由温度主导。图 7.6 为五彩湾煤灰在各个温度下的物质分布情况。由图可知，液渣相在 1300～1400℃ 出现，且富氧与空气气氛下的液渣相质量相近，可知富氧气氛对灰熔点的影响较弱。同时还可以发现空气和富氧气氛对灰成分的种类影响不大。氯主要以 NaCl、$CaCl_2$ 的形式挥发进入气相。气相中的氯化物及硫酸盐类可能在低温下凝结在灰颗粒表面，从而加剧高碱煤的积灰结渣问题。在五彩湾煤灰中，钙、钠、铝的氧化物在 200℃ 就发生反应生成复杂化合物 $Na_2Ca_3Al_{16}O_{28}$，且随着温度的升高 $Na_2Ca_3Al_{16}O_{28}$ 逐渐消失，可能生成复杂的低温共熔体。当温度高于 800℃ 时，空气和富氧气氛下潞安煤灰中的成分变化极其一致。在富氧气氛下，氧

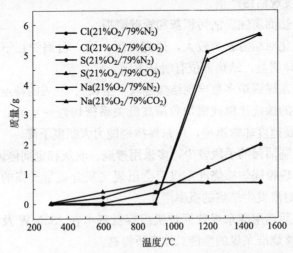

图 7.5　五彩湾煤空气和富氧气氛下灰中 Cl、S、Na 在气相中的分布

气浓度对五彩湾灰成分的影响十分微弱。氧化铝或二氧化硅添加剂的增加会降低反应产物中的 $CaCO_3$，但对 $CaSO_4$ 的影响较弱。

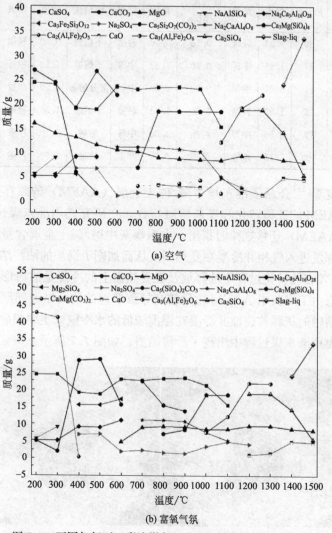

(a) 空气

(b) 富氧气氛

图 7.6　不同气氛下五彩湾煤灰组分随温度升高的转化行为

　　翁青松等[22]研究了准东煤碱金属赋存形态以及不同萃取处理方式对其燃烧特性的影响（表 7.4）。研究结果表明，准东煤的碱金属钠含量明显高于其他煤种，而钾的含量低于其他煤种。准东煤中的碱金属钠主要以水溶性钠形式存在。经过不同萃取方式处理后的准东煤样燃烧特性变差。萃取方式对准东煤样燃烧行为的影响存在显著差异，水溶性和有机形式的碱金属会对煤燃烧起到催化作用。

表 7.4　不同预处理方式对煤样品燃烧特性的影响

煤种	t/℃	灰渣相对重量等级			灰渣黏结强度等级			灰渣熔融特性			综合结渣指数	
		相对量	数值	结果	吹落压力/MPa	数值	结果	熔融性	数值	结果	数值	结果
宁煤	1150	30	1.54	轻微	0.10	0.50	轻微	不熔融	0.50	轻微	0.85	较弱
宁煤	1250	37	1.88	中等	0.40	1.67	中等	不熔融	1.50	中等	1.68	较弱
宁煤	1350	61	3.07	中等	0.60	2.50	中等	部分熔融	3.50	严重	3.02	中等
褐煤	1150	38	1.93	轻微	0.30	1.33	轻微	不熔融	1.50	轻微	1.59	较弱
褐煤	1250	77	3.86	中等	可挫	4.50	中等	熔融	3.50	严重	3.95	中等
褐煤	1350	103	5.15	中等	可挫	5.50	严重	熔融	5.50	严重	5.38	严重

　　吕俊复等[23]介绍了准东煤中碱/碱土金属（AAEM）的赋存形态及燃用过程中 AAEM 的迁移转化和煤灰熔融特性。在研究燃用准东煤过程中碱/碱土金属（AAEM）迁移规律时指出，准东煤灰中碱/碱土金属含量高，在燃烧过程中易挥发进入气相并冷凝在受热面上从而加剧了锅炉的沾污结渣。高碱燃煤中 AAEM 在热转化过程中的释放及在受热面上的冷凝是沾污形成的关键步骤。准东煤由于煤灰中 AAEM 含量较高导致严重的沾污结渣问题。结渣由熔融或部分熔融的灰颗粒碰撞并冷凝在温度较低的水冷壁或主要辐射受热面上形成，实际燃用准东煤过程中出现了严重结渣，如图 7.7 所示。

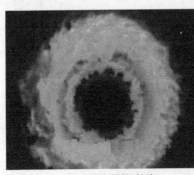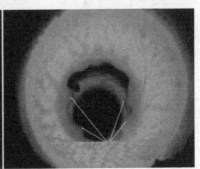

(a) 非高碱煤(烟煤)结渣　　　　　　　　　(b) 准东高碱煤结渣

图 7.7　燃烧器入口结渣情况

　　通过对沾污机理的研究，发现受热面沾污具有分层结构，通常包括内白层、烧结内层和外部烧结层。受热面灰沉积机理如图 7.8 所示。

　　对于炉膛结渣，防控方法主要有添加高岭土等酸性矿物质、掺烧低碱煤、水洗、锅炉运行参数调整等。对于受热面沾污，防控方法主要有增加吹灰时间和吹灰频率、调整锅炉运行参数、采用热解或气化技术等。

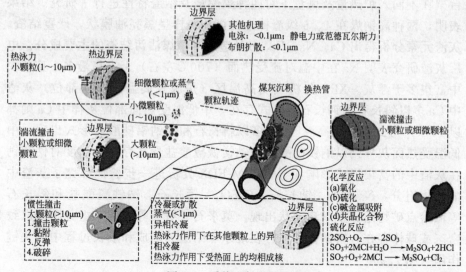

图 7.8 受热面灰沉积机理

刘敬等[24]研究发现，准东煤中碱金属含量明显偏高，出现了炉内尾部受热面严重的沾污、积灰、堵塞问题。检测了不同温度、不同停留时间下准东煤灰的碱金属量，并模拟了该煤灰中碱金属的析出形式。结果表明准东煤中碱金属在 400～600℃ 析出最快，碱金属的释放发生在燃烧后期。刘炎泉[25]针对循环流化床燃用准东煤时的结渣沾污机理及防治手段展开了研究。通过对结渣的全面分析，发现炉内致密灰渣由 Na_2SO_4 凝结引起，并且其中富含 Fe_2O_3 和 $CaSO_4$ 等低熔点矿物。通过 FactSage 理论分析，获得碱金属在烟气中的存在形式以及飞灰的矿物演变特性，并且结合试验研究结果，总结了循环流化床内准东煤燃烧时飞灰的"烟温-分区"沉积机理。在防污结渣实验中，研究了高岭土、SiO_2 和 Al_2O_3 对准东煤中 Na 迁移和灰分烧结温度的影响。得出结论：高岭土可以抑制碱金属的挥发，使炉内的致密灰渣消失，作为添加剂可有效防止煤灰烧结。董明钢[26]发现，宏晟热电公司 125MW 机组锅炉在掺烧大量钠含量较高的新疆木垒煤后，引起了锅炉受热面结渣、沾污和高温腐蚀等问题。严重的积灰造成锅炉尾部烟道积灰坍塌，极大地影响了锅炉正常运转。木垒煤与哈密煤具有严重的结渣倾向，锅炉对流受热面沾污、积灰、形成烟气走廊及管磨损泄漏与煤中碱金属含量较高有直接的关系。王礼鹏等[27]基于低温灰矿物质定量熔融热分析法，计算获得了四种典型准东煤低温灰（LTA）的熔融曲线。结果表明，与常规灰熔点测定方法相比，高钠煤开始熔融的温度比变形温度（DT）低 150℃，温度达到 DT 时就已熔融近 50%。利用一维炉燃烧试验台架在不同入炉热量及风量下对四种煤燃烧及结渣特性进行了研究。结果表明，两种高钠煤在4、6级渣棒上的沉积渣样呈黑亮油膜状，严重结渣。灰渣元素分析得出Ca、Na、Fe、S是造成准东煤沾污结渣的主要成分。电厂灰渣研究表明Na在中温对流受热面（700℃左右）上富集最多，且灰块中富集多于浮灰。XRD分析表明高温区（炉膛及高温过热器部位）灰渣中Ca多以斜长石和钙长石等形式存在，中低温受热面部位灰样中Ca则都以$CaSO_4$形式存在；高温区Na多以斜长石和钾钠铝硅酸盐形式出现，中低温受热面灰样则以钠铁硫酸盐和钠镁铁硫酸盐形式存在，温度对钠和钙在灰渣中的富集形式影响明显。SEM-EDX分析进一步验证补充了灰渣中的矿物组分，Na_2SO_4、钠长石、$CaSO_4$、钙长石、钠铁硫酸盐和斜长石等低熔点矿物组分多以流动状出现，莫来石、石英等高熔点组分则多以致密态或球体存在，富钠富钙组分在准东煤结渣的形成和成长过程中起关键作用（图7.9）。

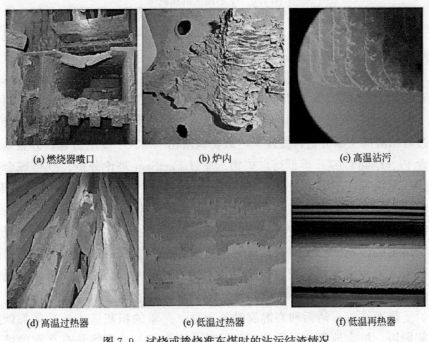

(a) 燃烧器喷口　　　　　　(b) 炉内　　　　　　(c) 高温沾污

(d) 高温过热器　　　　　　(e) 低温过热器　　　　　　(f) 低温再热器

图7.9　试烧或掺烧准东煤时的沾污结渣情况

刘威等[28]利用高温钼丝电热炉和摄像系统对一种高碱准东煤在不同气氛下的燃烧特性进行了试验研究。发现准东煤高碱含量、高挥发分、低灰分等特性使其具有极易燃烧、燃烧过程剧烈、极易燃尽等特点，如图7.10所示。另外，在空气条件下燃烧速率较快，尤其在800～1000℃范围内，其平均体积变化率比 800℃前高出 70.8%；在氧气条件下，准东煤挥发分析出最早，着火点在 298℃附近，燃烧过程剧烈并伴有明亮的火光。

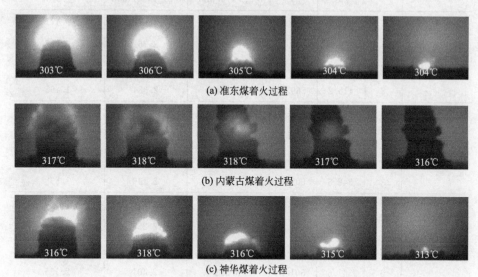

(a) 准东煤着火过程

(b) 内蒙古煤着火过程

(c) 神华煤着火过程

图 7.10　准东高碱煤与非高碱煤着火过程图

　　陈川等[29]通过采用不同萃取液对中国新疆高钠煤进行逐级萃取实验，利用离子色谱仪和电感耦合等离子体原子发射光谱仪对萃取制得的滤液和固体煤样进行了相应的元素分析，并通过逐级萃取后煤样的着火温度、燃尽温度和综合燃烧特性指数分析了高钠煤中不同存在形式的钠对其燃烧特性的影响（表 7.5）。研究结果表明，新疆高钠煤中的钠主要以水溶钠为主，有机钠和不可溶钠含量较少。而影响高钠煤中水溶钠含量的主要因素是煤颗粒内部孔隙结构和颗粒粒径，孔隙结构越丰富则水溶钠含量越多，导致高钠煤中钠的总量也越多。高钠煤中的有机钠则在各个粒径范围都保持了相对稳定的含量。水溶钠的存在不利于高钠煤的着火温度与燃尽温度的降低和燃烧特性的提高，而有机钠却对此有促进作用。

表 7.5　不同萃取等级煤样的燃烧特性参数

样品	等级	着火温度 /℃	燃尽温度 /℃	最大燃烧速率 W_{max}/(%/min)	平均燃烧速率 W_{mean}/(%/min)	综合燃烧特性指数 $S \times 10^7$
准东煤$_{0.2<r\leqslant1}$	0	380.5	514.3	6.482	2.876	2.504
	1	365.2	505.5	6.133	2.848	2.591
	2	382.9	523.3	6.178	2.550	2.053
	3	417.2	565.4	6.257	2.582	1.642

样品	等级	着火温度 /℃	燃尽温度 /℃	最大燃烧速率 $W_{max}/(\%/min)$	平均燃烧速率 $W_{mean}/(\%/min)$	综合燃烧特性指数 $S \times 10^7$
准东煤$_{r>1}$	0	375.1	513.9	6.444	2.779	2.477
	1	366.1	507.4	6.297	2.761	2.557
	2	386.9	529.4	6.324	2.771	2.211
	3	418.2	569.3	6.244	2.384	1.495
哈密煤$_{0.2<r\leqslant1}$	0	319.4	492.4	1.947	4.279	1.659
	1	306.2	441.3	5.993	2.240	3.245
	2	324.3	448.8	5.321	2.126	2.397
	3	348.8	509.9	5.329	2.140	1.838
哈密煤$_{r>1}$	0	331.5	498.3	1.891	4.246	1.466
	1	308.7	444.7	6.162	2.239	3.256
	2	322.4	460.6	5.403	1.903	2.148
	3	347.6	501.9	5.393	2.401	2.135

周永刚等[30]利用沉降炉试验台对准东煤、宁煤、褐煤进行结渣特性试验，比较各煤种与实际电厂锅炉燃用时结渣状况的耦合性。准东煤灰熔融温度t_{DT}和t_{ST}分别为1310℃和1330℃，结渣倾向不强，与新疆部分电厂燃用准东煤后锅炉出现大面积结渣现象不符。沉降炉试验得到准东煤在1250℃时，结渣棒即出现较难吹灰的块状渣，在1350℃时，出现黑色熔融状油膜，表现为严重结渣倾向，如图7.11所示。与灰熔融温度相近的宁煤相比，相同温度下准东煤结渣倾向更严重，接近于灰熔融温度较低的褐煤，如表7.6所示。沉降炉试验预测准东煤以及宁煤、褐煤的结渣倾向性与在实际电厂锅炉燃用时的结渣

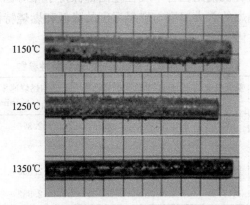

图7.11　准东煤在各温度下的结渣棒的结渣情况

状况的耦合性较好，是预测准东煤结渣特性的有效方法。

表 7.6　准东煤的沉降炉预测结果与综合预测结果

t/℃	灰渣相对重量等级			灰渣黏结强度等级			灰渣熔融特性			综合结渣指数	
	相对量	数值	结果	吹落压力/MPa	数值	结果	熔融性	数值	结果	数值	结果
1150	37	1.89	轻微	0.10	0.50	轻微	不熔融	1.50	轻微	1.30	较弱
1250	75	3.78	中等	0.80	3.67	中等	部分熔融	3.50	中等	3.65	中等
1350	100	5.05	严重	可挫	5.50	严重	熔融	5.50	严重	5.35	严重

代百乾等[9]针对新疆高碱煤燃烧过程中的强沾污、结渣特性，对某 300MW 亚临界高碱煤锅炉炉内各受热面的沾污灰样进行了分析。800～1100℃烟气温度区间内，灰样中 CaO、MgO 和 SO_3 的质量分数较高，如图 7.12 所示；温度降至 600～800℃时，灰样中 Na_2O、Fe_2O_3 和 SO_3 的质量分数较高，Na_2SO_4、$CaSO_4$ 和 $NaFeSO_4$ 等物质是导致高碱煤燃烧过程中高温对流受热面发生严重沾污的主要原因。669～915℃烟气温度区间内的灰样发生初始熔融的温度及其所对应的液相质量分数要高于其他部位的灰样。灰样颗粒表面附着粒径为 2～4μm 的富含 Na、S 的 Na_2SO_4 等颗粒，而钠的硫酸盐在高温下具有较高的黏性和较低的熔点，这是导致该温度下发生严重沾污的主要原因之一。

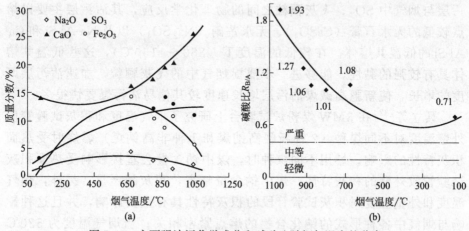

图 7.12　主要强沾污化学成分和碱酸比随烟气温度的分布

周广钦等[31]通过在液态排渣旋风炉上对准东煤进行燃烧试验，研究了扫描电镜下灰渣样的显微形貌及成分，并分析了其飞灰烧结强度。结果表明，准东煤在旋风炉上完全燃烧，并且可以通过调整风量和配风方式来控制 NO_x 的生成。炉内高温段形成的液渣中 Fe 富集；中低温段 Na、Ca、S 元素的富集。旋风炉灰渣中含有一定量的碱金属元素，液渣碱金属元素质量分数低于原煤灰中，灰样中的碱金属质量分数较高。旋风炉飞灰烧结强度高；低熔点的 Na、Ca 硅铝酸盐、硫酸盐造成结渣沾污的重要因素，如图 7.13 所示。

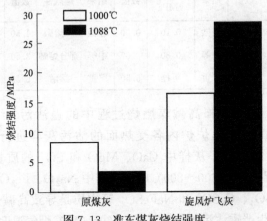

图 7.13　准东煤灰烧结强度

利用 3MW 煤粉燃烧中试平台进行了典型新疆高碱煤燃烧过程中灰的生成及其沾污结渣特性研究。结果表明，炉膛燃烧区域的渣样主要以含铁、钙的矿物为主，如磁铁矿（Fe_3O_4）、钙硅石（$CaSiO_3$）等。在高温对流受热面区域，由于煤中 Na、K 等碱金属的升华、冷凝作用以及沾污层与烟气中 SO_2、飞灰颗粒之间的物理化学反应，其沾污层主要以熔点较低的无水石膏（$CaSO_4$）、无水芒硝（Na_2SO_4）以及 Na-Al-Si 和 Ca-Al-Si 的低温共熔体。在较低的温度下（850～1150℃），这些低温共熔体具有较强的黏性，能够进一步捕捉烟气中的飞灰颗粒，加速沾污层厚度的增长，使新疆高碱煤沾污层增长速度较其他易沾污煤要快很多。

聂立等[32]在 3MW 煤粉炉试验台上研究了烟气温度和积灰试验管段外壁温度对不同煤种（2 种新疆高钠煤和 1 种非高钠煤）燃烧时受热面积灰特性的影响。燃用不同煤种时，煤中钠含量会直接影响受热面积灰试验管段外壁的积灰特性，煤中钠含量越高，积灰越严重。另外，烟气温度和外壁温度对积灰试验管段的积灰特性具有重要影响，并且这种影响与烟气中各种形式的钠化合物的熔点紧密相关；当烟气温度为 520℃ 时（低于烟气中钠化合物的最低熔点），积灰试验管段的传热系数比 R_h 几乎不随时间发生变化，约等于 1；当烟气温度高于 650℃ 时，随着时间的增加，积灰试验管段的 R_h 均逐渐减小，且烟气温度越高，R_h 减小得越快，如图 7.14 所示。

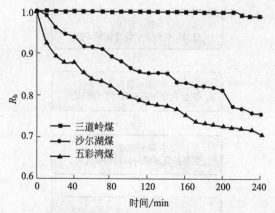

图 7.14　燃用不同煤种时积灰试验管段的 R_h 随时间的变化

7.3　高碱煤燃烧结渣抑制技术

高碱煤燃烧利用过程中防止沾污与积灰的方法较多，如合理设计燃烧设备可以改善燃烧状况，主要方法有浓淡风燃烧技术、多切圆燃烧技术、变异周界风技术等；合理配煤或使用添加剂以减少烟气中钠的浓度等。这些方法的提出对高钠煤的燃烧利用具有重要意义。

郭洋洲等[33] 从实际应用角度剖析了高碱煤结渣沾污的形成、发展和危害过程，提出了从燃料、燃烧、吹灰等多方面协同优化来确保锅炉安全高比例燃用高碱煤的措施以及治理现役锅炉结渣沾污的一般化流程（图 7.15）。采用该技术路径，预期 350MW 和 660MW 等级机组锅炉均可实现长周期安全高比例燃用高碱煤（图 7.16）。

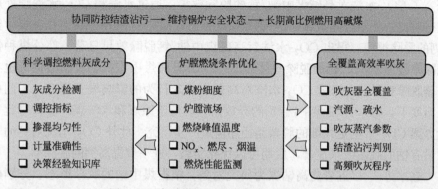

图 7.15　高碱煤结渣沾污协同防控思路示意

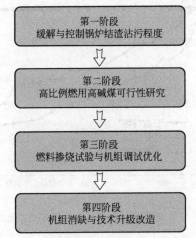

图 7.16　治理现役锅炉结渣沾污的一般流程

7.3.1　洗脱前处理技术

高碱煤中 AAEMs 赋存形态及含量分布的研究结果指出，Na 和 Ca 是煤中主要的碱性矿物质元素，且大部分为酸可溶形态，因此脱除活性部分的 Na 和 Ca 必然能显著改善碱性金属元素带来的灰污、结渣和腐蚀等问题。高碱煤的提质脱碱处理能有效脱除煤中的碱性金属元素。为了提高 Na 的脱除效果以及考察不同赋存形态的 Na 对设备结渣腐蚀的影响，诸多学者研究了不同溶剂萃取后煤热转化过程中碱诱导的灰污结渣特性。

高亚新[34]为了能够有效解决准东高碱煤利用过程中出现严重结渣沾污、颗粒物排放量高等问题，基于碱金属及碱土金属在准东高碱煤中的赋存形态，创新性地采用 CO_2-水洗的方式对高碱煤进行预处理。选取典型的准东高碱煤，研究了 CO_2-水洗对高碱煤中钠/钙的脱除效果。通过水洗和 CO_2-水洗预处理进行对比，并结合高碱煤中钠/钙的赋存形态，探究了 CO_2-水洗对高碱煤中钠/钙的脱除类型。得出 CO_2-水洗对高碱煤中钠/钙脱除效果显著，部分煤种钠脱除率接近 90%，钙的脱除率接近 30%。并且对煤中有机钠及碳酸钙等也有显著脱除效果。并且就 CO_2-水洗对高碱煤成灰行为的影响展开研究，不同成灰温度下，CO_2-水洗煤中钠/钙的释放量显著低于原煤和水洗煤。但针对此实验方案 CO_2-水洗更详细的脱碱路径还需进一步研究。此外 CO_2-水洗对钙的脱除没有钠的脱除效果显著，后期可以优化实验，进一步提高钙的脱除率。

赵冰等[35]以五彩湾高钠煤为研究对象，根据煤中钠的赋存形态，分别研究了在不同条件下经过水洗和水热两种方式处理后高钠煤中碱金属的脱除效果，同时考察了水热处理对煤燃烧特性的影响。结果表明，五彩湾煤中的钠主要以水溶性钠盐的形式存在，单纯水洗对 Na 的脱除效果不理想，且工艺耗时长、耗水量大；而水热处理脱钠的效率很高，钠脱除率高达 90.5%，燃烧处理后，其煤灰中 Na_2O 含量降至 0.7%。且水热处理后煤样的燃烧速率曲线移向低温区，燃烧特性优于原煤。Yang 等[36]对四种高碱煤在间歇式高压釜中以 300℃的温度进行水热预处理（HTP)1h，并分析处理后的煤中碱性矿物含量，以评估煤灰结渣趋势。水热预处理通过破坏煤的官能团和微孔而释放出碱性物质。通过水热预处理后水分、氧气和硫等减少，结渣和结垢倾向降低。

Zhao 等[37]提出了一种合成共水热碳化（co-HTC）方法，用于去除高碱煤和聚氯乙烯（PVC）中的钠和氯，以解决高碱煤和氯化废物造成的污染问题。考察了水热操作条件（包括 PVC 与煤的质量比）和水热温度的影响，以寻找最显著的因素。co-HTC 工艺具有成本效益，因为钠和氯化物在没有化学添加剂的情况下同时从原材料中去除，对废物转化为能源和高碱煤清洁生产的技术发展提出了创新见解。水热温度是影响脱氯过程的重要因素。在 225℃时，因为煤基质保持相对完整，并将氯化物锁定在基质中，脱氯过程受到阻碍。温度升高到 250℃和 300℃时，"阻碍效应"迅速衰减，脱氯效果提高。

尽管上述方法对煤提质有很好的效果，但是在实施过程中将消耗大量的萃取剂，而且萃取后大量的废水需要处理，因此成本非常高，对于工业应用的经济性需要综合考虑。

7.3.2 混煤掺烧技术

采用多种来源的煤进行混煤掺烧，可以在不影响燃烧特性的基础上，稀释高碱煤中腐蚀介质，进而达到抑制和预防结渣的效果。目前，现役电站锅炉只能以掺烧的形式燃用高碱煤，而高比例的掺烧仍然会对锅炉的安全运行带来严重影响。

赵勇纲[3]针对 100%纯燃高碱煤的目标，提出了新建 660MW 机组一体化设计思路，充分考虑了高碱煤的特殊性，以期为 100%全燃高碱煤机组锅炉的整体设计提供参考（表 7.7）。其选取的炉膛容积热负荷参数为同类型锅炉最低，而燃尽高度也基本上达到同类型最大。炉膛出口至空气预热器入口所有受热面要求顺列布置，管排间距大于 228mm。燃烧器采用 6 层共 42 只燃烧器前后墙对冲布置方式，合理设置燃烧器间距。制粉系统选用 7 台磨煤机。并设计加装足够数量的炉膛水力吹灰器，实现对燃烧器区域及其上部还原区炉膛水冷壁结渣的有效清除，并将该手段用于调整炉膛吸热量和炉膛出口烟温。合理选择空气预热器余量，单台空气预热器按照 60%～70%容量设计考虑，保证其受热面积有足够的余量和适应性，满足排烟温度和热风温度要求。对于主要辅机系统考虑准东煤的强结渣特性，采用湿式捞渣机；增加必要的监测装置，如在炉膛出口增加烟温测点、在冷灰斗和炉膛增加看火孔等。

表 7.7　锅炉炉膛关键热负荷参数

项目	DL/T 831—2015	本工程
机组容量/MW	600	660
容积热负荷 q_V/(kW/m³)	60～70	51
截面热负荷 q_F/(MW/m²)	3.8～4.1	≤3.8
壁面热负荷 q_B/(MW/m²)	1.3～1.8	≤1.0
上一次风距屏下缘距离 h_1/m	21～25	29.7
下一次风距冷灰斗拐点距离 h_2/m	<5	≥4.5

潘世汉等[38]根据准东煤煤质进行了特性分析，针对准东煤灰熔点偏低、碱金属含量偏高等问题进行了详细分析。指出在燃用新疆准东高碱煤技术措施研究方面，应结合实际工程运行实践经验，不断进行燃用准东高碱煤锅炉方案优化设计，摸索出适于浙能准东项目的 CFB 锅炉（循环流化床锅炉）燃烧技术。针对西黑山矿区准东煤碱金属含量偏高而需要选用其他煤种进行掺混的情况，可以通过燃烧试验台进行试掺烧，进行燃烧产物元素分析及烟气成分分析，以确定准东煤与掺烧煤种之间的掺混参数及掺混比例。特变电工新疆新能源股份有限公司的成功经验说明，燃煤锅炉如果考虑适当投入添加剂，要实现这一目标是可能的。另外，采用带烟气再循环系统的 CFB 锅炉，总体上分为炉膛、分离器、尾部烟道三部分，在确保长期安全可靠燃用准东高碱煤的前提下，还具有最佳的技术经济性。

陈凡敏等[39]采用 XRD、煤灰成分分析、数理统计和 100MW 机组锅炉燃烧验证等方法对高钠煤及其混煤在燃烧过程中钠的迁移规律以及影响钠迁移的主要因素进行了研究，并提出了一种高钠煤及其混煤燃烧沾污性的预测方法。当灰化温度高于 500℃时，部分高钠煤中钠会明显挥发，Na_2O 和 Fe_2O_3 质量分数的变化不是钠挥发的决定因素。高钠煤及其混煤中的 CaO 和 Na_2O 高温燃烧下均能与硅铝氧化物反应生成硅酸铝盐，两者存在明显竞争关系。当 CaO 质量分数增加到一定比例时，会抑制钠硅铝酸盐的生成。高钠煤及其混煤灰中 Na_2O 质量分数小于 7% 时，SiO_2/CaO 质量比大于 4，高钠煤及其混煤为弱沾污性；SiO_2/CaO 质量比在 2～4 之间时，为中沾污性；SiO_2/CaO 质量比小于 2 时，为强沾污性；SiO_2/CaO 比值越小，沾污性越强，锅炉燃烧试验验证其准确性和适应性（表 7.8）。

表 7.8　锅炉工况的混煤掺配比例及其沾污性分析

工况	掺烧质量比	SiO_2/CaO（质量比）	沾污性判断
1	准东煤/低钠煤（60∶40）	3.57	中沾污性
2	准东煤/低钠煤/油页岩（51∶40∶9）	5.64	弱沾污性
3	准东煤/低钠煤/油页岩（59.5∶30∶10.5）	10.88	弱沾污性
4	准东煤/低钠煤/油页岩（68∶20∶12）	11.35	弱沾污性
5	准东煤/低钠煤/油页岩（76.5∶10∶13.5）	8.46	弱沾污性
6	准东煤/油页岩（85∶15）	8.36	弱沾污性

　　为了解决乌鲁木齐地区锅炉燃用准东煤时经常出现沾污结渣的问题，杨忠灿等[40]系统分析了燃用高钠煤时炉膛结渣及受热面沾污情况，根据典型锅炉安全掺烧准东高碱煤时的灰钠含量，发现对于 100MW 等级锅炉，煤灰中钠含量值≤2.5%时，对于 200MW、300MW 等级锅炉，煤灰中钠含量≤3.0%时，锅炉都可以长期安全稳定运行，不出现结渣现象，如表 7.9 所示。

表 7.9　典型锅炉安全掺烧准东高碱煤灰钠含量

名称	信发	红一电	乌热	红二电	苇湖梁	鲁能阜康
炉号	1	1	1	2	1	1
制造厂	哈锅	哈锅	东锅	武锅	北京巴威	上锅
容量/MW	360	330	330	200	125	150
燃烧器	四角切圆摆动式，逆时针双切圆，有分离燃尽风	四角切圆摆动式，两段布置，有分离燃尽风	四角切圆摆动式，两段布置，大、小切圆直径分别为 548mm 和 1032mm	四角切圆摆动式，两段布置，切圆直径为 828mm	三层均等布置，顺时针切圆	四层均等布置，切圆直径为 650mm
吹灰器	炉膛 80 只，水平烟道及尾部对流过热器 38 只	炉膛 80 只，水平烟道及尾部对流过热器 38 只	炉膛 80 只，水平烟道及尾部对流过热器 42 只	炉膛 33 只，水平烟道及尾部对流过热器 20 只	炉膛 16 只，水平烟道 6 只	炉膛 36 只，水平烟道 8 只
磨煤机	5 台中速磨	5 台 HP863 型中速磨	5 台 HP863 型中速磨	4 台中速磨	2 台 DTM320/580 型钢球磨	4 台 MPS150 中速磨
主烧煤种	本地井工煤	苇湖梁煤	碱沟煤	六道湾煤	碱沟煤	本地井工煤
$w(Na_2O)/\%$	3.10	2.80	3.20	3.00	2.70	2.38
$f/\%$	3.30	1.77	2.55	2.00	1.60	1.39

　　注：$f=B/A\times(w_1+w_2)$。式中，B/A 为碱酸比；w_1、w_2 分别为煤灰中 Na_2O 和 K_2O 的质量分数。

　　崔育奎等[41]选用新疆准东地区某典型高碱煤和低碱井工煤作为研究对象，测定不同质量比例掺混下混煤灰的熔融温度、煤灰成分和矿物质组成对混煤灰熔融特性的影响，并应用相平衡理论对实验结果进行理论分析。不同煤种混合后，混煤灰的熔融温度发生较大变化，并不与掺混比例呈线性关系。对取得的灰样进行煤灰成分分析与测试，2种灰样及其混煤灰样在三元相图上的位置见图7.17。图7.18分别给出了氧化性气氛和弱还原性气氛下混煤灰的熔融温度（t_F）与对应三元相图中液相线温度之间的关系。但由于三元相图只考虑了灰中的主要成分，而没有考虑灰中其他助熔成分的存在，因此与实际存在一定的差距，但仍可为指导掺混比例、调节煤灰熔融特性提供方向。按照不同比例对煤样进行配比，高温下改变混煤灰中的主要矿物质组成，可改变、调节煤灰熔融特性。

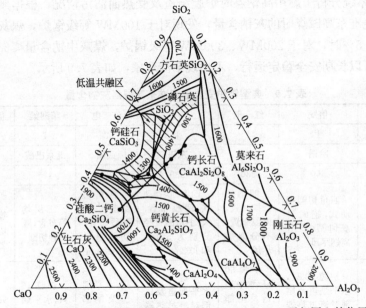

图 7.17　两种灰样及其混煤灰样在 SiO_2-Al_2O_3-CaO 三元相图上的位置

　　杨益等[42]以新疆哈密大南湖地区神华二矿煤（高碱煤）与巴里坤地区保利煤（低碱煤）为研究对象，采用双色测温法对炉膛温度进行矩阵测量，研究了不同煤种掺烧比例和蒸汽吹灰对炉膛出口温度和温升的影响，并推算出了基于炉膛出口温度的炉膛吹灰投运时间间隔，如图7.19所示。锅炉满负荷工况下，当神华二矿煤掺烧比例达到81.8%，炉膛出口温度温升速率为17.4℃/h，吹灰后炉膛出口温度降幅达68℃，且炉膛吹灰最长时间间隔为6.7h。随着神华二矿煤掺烧比例不断增加，炉膛结渣情况更严重，掺烧比例应控制在80%以下。现场试验采用逐步提高神华二矿煤比例的策略，神华二矿煤的掺烧比例从6台磨掺烧2台磨逐渐提高到5台。最佳掺烧方案是下5台磨煤机运行，其中A磨煤机烧保利煤，其余磨煤机烧神华二矿煤。

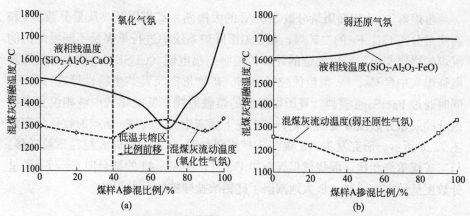

图 7.18　混煤灰的熔融温度与对应三元相图液相线温度间的关系

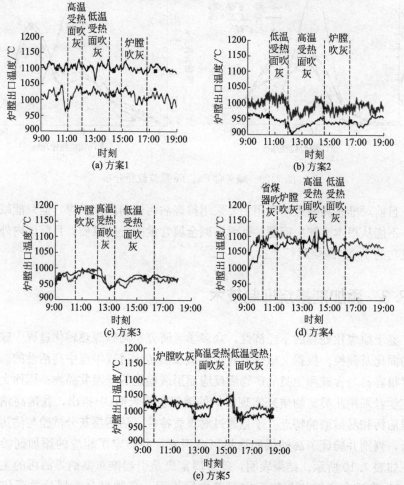

图 7.19　不同高碱煤掺烧方案下的炉膛出口温度特性

—— CCD-左侧　　—— CCD-右侧　　■ 高温仪-左侧　　● 高温仪-右侧

雷煜等[43]选用高质量分数 Si、Al 的大南湖一矿煤以及高质量分数 Na 和高质量分数 Ca、Fe 的二矿煤，在高温沉降炉系统中进行单煤及不同混烧比例混煤的燃烧实验。采用先进的计算机控制扫描电镜（CCSEM）技术对单煤及混烧煤灰中含 Ca、Fe 颗粒的粒径分布、矿物形态及其共生特性等进行表征，同时通过 FactSage 模拟计算所得煤灰的熔融曲线，反映煤灰中液相组分占总组分的质量分数随温度的变化。各工况下煤灰中含 Ca、Fe 颗粒的粒径分布如图 7.20 所示。研究发现二矿煤与一矿煤混烧时，Ca、Fe 向大粒径颗粒迁移。与二矿煤单烧相比，混烧使得煤灰中 Ca、Fe 与 Si、Al 的结合向 Ca、Fe 质量分数更低的方向迁移，极大地减弱了硅铝酸盐颗粒的沉积倾向。

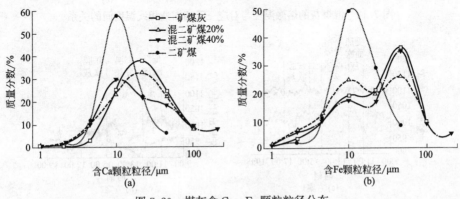

图 7.20　煤灰含 Ca、Fe 颗粒粒径分布

目前对准东高碱煤的利用主要采用掺烧沾污性弱的优质煤，但只能减缓沾污，不能从根本上解决问题。针对高碱金属含量的特殊煤质，目前国内外都没有成功的 100％纯烧运行经验。

7.3.3　添加剂掺烧抑制技术

鉴于原煤预处理的不经济性，众多学者研究了高碱煤热转化过程中碱性金属的固化及调控。根据文献研究显示高碱煤热转化过程中煤中高活性的碱金属元素很容易与含硅和铝类的矿物质反应而形成稳定的低温共晶物；因而大量的研究学者采用此类矿物质来实现对钠的调控。薛长海[44]指出，我国高钠煤具有强沾污和易结渣的特点。于是通过对煤质特性、沾污层灰分试验与沾污机理分析，判别并验证了高钠煤的沾污影响因素，并确定了相应的添加剂掺烧策略，如表 7.10 所示。结果表明，碱金属富集是引起准东高钠煤沾污的主要原因，Na 在准东煤结渣与沾污中起着主导作用。高钠煤分级划分主要依据是 Na_2O 的含量；通过在一维火焰炉试验台上对加入添加剂的煤粉进行结渣特性的试烧试验，得到结果，铝土矿、高岭土类的铝基添加剂对缓解准东煤结渣和沾污有较明显效果，如图7.21所示。

表7.10　添加不同添加剂的一维火焰炉试验结果

添加剂	药剂添加比例/%	结渣指数 S_c	试验结果						
原煤	0	0.94	烟温/℃	1366	1279	1223	1154	1039	924
			渣型	熔融	熔融	弱黏聚	微黏聚	微黏聚	附着灰
铝土矿	7	0.29	烟温/℃	1366	1305	1256	1183	1049	915
			渣型	强黏聚	弱黏聚	弱黏聚	微黏聚	附着灰	附着灰
	5	0.31	烟温/℃	1341	1280	1225	1183	1055	928
			渣型	强黏聚	弱黏聚	微黏聚	微黏聚	附着灰	附着灰
	3	0.12	烟温/℃	1288	1227	1181	1118	978	850
			渣型	弱黏聚	微黏聚	微黏聚	附着灰	附着灰	附着灰
	1	0.87	烟温/℃	1300	1256	1196	1136	1023	878
			渣型	熔融	强黏聚	黏聚	弱黏聚	微黏聚	附着灰
铝粉	7	0.13	烟温/℃	1382	1314	1268	1209	1091	960
			渣型	黏聚	弱黏聚	微黏聚	微黏聚	附着灰	附着灰
	5	0.14	烟温/℃	1374	1331	1292	1234	1104	977
			渣型	黏聚	弱黏聚	微黏聚	微黏聚	附着灰	附着灰
	3	0.09	烟温/℃	1304	1244	1221	1132	1026	876
			渣型	弱黏聚	微黏聚	微黏聚	附着灰	附着灰	附着灰
	1	0.84	烟温/℃	1336	1306	1273	1221	1070	963
			渣型	熔融	熔融	弱黏聚	微黏聚	附着灰	附着灰
高岭土：硝酸镁＝85：15	3	0.10	烟温/℃	1325	1274	1188	1130	1007	914
			渣型	弱黏聚	弱黏聚	微黏聚	微黏聚	附着灰	附着灰
	1	0.17	烟温/℃	1321	1262	1191	1161	1025	930
			渣型	黏聚	弱黏聚	微黏聚	微黏聚	附着灰	附着灰
高岭土：蛭石＝90：10	7	0.14	烟温/℃	1252	1195	1155	1096	944	822
			渣型	弱黏聚	弱黏聚	微黏聚	微黏聚	附着灰	附着灰
	5	0.10	烟温/℃	1275	1237	1206	1131	982	883
			渣型	弱黏聚	微黏聚	微黏聚	微黏聚	附着灰	附着灰
	1	0.87	烟温/℃	1297	1274	1231	1162	983	863
			渣型	熔融	熔融	弱黏聚	微黏聚	附着灰	附着灰

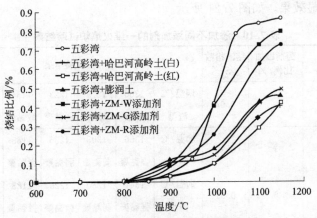

图 7.21 添加不同添加剂后煤灰烧结比例

利用 3MW 四角切圆燃烧中试平台，模拟实际锅炉煤粉气流燃烧环境，系统研究了高岭土对新疆高碱煤燃烧过程中钠的释放及其沾污结渣行为的影响规律与作用机制[10]。根据高岭土添加比例不同对准东高碱煤燃烧过程中 Na 挥发特性的影响见图 7.22(a)，当高岭土添加比例超过 10％时，煤中钠的释放量明显降低。相同时间适当增加煤粉在炉内的停留时间，可进一步减少煤中钠的释放，增加高岭土对高碱煤中气相钠释放的抑制作用。为进一步研究添加高岭土对准东高碱煤在炉内燃烧过程中煤灰成分分布特性的影响，对两种工况（准东高碱煤、准东高碱煤＋10％高岭土）下沿煤粉燃烧历程不同温度下的灰样进行采样与煤灰化学组分分析测试，对比两种工况下准东高碱煤的碱酸比（B/A 值）[图 7.22(b)]。添加高岭土后与纯烧准东高碱煤相比，高碱酸比分布温度区间沿烟气流向方向向后推移，即易发生严重结渣的烟温区间向低温区域偏移，因此相同条件下其在对流受热面上的沾污烧结程度要低，在保证锅炉运行过程中能够及时吹灰防止传热恶化极端工况发生的情况下，添加高岭土对降低锅炉对流受热面发生严重沾污具有一定的效果。

选用新疆准东西黑山煤、新疆神火煤、哈密大南湖二矿煤、沙尔湖煤 4 种典型新疆高碱煤为研究对象，将高温熔渣倒入高碱煤煤粉表面来模拟高碱煤在高温熔渣下的燃烧过程，通过分割煤粉燃烧过程与高温熔渣间的不同反应界面，并对各反应界面的煤灰化学组成和矿物质组成进行分析，从而研究高碱煤在高温熔渣燃烧条件下碱金属的释放、捕获特性与作用机制，高温熔渣与高碱煤边界反应实验原理见图 7.23。典型高碱煤与高温熔渣反应过程中，挥发的 Na、Ca、Fe、S 等元素能够与高温熔渣中的无机矿物发生反应，生成富含 Na、K 的变钾铁矾、三斜钾沸石等硫酸复盐和硅铝系复盐。受高温熔渣的捕捉作用，高碱煤在与高温熔渣反应过程中，煤中的部分 Na、K、S 等元素通过高温熔渣的固化作用被固化至熔渣中，从而形成了一定量的富集[45]。

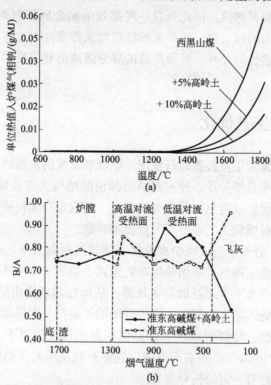

图 7.22　不同比例添加高岭土对准东高碱煤煤灰沾污特性影响

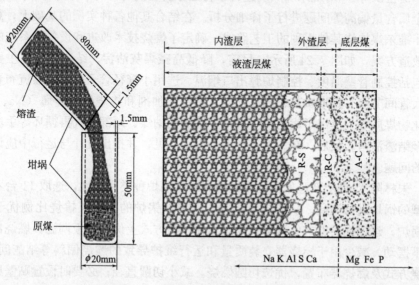

图 7.23　液渣与高碱煤边界反应实验

目前对碱金属及碱土金属的抑制主要采用添加剂（主要是酸性氧化物）的方式来固定煤中活性的碱金属，而且有一定的作用。另外，矿物质的加入增加了煤的灰分，影响其热值。因此开发一种高效的碱金属抑制剂是迫切需要的。由于不同赋存形态的碱金属、硫和氯的稳定性及挥发性存在差异，因此根据活性腐蚀性元素稳定性的差异，开发高效的煤分级清洁利用技术，能够提高高碱煤的利用效率。

7.3.4 燃烧工艺优化

通过大量实验和工业装置运行发现，燃烧准东煤的灰污结渣与设备构造和运行工艺之间存在直接关系，通过对结渣部位的结构改造或烟气分布的优化，可在一定程度上缓解或避免灰污结渣的产生。国内生产和科研机构针对新疆准东煤燃烧问题，对燃烧工艺进行了大量技术改造。

周顺文等[46]分析了造成锅炉水冷壁、屏式过热器及水平烟道处结渣的主要原因，从设计角度提出了采用分组布置角式小切圆水平浓淡燃烧器、选取较高的燃尽高度、在水平烟道处加装吹灰器；从运行角度提出采用束腰型配风、适度提高锅炉燃烧区域运行氧量、适当降低锅炉运行一次风率、在条件容许的情况下投运下层磨、将煤粉细度 $R90\%$ 值控制在设计值以下、控制锅炉出口 NO_x 排放量在 $250mg/m^3$ 左右等措施，能够有效减缓甚至彻底避免结渣，对于锅炉的设计运行有一定的指导意义。

潘世汉等[38]对准东煤煤质进行了特性分析，同时针对准东煤灰熔点偏低、碱金属含量偏高等问题进行了详细分析。在结合其他各种实例的基础上，总结出了准东煤掺烧其他煤种的工艺路线，确定了燃烧技术改进和设备及系统的技术改造方案，如图7.24所示。目前，降低高碱煤灰沾污、结渣程度的主要措施包括控制管壁温度、控制炉膛出口烟温、选用小管径管子、采用顺流布置并加大管间节距、定期吹灰、低氧燃烧、采用添加剂和掺烧低碱金属（Na、K）氧化物煤质等。提出了优化锅炉设计、掺烧低钠煤、尾部烟气再循环等手段以减轻结渣沾污。最后，在炉型选择上给出了意见，并指出设计与运行中应该注意的问题。

朱林阳[47]针对新疆地区已投运的高碱煤锅炉种类和类型，选取11台不同类型的锅炉进行调研。从调研结果得出，塔式锅炉的高碱煤掺烧比例优于Ⅱ型锅炉，建议锅炉型式优选塔式锅炉。在调温方式上优选挡板调温，燃烧器固定不摆动，减少由于燃烧器安装质量和运行维护导致的燃烧偏斜等结渣问题。燃烧方式及燃烧器布置，优选切圆燃烧，减小切圆直径；必要时设置贴壁风等技术措施；从而减轻高温对流受热面发生严重沾污的压力。同时在设计上增加

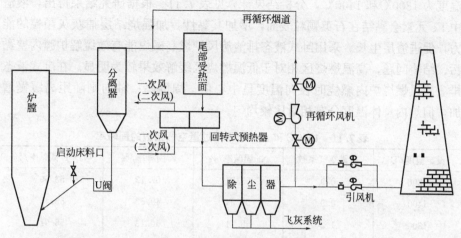

图 7.24　烟气再循环系统示意

吹灰器数量，蒸汽吹灰器覆盖全受热面，炉膛及高温受热面重点结渣区域增加水力吹灰器，必要时考虑引入智能吹灰，炉底出渣系统不管是湿式还是干式出渣，从避免焦渣堆积的角度来考虑，渣井应该采用单仓布置，取消斜坡。

白雪等[48]结合新疆高碱煤的特点，从锅炉设计和煤粉控制方面提出了多种防止结渣和沾污的技术措施。据相关的研究和实际经验，燃用新疆高碱煤的炉膛热负荷应为燃用常规烟煤炉膛热负荷的 0.75～0.85，以有效防止炉膛及高温受热面的结渣和沾污。燃尽高度应在燃用常规烟煤的燃尽高度上增加 2～3m，可降低炉膛出口烟气温度，减轻炉膛出口处受热面的结渣程度。同时，可使煤粉颗粒在炉膛中有足够的停留时间，保证煤粉的燃尽率，降低飞灰含碳量，提高锅炉热效率。燃烧系统采用四角切向布置的直流式低氮燃烧器，用同心反切燃烧技术和低 NO_x 的分级燃烧技术结合。在保证吸热能力的前提下，应增大该烟温区域对流受热面的横向节距，可有效避免因受热面间距过窄造成积灰搭桥现象。高温受热面及时地吹灰，可以有效防止受热面结渣或减缓受热面结渣的速率，对于低温受热面，则可以及时清除浮灰，保证受热面的吸热效果。并且要兼顾燃烧和制粉系统的匹配，增设看火孔和打焦孔，以方便随时监测各受热面的结渣和沾污情况，为清除难除的焦渣提供必要的手段。

兰德辉等[49]为研究液态排渣卧式旋风炉燃用新疆高碱煤液渣捕捉碱金属特性，搭建了一台卧式液态排渣旋风炉试验台，对新疆沙尔湖煤进行燃烧试验，观察过程中炉膛内壁液渣的形成情况，在过量空气系数 (α)＝1.2 时测量炉内温度分布情况，获得不同工况下炉膛径向和轴向的温度分布。对试验过程中在卧式液态排渣旋风试验炉内采集到的灰渣样进行测试分析，在渣灰比一定的情况下，以液渣中的钠钾元素含量与煤灰中钠钾含量之比作为固碱率。设定温度为 1300℃和 1400℃,分析结果计算见表 7.11。根据研究结果得出,液渣中 Fe 元素会黏结在石英颗粒表面,增加其黏性,加强烧结层捕获灰颗粒的能力,促进渣层生长。采用卧式液态排渣旋风炉燃高碱煤能有效缓解炉膛内壁黏污、结渣问题,高温燃烧区相对于低温燃烧区缓解效果较为明显。在卧式液态排渣旋风燃烧炉内燃烧时径向温度呈中心低、周围高;轴向则随距离缓慢增加,但炉内总体温度分布相对比较均匀。

表 7.11 1300℃和 1400℃不同过量空气系数的固碱率

设定温度/℃	过量空气系数	Na 固碱率/%	K 固碱率/%	Na+K 固碱率/%
1300	0.9	53.01	57.12	53.60
1400	0.9	56.64	49.53	55.46
1300	1.2	58.71	60.13	58.91
1400	1.2	60.07	68.10	61.01

通过对燃烧设备和工艺的优化,结合掺烧等手段,部分企业初步获得了较好的燃用新疆高碱煤的效果。但是由于灰污结渣是缓慢累积过程,长时间燃用新疆高碱煤仍然存在很大的挑战。

7.3.5 涂层喷涂工艺

通过在易结渣和腐蚀部位喷涂防腐层,可以有效减缓腐蚀的发生进程。国内外对防腐涂层的使用进行了大量探索,总结了一些使用经验。邵振龙等[50]针对锅炉燃烧高碱煤时存在的沾污问题,研究复合陶瓷涂层防高碱煤沾污性能。以水冷壁材料 20G 和过热器材料 TP347 为研究对象,采用料浆法在其表面制备复合陶瓷涂层,对涂层的防 Na_2SO_4、K_2SO_4、准东煤灰沾污性能进行研究。图 7.25 为未喷涂及喷涂涂层的 20G、TP347 钢片试样表面 Na_2SO_4、K_2SO_4 和准东煤灰沾污率的变化曲线。喷涂复合陶瓷涂层的钢片具有较好的防高碱煤灰沾污性能。究其原因,主要是复合陶瓷涂层具有致密的涂层表面、较低的表面能以及与高碱煤灰中碱金属硫酸盐的化学不亲和性。由于陶瓷骨料采用了超细粉体,因此烧结之后的涂层表面较为致密,有效阻止了涂层表面孔隙的生成,仅有一些微裂纹产生,使大部分细微颗粒不能黏附于涂层表面,只有较少部分进入并滞留在气孔微裂纹区域,而这部分细微颗粒物则较难清除。此外,陶瓷材料的表面能一般显著低于金属材料,使得高碱煤灰不易黏附于表面,从而使喷涂涂层的钢片试样具有较好的防高碱煤灰沾污性能。

涂层喷涂关键是材料的持久性以及与基体的相容性。由于长时间使用,喷涂涂层效果会受到一定影响,因此开发先进的喷涂材料和技术需要进行持续关注。

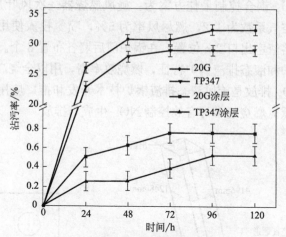

图 7.25　喷涂涂层沾污率的变化曲线

7.3.6　NO$_x$ 排放抑制技术

实现高碱煤的清洁高效利用不仅要解决由于钠挥发引发的锅炉问题，同时要降低 NO$_x$ 排放。因此，阐明钠形态和含量对高温热解过程氮转化机制的影响，对开发低 NO$_x$ 燃烧控制技术具有重要意义。一方面，钠可以作为煤热利用过程的催化剂。另一方面，煤中钠的挥发性远高于其他矿物质，导致新疆高碱煤在燃烧过程中会引起锅炉结渣、沾污、腐蚀等一系列严重问题，是束缚新疆高碱煤清洁高效利用的瓶颈。现有的解决办法是掺烧 20%~50% 的高灰熔点煤或高岭土，但高灰熔点煤与高岭土较高的采购价格，严重影响了燃煤发电机组的经济性。即使是新建的针对新疆高碱煤的锅炉，仍旧无法实现高负荷、长周期全烧极易结渣的高碱煤。

通过液态排渣旋风燃烧技术[51]可解决新疆高碱煤热利用过程由钠挥发引发的锅炉问题，同时降低新疆高碱煤利用过程中 NO$_x$ 的排放量，实现新疆高碱煤的清洁高效利用。液态排渣条件下高碱煤低 NO$_x$ 控制技术的开发，应实现旋风筒内高温贫氧环境，使煤粉在旋风筒内高温（高于 1300℃）快速热解，绝大部分 N 转化为 N$_2$。半焦进入炉膛燃烧，由于 H 原子的完全脱除，缺少向 NH$_3$ 和 HCN 转化的必要条件，半焦 N 则最大可能地被还原成 N$_2$。

廖义涵[4]为揭示不同低 NO$_x$ 技术对液态排渣锅炉 NO$_x$ 释放的影响规律，开展了纯高碱煤液态排渣锅炉 NO$_x$ 释放规律及耦合控制研究。建立三维 1:1 旋风液态排渣锅炉几何模型，如图 7.26 所示，数值研究了旋风液态排渣锅炉炉内空气动力场、温度场、组分场及 NO_x 浓度场分布规律，得出纯高碱煤液态排渣锅炉 NO_x 耦合控制最佳方案为：旋风燃烧器一次风叶片倾角为 $300°$，炉膛全域过量空气系数为 1.2，燃尽风率为 5%，喷氨投入使用第 1 层，布置于竖直烟道距熔渣室出口 2m 位置，在锅炉前后墙各布置 8 个。旋风液态排渣锅炉兼备旋风炉和液态排渣锅炉特征，燃烧效率高，用以全烧高碱煤发电。控制锅炉出口 NO_x 排放是旋风液态排渣锅炉技术开发和推广应用的关键，相关研究证明优化低氮燃烧技术可有效控制 NO_x 生成与排放。

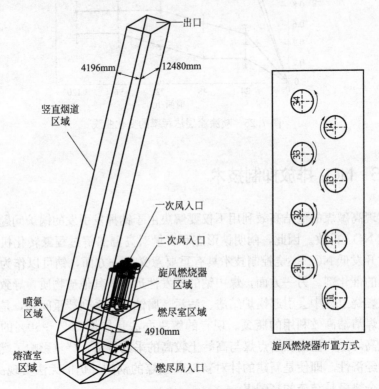

图 7.26 液态排渣锅炉几何模型

参考文献

[1] 杨靖宁，张守玉，姚云隆，等.高温热解过程中新疆高碱煤中钙的演变 [J].煤炭学报，2016，41（10）：2555-2559.

[2] 高亚新.CO_2 水洗对高碱煤燃烧、成灰及颗粒物释放特性的影响研究 [D].武汉：华中科技大学，2018.

[3] 赵勇纲，王志超，张喜来，等.纯燃高碱煤 660MW 机组防结渣沾污一体化设计 [J].热力发电，2018，47（03）：104-108.

［4］ 廖义涵. 纯燃高碱煤液态排渣锅炉 NO$_x$ 释放规律及耦合控制研究 ［D］. 郑州：华北水利水电大学，2020.

［5］ 刘炎泉. 循环流化床燃用新疆准东煤结渣沾污机理及防止研究 ［D］. 杭州：浙江大学，2019.

［6］ 陈川，张守玉，刘大海，等. 新疆高钠煤中钠的赋存形态及其对燃烧过程的影响 ［J］. 燃料化学学报，2013，41（07）：832-838.

［7］ Zhu C，Qu S，Zhang J，et al. Distribution，occurrence and leaching dynamic behavior of sodium in Zhundong coal ［J］. Fuel，2017，190：189-197.

［8］ 江锋浩，张守玉，黄小河，等. 高碱煤燃烧过程中结渣机理研究进展 ［J］. 煤炭转化，2018，41（02）：1-8.

［9］ 代百乾，乌晓江，张忠孝. 高碱煤燃烧过程中灰中主要元素的迁移规律 ［J］. 动力工程学报，2014，34（06）：438-442.

［10］ 乌晓江，张翔，陈楠. 高岭土对新疆高碱煤沾污结渣特性的影响研究 ［J］. 锅炉技术，2017，48（02）：5-9.

［11］ Ji J，Cheng L. CFD modeling of sodium transformation during high-alkali coal combustion in a large-scale circulating fluidized bed boiler ［J］. Fuel，2020，279：118447.

［12］ Zhang Z，Tang M，Yang Z，et al. SO$_2$ and NO emissions during combustion of high-alkali coal over a wide temperature range：Effect of Na species and contents ［J］. Fuel，2022，309：122212.

［13］ 张翔，乌晓江，陈楠. 新疆高碱煤沾污结渣特性中试试验研究 ［J］. 锅炉技术，2016，47（04）：44-47.

［14］ Cheng X，Wang Y，Lin X，et al. Effects of SiO$_2$-Al$_2$O$_3$-CaO/FeO low-temperature eutectics on slagging characteristics of coal ash ［J］. Energy & fuels，2017，31（7）：6748-6757.

［15］ Isaak P，Tran H N，Barham D，et al. Stickiness of fireside deposits in kraft recovery units ［J］. Journal of Pulp and Paper Science，1986，3（12）：84-88.

［16］ Mueller C，Selenius M，Theis M，et al. Deposition behaviour of molten alkali-rich fly ashes-development of a submodel for CFD applications ［J］. Proceedings of the Combustion Institute，2005，30（2）：2991-2998.

［17］ Walsh P M，Sayre A N，Loehden D O，et al. Deposition of bituminous coal ash on an isolated heat exchanger tube：effects of coal prop erties on deposit growth ［J］. Progress in Energy and Combustion Science，1990，4（16）：327-345.

［18］ 张守玉，陈川，施大钟，等. 高钠煤燃烧利用现状 ［J］. 中国电机工程学报，2013，33（05）：1-12.

［19］ 郭涛，曹林涛，黄中，等. 准东高钠煤燃烧利用技术研究 ［J］. 煤炭技术，2015，34（01）：331-333.

［20］ 于强，张健强. 燃用高钠煤对锅炉受热面的影响 ［J］. 锅炉制造，2012（04）：4-6.

［21］ 孙瑞金，孙峰，慕鹏飞，等. 气氛及硅铝添加剂对高碱煤灰成分转化特性的影响 ［J］.

煤炭学报，2021，46（S1）：468-476.

[22] 翁青松，王长安，车得福，等.准东煤碱金属赋存形态及对燃烧特性的影响［J］.燃烧科学与技术，2014，20（03）：216-221.

[23] 吕俊复，史航，吴玉新，等.燃用准东煤过程中碱/碱土金属迁移规律及锅炉结渣沾污研究进展［J］.煤炭学报，2020，45（01）：377-385.

[24] 刘敬，王智化，项飞鹏，等.准东煤中碱金属的赋存形式及其在燃烧过程中的迁移规律实验研究［J］.燃料化学学报，2014，42（03）：316-322.

[25] 刘炎泉.循环流化床燃用新疆准东煤结渣沾污机理及防止研究［D］.杭州：浙江大学，2019.

[26] 董明钢.高钠煤对锅炉受热面结渣、沾污和腐蚀的影响及预防措施［J］.热力发电，2008（09）：35-39.

[27] 王礼鹏.准东煤燃烧过程中的沾污结渣特征实验研究［D］.武汉：华中科技大学，2015.

[28] 刘威，张忠孝，乌晓江，等.高碱煤燃烧特性试验研究［J］.电站系统工程，2014，30（02）：20-22.

[29] 陈川，张守玉，刘大海，等.新疆高钠煤中钠的赋存形态及其对燃烧过程的影响［J］.燃料化学学报，2013，41（07）：832-838.

[30] 周永刚，范建勇，李培，等.高碱金属准东煤结渣特性试验［J］.浙江大学学报（工学版），2014，48（11）：2061-2065.

[31] 周广钦，张喜来，姚伟，等.准东高钠煤在液态排渣旋风炉上燃烧及沾污特性试验［J］.热力发电，2018，47（11）：40-45.

[32] 聂立，白文刚，冉桑铭，等.新疆高钠煤积灰特性试验研究［J］.动力工程学报，2015，35（2）：108-112.

[33] 郭洋洲，白新奎，张喜来，等.现役锅炉燃用高碱煤结渣沾污防控技术研究［J］.热力发电，2021：1-10.

[34] 高亚新.CO_2-水洗对高碱煤燃烧、成灰及颗粒物释放特性的影响研究［D］.武汉：华中科技大学，2018.

[35] 赵冰，王嘉瑞，陈凡敏，等.高钠煤水热脱钠处理及其对燃烧特性的影响［J］.燃料化学学报，2014，42（12）：1416-1422.

[36] Yang M, Xie Q, Wang X, et al. Lowering ash slagging and fouling tendency of high-alkali coal by hydrothermal pretreatment［J］. International journal ofmining science and technology, 2019, 29 (3)：521-525.

[37] Zhao P, Huang N, Li J, et al. Fate of sodium and chlorine during the co-hydrothermal carbonization of high-alkali coal and polyvinyl chloride［J］. Fuel Processing Technology, 2020, 199：106277.

[38] 潘世汉，陈勤根，陈晓勇.准东高碱煤特性分析及防止锅炉结渣的对策措施［J］.能源工程，2016（01）：67-72.

[39] 陈凡敏，王嘉瑞，张磊，等.高钠煤及其混煤燃烧过程中的沾污性研究［J］.热力发

电，2021，50（09）：107-111.

[40] 杨忠灿，刘家利，姚伟.准东煤灰沾污指标研究 [J].洁净煤技术，2013，19（02）：81-84.

[41] 崔育奎，张翔，乌晓江.配煤对新疆准东高碱煤沾污结渣特性的影响 [J].动力工程学报，2015，35（05）：361-365.

[42] 杨益，王敦敦，陈珣，等.哈密地区高碱煤掺烧结渣特性综合评价研究 [J].煤炭科学技术，2020，48（06）：207-213.

[43] 雷煜，于鹏峰，喻鑫，等.新疆高碱煤混烧含 Ca、Fe 矿物分布特性的 CCSEM 研究 [J].动力工程学报，2017，37（12）：956-962.

[44] 薛长海.高钠煤质特性与沾污机理试验研究 [J].华北电力大学学报（自然科学版），2015，42（04）：89-95.

[45] 乌晓江，丘加友，张翔，等.高温熔渣对高碱煤碱金属捕捉特性研究 [J].锅炉技术，2019，50（01）：1-5.

[46] 周顺文，崔海娣，郑晓军.燃用准东高碱煤锅炉防结渣研究 [J].锅炉制造，2020（05）：4-5.

[47] 朱林阳.高碱煤锅炉设计分析及优化探讨 [J].锅炉技术，2020，51（05）：37-44.

[48] 白雪，王振东.燃用新疆高碱煤锅炉防结渣和沾污措施 [J].锅炉技术，2016，47（06）：49-53.

[49] 兰德辉，樊俊杰，张忠孝，等.卧式液态排渣旋风炉燃烧高碱煤试验研究 [J].洁净煤技术，2020，26（04）：119-126.

[50] 邵振龙，王进卿，池作和，等.复合陶瓷涂层防高碱煤沾污性能研究 [J].表面技术，2017，46（11）：254-259.

[51] 郭良振.液态排渣条件下高碱煤热解氮变迁机理的研究 [D].沈阳：沈阳航空航天大学，2019.

第 **8** 章

高碱煤直接
液化特性及无机质迁移

8.1 高碱煤加氢液化概述

煤的加氢液化是获取煤基液体产物的重要来源之一，主要包括直接液化和间接液化。直接液化是高挥发性的低阶煤在高温、高氢初压条件下，通过供氢溶剂、催化剂及助剂作用使氢生成活性氢，在富氢条件下发生煤加氢裂解反应，得到液化油品、液化残渣的过程。过程主要包括溶剂的热溶解、氢自由基反应、煤大分子裂解及中间相的热缩聚脱氢。过程中大分子裂解及加氢可以将煤大分子转化成小分子的油，还能对含 O、N、S 等杂原子化合物同步脱除；而热缩聚是高温、氢自由基不足的情况下，中间相的热重组，会生成大分子的芳香化合物，甚至半焦的过程，该工艺是通过低阶煤获得高附加值的煤基液体燃料和化工原料的煤炭清洁利用过程。

煤直接加氢液化的步骤主要包括：①备煤与煤浆制备，将得到的煤进行干燥、粉碎至目标粒度，然后与供氢溶剂、催化剂及助剂混合制成煤浆；②加氢液化；③产物分离，包括尾气净化收集、产物的固液分离。煤加氢直接液化工艺及液化机理如图 8.1 所示。

煤直接液化与煤种和液化工艺条件关系较大。温度、供氢溶剂、催化剂等煤是加氢直接液化的主要影响因素，也是影响液化产物分布及组成的主要因素。煤种和液化工艺决定煤直接液化粗油的馏分分布和化合物组成，液化产物的分离采用溶剂萃取法，依次用正己烷、苯或甲苯、四氢呋喃等溶剂萃取所得分级产物主要有液化油、沥青烯、前沥青烯及液化残渣。产物的溶解性及分子量大约范围见表 8.1[2]。

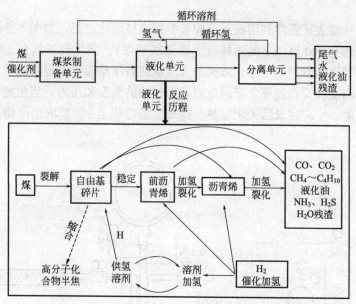

图 8.1　煤直接液化工艺及加氢液化机理简图[1]

表 8.1　前沥青烯、沥青烯和液化油的溶解性及分子量范围

组分	溶解性			分子量	官能团
	四氢呋喃	苯或甲苯	正己烷		
前沥青烯	溶解	不溶	不溶	900～2000	多
沥青烯	溶解	溶解	不溶	400～900	较多
液化油	溶解	溶解	溶解	<400	较少

　　另一方面，如何获得高纯度、高质量的煤基液体产物是评价整个工艺的关键，因此需要有效的分析手段去为工艺优化提供准确的产物组成数据。只有充分解析油品的组成，才能更好地利用煤直接液化油品。煤直接液化产物具有一定的复杂性，一般采用实沸点馏分切割、溶剂萃取或减压蒸馏等预处理手段进行分离、富集，分离、富集后的馏分产物常采用元素分析及 GC-MS 等分析手段对馏分的组成进行定性、定量。直接液化油中主要组成是烃类化合物，由于加氢催化作用，在 60% 左右的芳烃中含有较多的氢化芳烃；一般含碳数小于32 的链烃，并有少量的烯烃赋存。液化油中含氮、含氧化合物可部分通过加氢催化脱除。含氧化合物主要是酚类化合物，其含量主要与煤种和工艺相关；含氮化合物主要以喹啉为主，一般在 1% 左右；含硫化合物容易加氢脱除，其含量相对较低。煤直接液化粗油可以通过加氢精制得到汽油、柴油、航空煤油等燃料油，也是富集芳烃（BTX）及制备高附加值烯烃等中间化工原料的重

要来源。

液化性能表征通常利用高压反应釜模拟直接液化过程，如图 8.2 所示。准确称取研磨至 200 目以下的煤样（干燥无灰基煤）、催化剂三氧化二铁、助剂单质硫以及供氢溶剂四氢萘，依次加入间歇式高压反应釜中进行加氢。设定反应的最终温度和搅拌速率，记录反应釜内初始的温度和压力，当温度达到反应温度后恒温。反应完成后关闭加热，待反应釜冷却至 200℃取出产物进行后续分析。

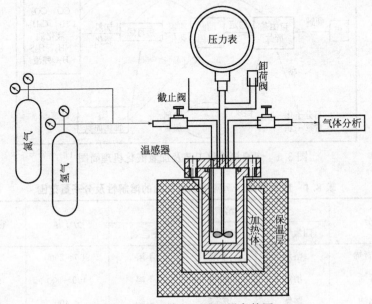

图 8.2　高温高压反应釜设备简图

煤液化转化率、油产率、气产率、氢耗率、沥青质产率，根据国标 GB/T 33690—2017《煤炭液化反应性的高压釜实验方法》[3]，具体的计算方法如下：

煤液化转化率：

$$\eta = \frac{m_0 - m_1}{m_{\mathrm{daf}}} \times 100\% \tag{8-1}$$

式中，m_0 为原料总质量，包括煤、催化剂、溶剂以及消耗的氢气，g；m_1 为未反应物的质量，g；m_{daf} 为参加反应的干燥无灰基质量。

氢耗率的计算公式为：

$$\eta_{\mathrm{H_2}} = \left(\frac{p_0 + p_1}{T_1} - \frac{p_0 + p_2}{T_2} \times \frac{\phi_{\mathrm{H_2}}}{100} \right) \times \frac{T_0 \times M_{\mathrm{H_2}} \times (V_0 - V_1)}{p_0 \times V_{\mathrm{m}} \times m_{\mathrm{daf}}} \times 100\% \tag{8-2}$$

式中，p_0 为实验室大气压力，MPa；T_0 为温度，273.15K；V_{m} 为体积常数，22.41L/mol；$M_{\mathrm{H_2}}$ 为氢气的摩尔质量，2.02g/mol；p_1 为反应前高压

反应釜氢气表压，MPa；p_2 为反应后高压反应釜气体表压，MPa；T_1 为反应前高压釜内温度，K；T_2 为反应后高压釜内温度，K；ϕ_{H_2} 为产物混合气体中氢气的体积分数，%；V_0 为高压釜的有效容积，L；V_1 为高压釜内液固原料的体积，L；液固原料的密度视为 $1g/mL$。

气产率的计算公式为：

$$\eta_{gas} = \frac{(p_0 + p_2) \times (V_0 - V_1) \times T_0}{p_0 \times T_2 \times V_m \times m_{daf}} \times \sum_{i=1}^{n} \left(\frac{R_i U_i}{100} \right) \times 100\% \quad (8-3)$$

式中，R_i 为第 i 种不含氢气的混合气体的体积分数，%；U_i 为第 i 种气体的分子量。

物料平衡的计算公式为：

$$\phi_1 = \frac{m_1 + m_2 + \dfrac{\eta_{gas}}{100} \times m_{daf}}{m_0} \times 100\% \quad (8-4)$$

式中，ϕ_1 为反应前后的物料平衡，用质量分数表示，%；m_2 为残留的液固产物的质量，g。

沥青质产率的计算公式为：

$$\eta_a = \frac{(W_{HI} - W_{THFI}) \times m_L}{m_{daf}} \times 100\% \quad (8-5)$$

其中

$$m_L = m_0 - \frac{\eta_{gas}}{100} \times m_{daf}$$

式中，W_{HI} 为正己烷不溶物的质量分数，%；W_{THFI} 为四氢呋喃不溶物质量分数，%；m_L 表示归一后的液固产物质量，g。

油产率的计算公式

$$\eta_{oil} = \eta + \eta_{H_2} - \eta_{H_2O} - \eta_{gas} - \eta_a \quad (8-6)$$

式中，η_{oil} 为油产率；η 为转化率；η_{H_2} 为氢耗率；η_{H_2O} 为水产率；η_{gas} 为气产率；η_a 为沥青质产率。

8.2 温和加氢液化反应特征

对淖毛湖煤的物性分析发现，淖毛湖煤属于高碱煤，其煤灰元素中富含碱金属及碱土金属，且含有一定数量的铁元素，即该煤应属于一种典型的高反应性煤。在氢初压为 2MPa 条件下进行直接液化实验，选用催化剂为 Fe_2O_3，助剂为单质硫，供氢溶剂为四氢萘。实验过程中液化转化率、油产率、沥青烯产率、前沥青烯产率、气产率及氢耗率结果见图 8.3。

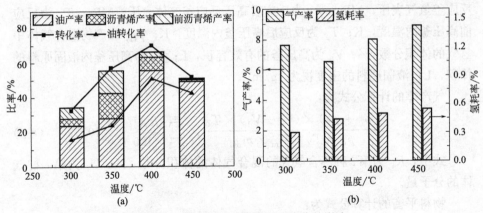

图 8.3　温度对淖毛湖煤温和液化的影响

随着液化温度的升高，液化的油产率、转化率及其他产物产率逐渐升高，在400℃出现峰值后呈现下降趋势。在400℃条件下油产率为55.3%，转化率达69.6%。而且比较发现，液化指标从350℃开始是一个突变点，证实了淖毛湖煤的初始热解温度应在350℃左右。而450℃时虽然油产率降低得不多，但转化率明显下降。发现在450℃时，淖毛湖煤已发生结焦现象，即出现热缩聚现象，影响了煤向液相产品转化的过程。而且比较发现沥青烯及前沥青烯的产率明显低于低温直接液化产率，也进一步说明了在该条件下发生了热缩聚，从初步热解得到的大分子产物未能及时加氢，而是直接发生了缩聚脱氢反应（加氢放热，脱氢吸热）。综上可以得出淖毛湖煤的最佳液化温度应在400℃附近。

液化过程中气相产物采用气相色谱分析，液相产物采用GC-AED与GC-MS联用分析，采用元素分析对固相产物中杂原子分布情况进行分析。如图8.4所示，随着液化温度的升高，气体产物的产率随之增高，且气体产物中的小分子烷烃的含量随着温度的升高而增加，说明液化过程在发生氢自由基反应的同时伴随热解脱脂肪链，且随着温度的升高该反应更明显。此外，通过对气相产物分析发现，在添加硫为助剂的条件下气体产物中发现了H_2S，说明了S助剂参与了液化加氢的反应过程，并最终以H_2S的形式释放。而且通过固体产物中元素分布情况发现，液化过程中残渣中的硫元素含量远高于原煤，即催化剂及助剂硫完全留在了液化残渣中。

如图8.5所示，残渣中氮元素的含量基本与原煤持平，即直接液化过程中含氮化合物不易参与液化加氢。氧元素的含量随着液化温度的升高呈降低趋势，即随温度的升高液化固体产物中伴随一定的脱氧作用。随着液化温度升高，碳元素的含量呈现先降低后增高趋势，结果与液化指标相符，即转化率大的情况下较多的烃类化合物转移至液相产物中。当发生热缩聚时液相产物中烃类化合物的含量开始下降，烃类化合物以大分子缩聚成焦的形态富集在液化残渣中，使液化残渣中碳含量高于液化转化率高的液化残渣。残渣中氢含量整体呈下降趋势，因为脱氢为吸热反应，且反应中温度的升高更有利于热缩聚脱氢反应的发生，残渣的结构更趋向于碳化状态，氢含量随着温度升高而呈降低趋势。

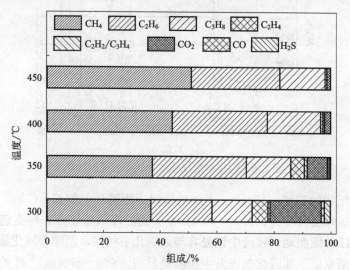

图 8.4　温度对淖毛湖煤温和液化气体产物组成的影响

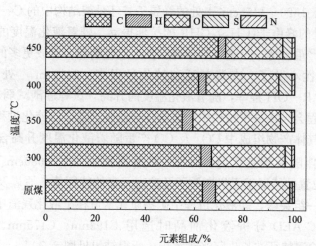

图 8.5　温度对淖毛湖煤温和液化残渣元素组成的影响

为了更好地解析煤直接液化过程中官能团的变化，针对不同温度梯度下的残渣进行红外光谱分析，分析结果见图 8.6。

如图 8.6 所示，图中 $746cm^{-1}$ 和 $1455cm^{-1}$ 处的尖峰归因于—CH_2—的角振动和面内摇摆振动，而原煤的相应位置峰很弱，表明直接液化过程中伴随

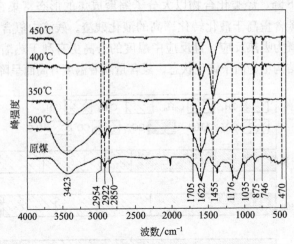

图 8.6　温度对液化残渣官能团组成的影响

着大分子结构的裂解。1705cm^{-1} 处的峰属于脂肪环中的 C═C 键，经过液化后残渣中该峰变强变尖。2850～2950cm^{-1} 处的峰归属于芳香环支链或脂肪链中的 C—H 伸缩振动，残渣中该处峰与原煤几乎相同，但随着液化温度的升高该处峰逐渐变弱，即液化过程发生脱脂链反应。670～875cm^{-1} 处的峰属于芳环中的═CH 键，表明液化过程也伴随芳香重聚，且该峰的强度随液化温度的升高而增加。1620～1455cm^{-1} 处的峰属于芳环骨架结构中的 C═C 拉伸振动。1176cm^{-1} 处的峰由于$(CH_3)_2CHR$ 的拉伸振动。随着液化温度的升高，大分子结构会被严重破坏，氢键或共价键会发生重组断裂，释放更多的容易发生加氢反应的活性小分子。在羟基迁移转化过程中：3423cm^{-1} 处的峰主要为R—OH 和 AR—OH 羟基，随着液化温度的升高，该峰逐渐减弱，甚至消失，表明液化过程会破坏分子结构中的氢键并导致脱羟基，即液化过程会伴随氢键的断裂。从气体产物组成中 CO_2 及 CO 产量随着液化温度升高含量增加说明液化过程中伴随脱羧基反应。此外，红外谱图中 450～600cm^{-1} 和 1000～1100cm^{-1} 位置的峰属于无机杂原子及矿物元素的特征值，原煤及残渣均在该范围内出现一组尖峰，即液化过程中矿物质元素留在了液化残渣中。

　　利用 GC-AED 分析液化油品时选用 C193nm、C175nm、S181nm 及 N174nm 为检测特征波长进行光谱解析。所得结果见图 8.7。

　　如图 8.7 所示，烃类化合物分析以 C193nm 为参考［图 8.7(a)］，发现保留时间在 40min 之前出峰主要为苯、萘、酚及其同系物，其中苯的同系物主要为一取代物及二取代物，如甲苯、二甲苯、乙苯等；萘的同系物主要为一取代物；产物含有大量的链烷烃，以正构烷烃为主，最多碳数可以达到 32。而且通过色谱图比较发现，液化温度 400℃时液化油品中链烷烃含量最高，温度在 350℃及 450℃含量偏低。温度低时链状烷烃脱落或开环反应未发生；温度高时生成的链状烷烃更容易发生缩聚，生成缩合度较高的烃类化合物，因此可以认为采用淖毛湖煤直接液化时，400℃是得到链烷烃的最佳温度。含硫化合物分析以 S181nm 所得光谱特征色谱曲线，发现含硫化合物主要以噻吩及苯并噻吩的同系物为主，同时发现油品中含有单晶硫，即硫助剂在固液分离过程中进入油品，给分析硫化物的分布及迁移转化带来影响。随着液化温度的升高，含硫化合物的含量逐渐降低，进一步证实，温度升高缩聚反应发生，伴随含硫化合物的加氢脱除。含氮化合物分析以 N174nm 为标准，但未发现明显含氮化合物响应，在 400℃及 450℃发现疑似喹啉及同系物的含氮化合物，但响应值很弱。

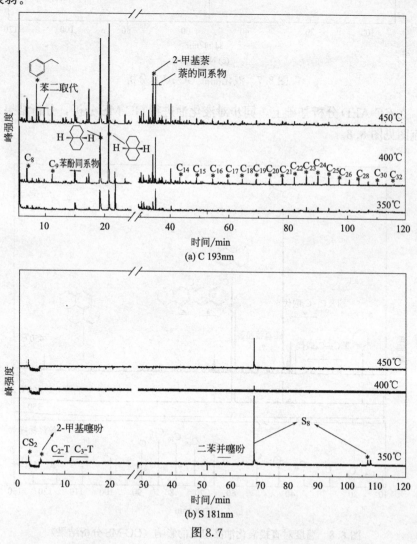

图 8.7

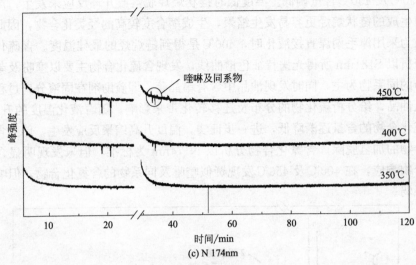

图 8.7　液化油品 GC-AED 分析

在 GC-AED 分析基础上，同步对液化油进行 GC-MS 分析，分析结果总离子流图见图 8.8。

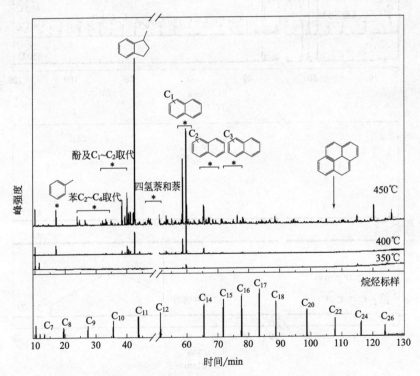

图 8.8　温度对直接液化油品组成的影响（GC-MS 分析结果）

如图 8.8 所示，GC-MS 分析时化合物出峰顺序与 GC-AED 一致，分析可利用标准库结合 GC-AED 自建杂原子化合物库进行比对，对所得化合物进行准确定性、定量。同时结果也表明，随着温度的升高液化油品种类从简单到复杂，且重组分的含量增大的趋势更为明显。该分析结果与 GC-AED 分析一致，但分析过程中未能准确定出含硫化合物，GC-AED 可以借助 S181 色谱峰，依据自建标准库定出含硫化合物主要以噻吩及其烷基取代同系物为主，且随着温度的升高含硫化合物的量呈减少趋势，表明在直接加氢液化过程中，活性氢不仅对煤大分子结构具有氢化裂解作用，对所得产物中的含硫化合物也具有催化加氢作用。含氧化合物主要以酚及酚的烷基取代同系物为主，在 GC-AED 中 N174 色谱峰中未能出现氮的响应信号，仅能根据 MS 标准库，定性出极少的含氮化合物。含氮化合物在煤大分子结构中相对稳定，难以进行催化加氢的解离。此外，标准烷烃以 GC-AED 所建谱库为基础辅助 GC-MS 对液相产物进行分析，采用色谱峰面积归一化法对所得产物进行相对含量分析，结果见表 8.2。

表 8.2　直接液化油品产物组成分析

分类	化合物名称	相对含量（质量分数）/%		
		350℃	400℃	450℃
链烃	链烃（$C_7 \sim C_{32}$ 烷烃、烯烃）	1.91	1.29	2.69
芳烃及同系物	四氢萘	27.31	29.09	18.32
	苯及苯的同系物	0.15	0.85	2.68
	萘	16.15	46.41	45.95
	萘的 $C_1 \sim C_3$ 取代物	0.60	4.64	7.74
	茚及同系物	0.10	1.85	5.67
	联苯及同系物	0.00	0.20	0.42
	蒽和菲的同系物	0.01	0.07	0.81
	芘	0.00	0.22	2.24
	荧蒽和芘的同系物	0.01	2.05	1.98
	小计	17.02	59.29	67.49
含氮化合物	喹啉及其他	0.10	0.12	0.20
含硫化合物	噻吩及同系物	0.21	0.12	0.23
	苯并噻吩及同系物	0.24	0.23	0.15
	小计	0.45	0.35	0.38
含氧化合物	苯酚	0.00	0.10	0.16

分类	化合物名称	相对含量(质量分数)/%		
		350℃	400℃	450℃
含氧化合物	苯酚 C_1~C_4 取代物	0.05	0.65	1.57
	萘酚	0.00	0.01	0.04
	其他	0.75	0.49	0.20
	小计	0.80	1.25	1.97

由表 8.2 中数据可知，350℃液化时四氢萘及茚的含量最低，几乎没有茚的出现，说明该温度条件下供氢溶剂基本不供氢，基于溶剂萃取及煤初步热解得到液化产品，解释了该温度条件下转化率与油产率低的问题。但同时也说明了供氢溶剂四氢萘的供氢起始温度应大于 350℃。随着液化温度升高，首先四氢萘自身催化加氢，生成供氢产物，然后在煤大分子结构热解的同时活性氢攻击煤大分子结构中的弱结合键，发生氢自由基反应。但随液化温度升高，液化油品中残留的四氢萘含量下降明显。一方面是四氢萘加氢转化，另一方面是四氢萘高温脱氢、异构化，从苯、茚及萘的同系物含量变化可以解释上述现象。同时发现，450℃液化时，有大分子环状化合物，如蒽、菲甚至四环芳香性化合物，链状烷烃的含量也相对较高，说明了该温度条件下煤裂解严重，但在该温度下还伴随有缩聚脱氢的反应，解释了在 450℃时，反应釜底出现结焦现象。

8.3 不同压力下加氢液化反应特征

选取了温度和压力两个对煤直接液化过程影响较大的因素。温度梯度为 375℃、400℃、425℃、450℃，压力梯度为 3MPa、4MPa、5MPa、6MPa。氢压主要影响反应体系中氢气在溶剂中的溶解度以及活性氢的浓度，提高氢压能够提高反应体系中活性氢的浓度，从而促进煤裂解产生的自由基碎片向前沥青烯转化，抑制自由基的缩聚以及结焦过程。理论上，氢气压力越高对液化反应越有利，但是如果氢气压力过高，不仅会在工业生产中增大系统的技术难度和危险性，而且随着反应体系中活性氢浓度的增大，反应体系中的自由基也会往气体小分子转化，从而降低油产率。图 8.9 为反应温度为 375℃时压力对煤液化效果的影响，以及不同压力条件下的气产率和氢耗率。

从图 8.9 中可以看出，在反应温度为 375℃时，淖毛湖煤的总体转化率大致在 70%左右，油产率不到 35%，这说明在 375℃时，淖毛湖煤的反应活性

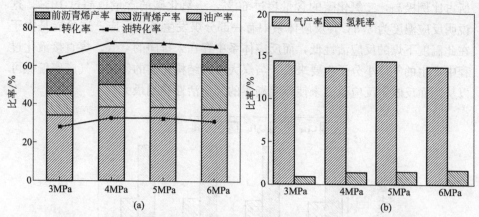

图 8.9　375℃下压力对液化效果（a）及对气产率、氢耗率（b）的影响

不高；3MPa 条件下的转化率和油产率均为最低，5MPa 条件下的转化率和油产率比 4MPa 条件下的高一点，但是差别很微小，6MPa 条件下转化率和油产率对比 5MPa 有所下降，但是下降的幅度也很小，这说明压力升高，煤的转化率和油产率有升高的趋势，但是升高幅度不大，也说明在这个条件下温度对反应的影响占主导地位，反应温度太低导致煤裂解产生的自由基碎片较少，所以增大氢压对反应的影响不大；3MPa 和 4MPa 条件下的沥青烯所占的比例低于前沥青烯所占的比例，5MPa 和 6MPa 条件下沥青烯所占的比例高于前沥青烯所占的比例，这说明升高氢压促进了前沥青烯向沥青烯的转化。从图中可以看出，随着压力的增大，氢耗率有所增加，但是都不超过 3％，这说明氢压的增大促进了氢气氛围中的氢向反应体系中的活性氢的转化，但是反应的温度限制了反应体系对活性氢的吸收。

对液化后的气体产物进行组分分析，其结果如图 8.10 所示。采用归一法对于所测得的气体产物进行定量分析，在除去未反应完的氢气以及空气中的氮气和氧气后，产物的混合气体中主要包含三大类：饱和烃、不饱和烃以及其他气体。其中饱和烃类主要为甲烷、乙烷以及丙烷；不饱和烃类主要为乙烯、丙烯、乙炔以及丙炔；其他气体主要为二氧化碳和一氧化碳。

在反应温度为 375℃时，随着压力的变化，饱和烃类的含量变化幅度不大，甲烷的含量大致稳定在 14％左右，乙烷的含量为 6％左右，丙烷的含量最低，为 3％左右；不饱和烃类的含量有一定的变化，在 3MPa 和 4MPa 条件下乙烯的含量较 5MPa 和 6MPa 时稍低一点，而乙炔的含量随压力的升高而降低；3MPa 和 4MPa 条件下的丙烯和丙炔同样存在上述规律，这说明随着氢压的增大，不饱和的炔烃类气体向较为饱和的烯烃类气体转化，这同时也说明氢压的增大可以促进液化反应的进行；同时发现混合气体中一氧化碳和二氧化碳所占比例极高，二氧化碳的含量超过 60%，一氧化碳的含量也超过 10%，这说明反应温度为 375℃，反应体系中有一部分煤发生氧化反应，这可能是由于在此温度下煤的反应活性低，而反应体系中存在未排净的空气。煤直接液化过程中产生的气体小分子主要来源于与煤大分子结构相连的侧链，气产率偏低可以从侧面反映出反应温度未使淖毛湖煤的反应活性达到最大。

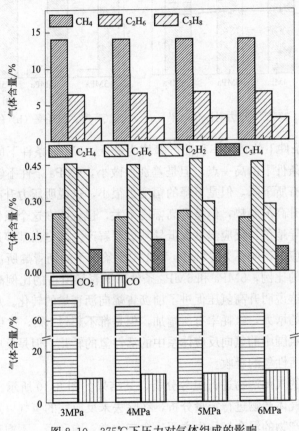

图 8.10　375℃下压力对气体组成的影响

反应温度为 400℃时煤加氢液化反应呈现出的规律较反应温度为 375℃时更加明显。如图 8.11 所示为 400℃时压力对液化效果的影响。

反应初压的压力梯度为 3MPa、4MPa、5MPa、6MPa，从图中可以看出当反应温度为 400℃时，淖毛湖煤的转化率基本上达到了 85%左右，在反应最温和的条件下转化率也将近 80%；油产率较 375℃时有所提高，整体提高大概 10%左右，最高的油产率将近 60%，最低的油产率也达到了 40%以上，这说明当反应温度为 400℃时，煤的反应活性较 375℃时有较大的提升；反应初压为 3MPa 时，氢气气氛能为反应体系提供的活性氢的量不足；4MPa 和 5MPa

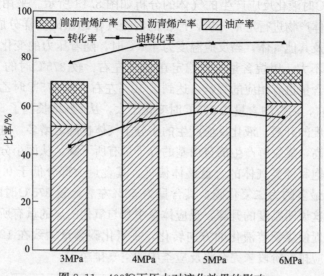

图 8.11　400℃下压力对液化效果的影响

条件下的油产率和转化率较 3MPa 时提升较大。这说明当反应温度为 400℃时，限制反应进程的主要影响因素为反应体系中活性氢的浓度。在 400℃煤提供的自由基的量较 375℃时增加许多，增大氢压对反应进程的提升大。如图 8.12 所示为在反应温度为 400℃时，不同压力条件下的气产率和氢耗率。从图中可以看出，随着压力的增大，氢耗率有所增加，虽然 400℃时的氢耗率较 375℃时有所增加，但是增加的幅度也很小；400℃时的气产率较 375℃时同样有所增加，由原来的不到 15％涨到了超过 15％。

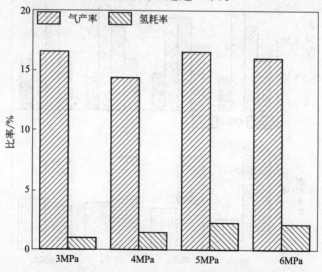

图 8.12　400℃下压力对气产率、氢耗率的影响

对 400℃时液化反应产生的气体的分析如图 8.13 所示。采用归一法对于所测得的气体产物进行定量分析，产物的混合气体的组成同样分成了饱和烃、不饱和烃以及其他气体，当反应温度为 400℃时，随着压力的变化，饱和烃含量变化幅度不大，甲烷含量大致稳定在 25％左右，较 375℃时的 14％提升较多，乙烷的含量也有相应的提升，达到了 10％左右，较 375℃时乙烷的含量增多了 4％左右，丙烷的含量较 375℃时变化不大，从 3％增长到了 5％左右。这说明随着温度的升高，液化反应产生的小分子气体也随之增多，这是由于煤的反应活性提高，煤裂解产生的自由基的分子量有所下降，从而小分子气体的含量变多。不饱和烃类气体的含量整体偏低，其含量大部分低于 0.45％；其他气体中含量最多的为二氧化碳，其含量为 50％左右，较 375℃时的 70％左右下降明显，这说明温度的升高，反应体系中参与氧化的煤的量有所下降，反应活性的提升促使煤朝着液化油方向转化，一氧化碳含量大致在 12％左右，这是由于在反应排气阶段未完全将反应釜中的空气排净。

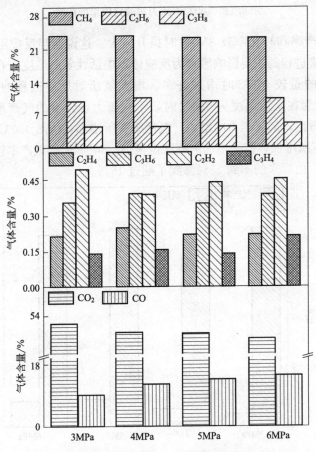

图 8.13　400℃下压力对气体组成的影响

如图 8.14 所示为原煤以及 400℃不同压力条件下液化残渣的元素分析。从图中可以看出，在温度 400℃下，随着压力的增大，液化残渣中的碳元素和氢元素较原煤中呈现下降的趋势，这说明随着压力的增大，煤的转化率增大；残渣中氮元素的相对含量较原煤中稍有上升，但是上升的幅度很微小，这说明煤中的氮元素在液化过程中只有少部分释放到液化产物中，大部分氮元素经过煤直接液化反应后在残渣中富集。

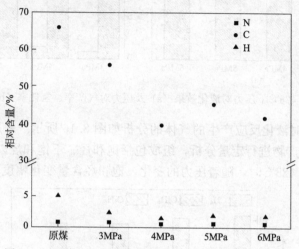

图 8.14　原煤及 400℃时不同压力下液化残渣的元素分析

温度为 425℃时，煤液化反应呈现出与 375℃和 400℃时不同的规律。图 8.15 为 425℃时压力对液化效果的影响和气产率、氢耗率。反应初压分别为 3MPa、4MPa、5MPa、6MPa。当反应温度为 425℃时，淖毛湖煤的转化率较 400℃时有一定的提升，但整体提升的幅度不超过 5%。压力为 6MPa 时的转化率最高，将近 90%。3MPa 时的转化率最低，但也接近 80%。油产率呈现先增大后下降的趋势，在 4MPa 时达到最大 60%。5MPa 和 6MPa 条件下的转化率较 4MPa 时有提升，但是油产率呈现下降的趋势。气产率较 3MPa 和 4MPa 时增加了 4%左右，这说明在 425℃时，当活性氢浓度增大到一定程度时，液化反应中生成小分子气体的过程加剧。各条件下前沥青烯的产率均偏低，沥青烯产率随着压力的增大呈现出先减少后增多的趋势。4MPa 较 3MPa 时的气产率降低，说明反应初始氢压为 4MPa 时，液化反应中生成气体小分子的进程受到了抑制，反应中生成液化油的过程占据主导。随着氢压的上升，生成气体小分子的进程加剧，降低了油产率。当淖毛湖煤的液化反应温度为 425℃时，煤的反应活性较 400℃时有所提升，在此温度下 4MPa 为最佳的反应初压，当压力低于 4MPa 时会造成活性氢不足；若压力高于 4MPa，则会生成气体小分子，导致气产率增加、油产率降低。

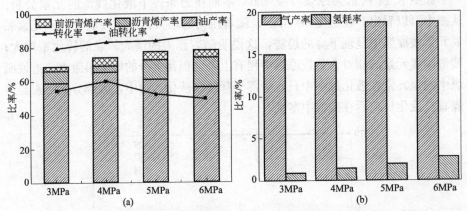

图 8.15　425℃下压力对液化效果（a）及压力对气产率、氢耗率（b）的影响

对 425℃时液化反应产生的气体的分析如图 8.16 所示。采用归一法对于所测得的气体产物进行定量分析，组成包括饱和烃、不饱和烃以及其他气体。当反应温度为 425℃时，随着压力的变化，饱和烃含量变化幅度不大；甲烷的

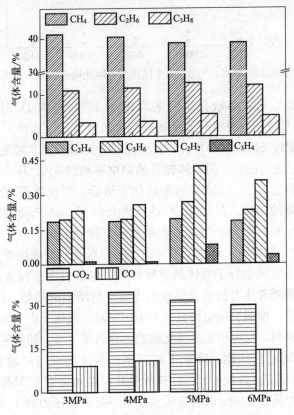

图 8.16　425℃下压力对气体组成的影响

含量大致稳定在 40％左右，较 400℃的 25％提升很大。乙烷的含量较 400℃时变化不大，大致为 10％；丙烷的含量较低，为 4％～5％。这说明反应温度为 425℃时，煤裂解产生的小分子自由基碎片较 400℃时增多；不饱和烃类气体的含量整体偏低，大部分含量低于 0.3％。其他气体中二氧化碳的含量降到了 30％左右，较 400℃时的 50％左右下降明显；一氧化碳的含量下降到了 10％左右。综合对比三个温度下的气体产物，随着温度的升高，气体产物中饱和烃类的含量增多，其中甲烷的含量显著增加，不饱和烃类和其他气体的含量均下降，其中二氧化碳的含量下降显著，不饱和烃类气体下降的幅度不大，但是存在下降的趋势。

图 8.17 为反应温度为 425℃时不同压力条件下液化残渣的元素分析。425℃下，随着压力的增大，液化残渣中的碳元素和氢元素较原煤中呈现下降的趋势，这说明随着压力的增大，煤的转化率增大；残渣中氮元素的相对含量较原煤中稍微有点上升，但是上升的幅度很微小，这说明煤中的氮元素在液化过程中只有少部分释放到液化产物中，大部分氮元素经过煤直接液化反应后在残渣中富集。

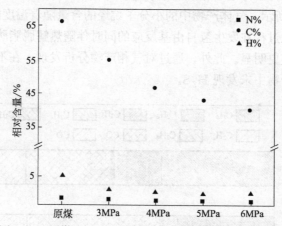

图 8.17　原煤及 425℃时不同压力下液化残渣的元素分析

在氢初压为 6MPa 条件下进行直接液化实验，实验选用催化剂为 Fe_2O_3，供氢溶剂为四氢萘。液化转化率、油产率、沥青烯产率、前沥青烯产率、气产率及氢耗率结果见图 8.18。

该条件下的整体液化转化率最高可达 86％；沥青烯及前沥青烯的产率较 3MPa 条件下提升明显，氢耗及气产率也有明显增大。出现此结果可能有两方面原因：第一是正己烷的溶解能力有限；第二是该煤种液化时加氢产物生成的正己烷可溶物较少，加氢生成更多甲苯及四氢呋喃可溶物，即高氢压条件下会生成更多的大分子芳烃化合物。加氢属于放热反应，在一定程度下分子结构加

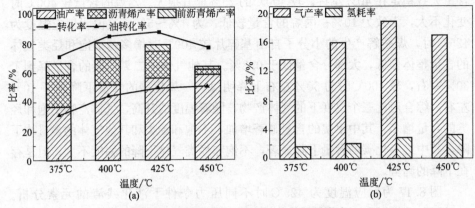

图 8.18　温度对淖毛湖煤液化效果的影响

氢会达到饱和状态，但因加氢而断裂生成的小分子产物会在该条件下发生再次脱氢，生成缩合度相对较高的产物，即沥青烯和前沥青烯。该条件下淖毛湖煤也发生结焦现象，证实 450℃时出现热缩聚现象，影响了煤向液相产物转化的过程。综上可以得出淖毛湖煤的最佳液化温度应在 400℃附近。

如图 8.19 所示，气体产物中的小分子烷烃的含量随着温度的升高而增加，进一步说明液化过程在发生氢自由基反应的同时伴随热解脱脂肪链，且随着温度的升高该反应更明显。此外，通过对气相产物分析发现，在不添加硫为助剂的条件下气体产物中未发现 H_2S。

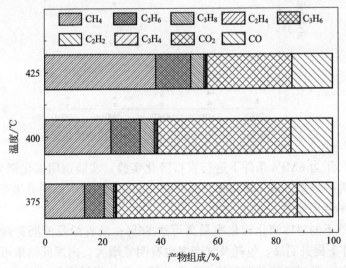

图 8.19　6MPa 压力下温度对淖毛湖煤液化气体产物组成的影响

采用元素分析及热失重分析对固相产物中杂原子分布情况进行分析，结果见图 8.20。通过元素分析发现，液化残渣中的硫元素含量高于原煤，但相差在 0.5% 以内。残渣中氮元素的含量基本与原煤持平，即直接液化过程中含氮化合物不易参与液化加氢。随着液化温度升高，碳元素的含量表现出先降低后增高的趋势。转化率高的情况下较多的烃类化合物会随着加氢转化为液相产物，残渣含量相对较低。随着温度的升高，会发生热缩聚，此时液化转化率及液相产物的生成量开始下降，烃类化合物以大分子缩聚成焦富集在液化残渣中，使液化残渣中碳含量相对较高。残渣中氢含量整体呈下降趋势，因为脱氢为吸热反应，且反应中温度的升高更有利于热缩聚脱氢反应的发生，残渣的结构更趋向于碳化状态，氢含量随着温度升高而呈降低趋势。

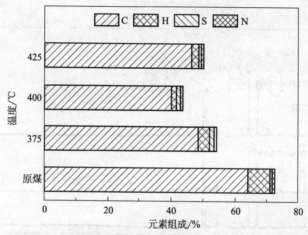

图 8.20　温度对淖毛湖煤液化固体产物元素组成的影响

淖毛湖煤在 450℃，反应初始氢压为 6MPa 条件下进行直接液化反应，在过程中发现反应釜底部存在结焦现象，如图 8.21 所示，并在搅拌浆的浆叶上发现大量萘的晶体。

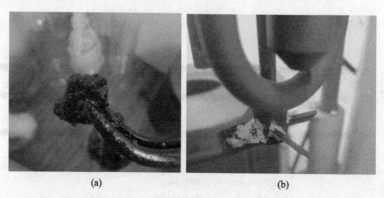

图 8.21　反应釜底部出现结焦（a）和萘结晶（b）

当反应初始氢压为 6MPa、反应温度达到 450℃时，体系压力为 14MPa，接近试剂生产过程中的压力，在此条件下反应中出现结焦现象，说明在此温度下煤的反应活性过高，氢气-四氢萘供氢体系未能提供足够多的活性氢，煤裂解产生的自由基缩合形成半焦的过程占主导地位。综上所述，淖毛湖煤在 450℃时反应剧烈，不是淖毛湖煤的最佳液化反应温度。

通过 GC-AED 对煤直接液化油品进行初步定性、定量，同时进行油品 GC-MS 分析，在 GC-AED 分析结果的基础上，对已分析结果进行修正，尤其是 MS 谱库对含硫化合物及正构的识别响应弱的问题，利用 GC-AED 的多元素同测的特点成功地解决了该问题（图 8.22）。GC-MS 分析结果见图 8.23。

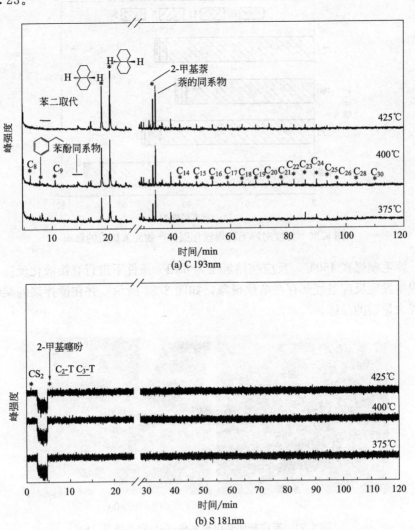

(a) C 193nm

(b) S 181nm

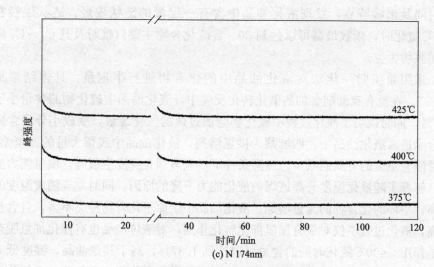

图 8.22　GC-AED 对液化油品分析

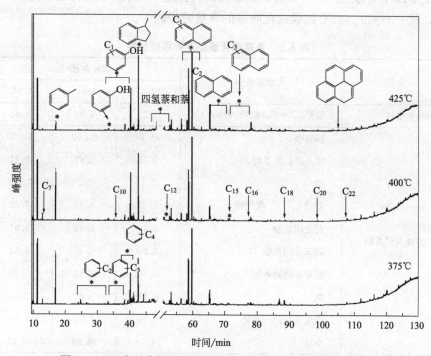

图 8.23　温度对直接液化油品组成的影响（GC-MS 分析结果）

　　通过 GC-AED 给出杂原子化合物信号，根据自建库标准化合物出峰顺序，结合 GC-MS 标准库中所给化合物进行筛分，对直接液化油进行定性分析。液化油品中主要以苯、萘及其同系物为主，含有少量的酚类化合物，而且比对停留时间及出峰特点，发现液化油品中含有一定量的链状烷烃。链状烷烃在400℃液化时，碳数最高可以达到30。含硫化合物主要以噻吩及其 $C_1 \sim C_3$ 取代同系物为主。

采用面积归一化法对液化油品中的化合物进行半定量，具体结果见表8.3。在没有硫助剂参加的催化转化反应中，液化油品中硫化物的含量小于0.5%，同时说明了液化过程中硫化物会通过煤的氢化裂解，变成小分子含硫化合物进入液化油品中。四氢萘为供氢溶剂，液化油品中残留大量的四氢萘，但量随着温度的升高而减少。高温条件下供氢溶剂自身发生裂解，供氢能力变弱，解释了随液化温度升高该煤的液化能力下降的原因。同时发现随着温度的升高，小环的化合物的含量增加。液化油品中杂原子化合物种类不多，且含量不高，液化过程不仅对煤有加氢催化转化作用，对液体产品也有催化加氢脱杂原子作用。400℃液化时酚的含量可以达到1.87%，高于其他油品，温度低时羟基类化合物不容易被裂解释放，高温时含酚类化合物很容易焦化。含氮化合物主要以喹啉为主。同时比较四氢萘与萘的含量，现象同加硫催化转化基本相同，唯一不同的425℃加氢液化时萘的含量同步减少。

表8.3　直接液化油品产物组成分析

分类	化合物名称	相对含量/%		
		375℃	400℃	425℃
链烃	链烃（$C_7 \sim C_{30}$ 烷烃、烯烃）	1.32	1.84	1.41
芳烃及同系物	四氢萘	35.17	30.90	18.28
	苯及苯的同系物	0.75	1.67	1.21
	萘	20.16	40.72	22.02
	萘的 $C_1 \sim C_3$ 取代物	1.52	8.99	7.32
	茚及同系物	0.43	2.32	1.64
	联苯及同系物	0.21	0.40	0.32
	蒽和菲的同系物	0.26	0.62	0.38
	芘	0.13	0.22	2.24
	荧蒽和芘的同系物	0.56	2.05	1.98
	小计	24.02	56.99	37.11
含氮化合物	喹啉及其他	0.10	0.12	0.20
含硫化合物	噻吩及同系物	0.21	0.12	0.23
	苯并噻吩及同系物	0.24	0.23	0.15
	小计	0.45	0.35	0.38

分类	化合物名称	相对含量/%		
		375℃	400℃	425℃
含氧化合物	苯酚	0.10	0.12	0.05
	苯酚 $C_1 \sim C_4$ 取代物	0.26	1.75	0.38
	萘酚	0.00	0.01	0.00
	其他	3.75	0.49	0.20
	小计	4.11	2.37	0.63

8.4　直接液化过程碱金属及碱土金属演化

碱金属以及氯元素在煤加工过程中会对设备造成一定程度的腐蚀，极大地影响生产效率。本节在不同温度和压力收集各个反应条件下的液化产物，对碱金属以及氯元素的形态进行表征，并对液化产物的各个组成部分中的碱金属以及氯元素的分布进行考察。

8.4.1　碱金属在直接液化过程中的分布[4]

煤直接液化产物经过初步分离之后可以得到液化油、沥青烯、前沥青烯以及液化残渣。基于液化产物的这几个组成部分，通过电感耦合等离子体发射光谱（ICP-OES）对各组分中碱金属含量进行测定，同时通过扫描电镜能谱图（SEM-EDS）、X射线光电子能谱（XPS）、X射线衍射能谱（XRD）对液化残渣中的碱金属元素的形态进行了测定。通过对沥青烯、前沥青烯以及残渣进行消解实验，然后对消解之后的溶液采用ICP-OES对其中碱金属的含量进行检测，得到了各碱金属在不同的煤液化组分中的含量以及其所占的比例。

图8.24为不同温度和压力下沥青烯、前沥青烯和液化残渣中Na和K含量占原煤中总含量的百分比。

从图8.24可以看出，当温度为375℃时沥青烯中的Na含量在总含量中占比为2%左右；400℃时Na含量占比提升到了4%左右，400℃、6MPa时达到了5%左右；425℃时最高达到了6%。这说明在液化反应过程中只有少量的Na进入沥青烯中。当温度相同时，Na含量占比随着压力的升高而增大；当压力相同时，温度的升高会促进Na元素向沥青烯中富集。

前沥青烯中Na含量的占比与沥青烯中的趋势大致相同。在反应温度为

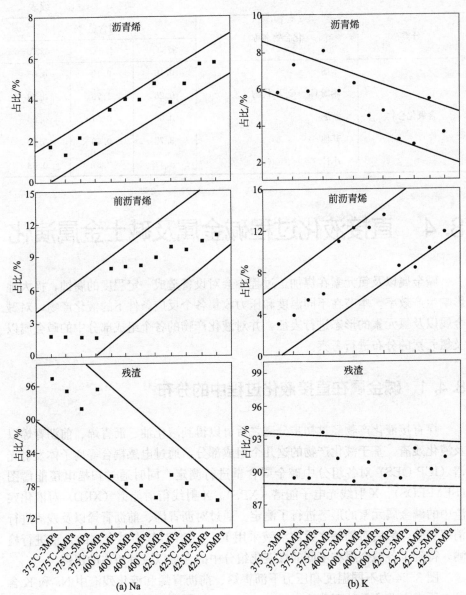

图 8.24 不同条件下沥青烯、前沥青烯和残渣中 Na 和 K 含量占原煤中总含量的百分比

375℃时，Na 含量的占比为 2%左右；当反应温度为 400℃时，Na 含量的占比达 8%；当反应温度为 425℃时，Na 含量的占比达到 10%～11%。温度和压力的增大均会导致前沥青烯中 Na 含量的增多。但是当反应温度较低时，Na 含量受压力的影响不大，温度较高时受压力影响增大。引起这一现象的原因可能是当反应温度较低时，煤的反应活性低，煤中的 Na 大部分都没有释放出

来，即使体系中活性氢的浓度增大，前沥青烯中 Na 含量所占的比例也变化不大；当温度升高时，煤的反应活性提高，液化反应过程中释放出的 Na 增加，反应体系中活性氢的增加会导致前沥青烯中 Na 含量增加。反应压力相同时，Na 含量的占比随着温度呈现出增大的趋势，温度从 375℃升至 400℃时增加的比例较 400℃升至 425℃时变化大。

残渣中 Na 含量的占比整体较高。当反应温度为 375℃时，残渣中的 Na 含量占比最高可达 97%，最低也有 91%。反应温度为 400℃和 425℃时，残渣中 Na 含量占比相差不大，400℃时残渣中 Na 含量占比最高为 79%，最低为 75%；425℃时残渣中 Na 含量占比最高为 78.5%，最低为 74%。

结合煤的转化率与沥青烯、前沥青烯以及液化残渣中 Na 的含量及其占比可以发现，温度和压力均会导致液化产品中的 Na 含量增多，液化残渣中 Na 含量减少。煤的反应活性对 Na 的释放影响较大。当反应活性低时，Na 大部分都保留在液化残渣中。375℃时煤的转化率为 70%左右，液化残渣中 Na 含量占比达到 96%，沥青烯、前沥青烯中 Na 含量占比大概为 2%；当反应活性提高之后，液化残渣中 Na 的含量减少，沥青烯以及前沥青烯中 Na 含量增多。400℃时煤的转化率最低为 80%，液化残渣中 Na 含量占比为 74%～79%，沥青烯以及前沥青烯中 Na 含量占比分别为 4%和 9%左右。但是当反应活性提高到一定程度之后，若继续提高反应活性，则液化残渣中 Na 含量降低幅度不大，其所占的比例变化也不大，沥青烯和前沥青烯中 Na 含量有所增加。425℃时煤的转化率为 85%，液化残渣中 Na 含量所占的比例最高为 78.5%，最低为 74%，沥青烯中 Na 含量所占的比例为 5%，前沥青烯中 Na 含量所占的比例为 10%，较 400℃时的 4%和 9%变化不大。当煤的反应活性高时，压力成为影响 Na 向液化产品中释放的主要因素。反应温度为 400℃、初始氢压为 3MPa 时液化残渣中 Na 含量占比为 79%，反应初始氢压为 6MPa 时，液化残渣中 Na 含量占比为 74%；反应温度为 425℃、初始氢压为 3MPa 时，液化残渣中 Na 含量占比为 78.5%；初始氢压为 6MPa 时，液化残渣中 Na 元素占比为 73%。

结合煤中 Na 元素的存在形态可以判断在液化反应过程中释放到液化产物中的 Na 主要为羧酸盐或与煤结构中的含氧或含氮官能团相结合的配位化合物。当液化反应温度接近煤的最佳反应活性温度时，煤的裂解过程加剧，使得这部分 Na 被释放出来，一部分与反应体系中的活性氢结合进入沥青烯或前沥青烯中，未来得及与活性氢结合的含 Na 元素的自由基通过与其他自由基相结合从而存在于残渣中。

从图 8.24 中不同温度和压力下沥青烯中 K 含量在原煤中总含量的占比可以看出，沥青烯中 K 含量所占比例最高为 8%，最低为 3%，含量占比并不高。

同样，前沥青烯中 K 含量在总含量中的占比最高为 14%，最低为 4%，较沥青烯中 K 含量所占的比例稍高，说明 K 在组分较重的前沥青烯中的含量高于较轻的沥青烯。

液化残渣中 K 的含量占比明显高于沥青烯以及前沥青烯。液化残渣中 K 的含量占比较高，大部分反应条件下残渣中 K 含量占比超过 90%。当反应温度相同而反应压力不同时，由于煤的反应活性相近，所以残渣中 K 元素含量占比差别不大。

从检测结果中可以看出 K 元素的分布规律性很差，这使得结果不具有代表性；但是结合 Na 元素的迁移规律，还是可以发现这两种碱金属元素在液化产物中的分布存在一定的相似性：大部分 Na 和 K 元素存在于残渣中，其次为前沥青烯，沥青烯中含量极低；残渣中 Na 和 K 元素的含量随着温度的升高而下降，当反应压力相同时，含量随着温度的升高而下降；当残渣中的 Na 和 K 元素含量下降到一定程度之后，下降的程度便会减缓，425℃ 条件下和 400℃ 条件下残渣中 Na 元素的含量和 K 元素的含量均相近。由此我们可以认为 Na 和 K 元素在液化反应过程中具有相似的迁移规律。

利用 SEM-EDS 对具有代表性的液化残渣的微观结构进行了分析，结果如图 8.25 所示。从图中可以看出在残渣中存在碱金属元素，其中以 Na 元素和 Ca 元素居多，同时在能谱图中还发现了 Si 元素和 Al 元素，这说明在残渣中存在硅铝酸盐。亮度较高的块状区域主要含有 Ca 元素和 O 元素，结合原子比例可以得知该物质为碳酸钙。

从元素的分布图中可以看出 Na 元素和 S 元素的分布图中出现亮点重合的区域，对应图中一块晶体状的物质。所以在液化残渣中存在硫酸钠，这与赵京[5] 等在研究五彩湾煤过程中的发现一致。通过 SEM-EDS 分析，在液化残渣中保留有大量的碱金属，其中 Ca 元素含量最多，Na 元素次之，Mg 元素和 K 元素偏少，Na 元素在残渣中可能的存在形态有硫酸钠以及硅铝酸盐，Ca 元素以碳酸钙以及硅铝酸盐的形式存在。由于淖毛湖煤中 Cl 元素含量很低，不排除有以 NaCl 形式存在的 Na。

在液化反应过程中释放进液化产物中的 Na 元素主要为羧酸盐类，图 8.26 所示为在液化反应过程中煤裂解产生的含 Na 自由基碎片。

在煤直接液化反应过程中，煤的大分子结构受热裂解，基本结构单元之间的桥键断裂，形成游离的自由基，如图 8.27 所示。当自由基遇到反应体系中的活性氢则会稳定下来形成前沥青烯，受温度的影响，裂解过程中会产生小分子自由基碎片，在这一过程形成沥青烯、液化油以及小分子气体；前沥青烯加氢裂化会形成沥青烯，所以在前沥青烯、沥青烯以及液化油中均会含有羧酸钠，并且前沥青烯中的 Na 元素含量高于沥青烯。

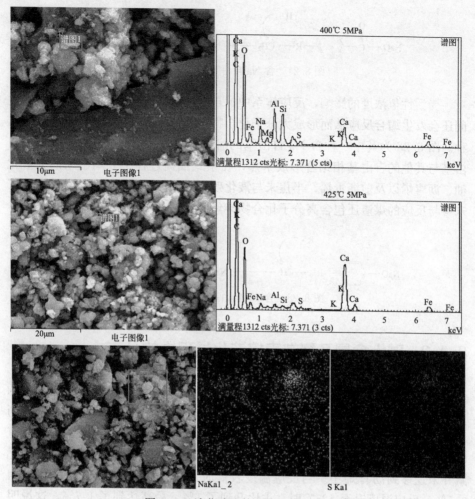

图 8.25　液化残渣的 SEM-EDS 分析

图 8.26　煤在裂解过程中产生的含 Na 自由基

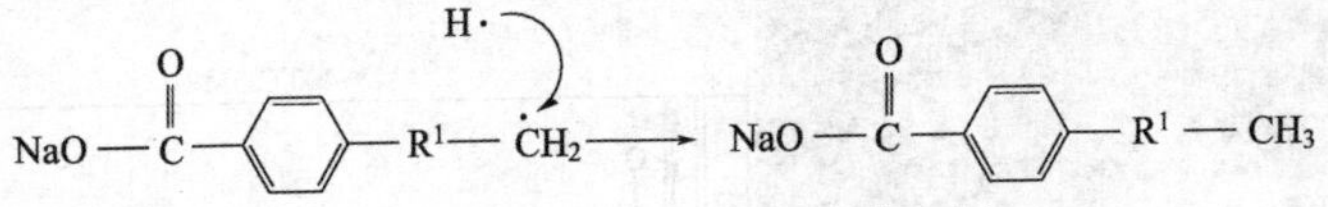

$$NaO-\overset{O}{\overset{\|}{C}}-\langle\text{benzene}\rangle-R^1-\overset{\cdot}{C}H_2 \xrightarrow{\ H\cdot\ } NaO-\overset{O}{\overset{\|}{C}}-\langle\text{benzene}\rangle-R^1-CH_3$$

图 8.27　含 Na 自由基的加氢反应

受活性氢浓度的影响，反应体系中的自由基除了发生加氢反应，自由基之间还会发生缩合反应从而形成大分子化合物半焦，自由基之间的聚合方式有多种。图 8.28 为其中一种含 Na 自由基的缩合反应，在此反应中含羧酸钠的自由基与其他的自由基相结合形成半焦，在索式抽提过程中分离出来的为液化油、沥青烯以及前沥青烯，半焦未与液化残渣分离，即广义上的液化残渣除了未参与反应的煤渣还包含高分子化合物半焦。

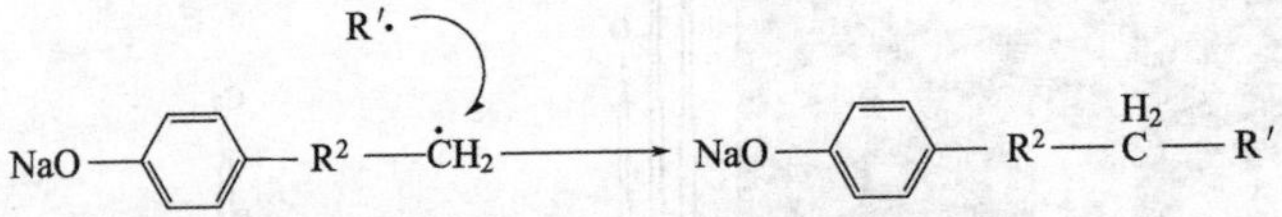

$$NaO-\langle\text{benzene}\rangle-R^2-\overset{\cdot}{C}H_2 \xrightarrow{\ R'\cdot\ } NaO-\langle\text{benzene}\rangle-R^2-\overset{H_2}{\overset{\|}{C}}-R'$$

图 8.28　含 Na 自由基的缩合反应

8.4.2　碱土金属及氯在直接液化过程中的分布

图 8.29 为不同温度和压力下沥青烯、前沥青烯和液化残渣中 Ca 和 Mg 的含量在原煤中总含量的占比。沥青烯中 Ca 含量所占的比例极低。375℃时沥青烯中 Ca 含量的占比仅为 0.01%；400℃时达到了 0.02%；425℃时也才只有 0.025%。考虑到实验过程中存在的误差，可以认为在液化反应过程中 Ca 元素并未迁移到沥青烯中。当反应温度较低时，前沥青烯中 Ca 含量的占比为 0.1%；反应温度升至 425℃时，占比升到了 1%，最高达到了 1.7%。这说明在前沥青烯中存在极少量的 Ca，前沥青烯中 Ca 含量占比低于 2%。当反应温度达到一定程度后，Ca 开始向前沥青烯中迁移，当温度达到 425℃时，Ca 含量占比从 0.1%增至 1%。残渣中 Ca 含量的占比极高，大部分反应条件下富集了原煤中 98%以上的 Ca。

煤中 Ca 元素的存在形态主要为矿物质，如方解石、硬石膏等，这些物质受热分解的温度均高于 1000℃，煤加氢直接液化的反应温度最高为 425℃，较氧化钙、硬石膏等物质的熔点温和许多，故在煤直接液化过程中，这些矿物质倾向于保留在残渣中；随着反应温度的升高，会有极少量的 Ca 释放到液化产物中。所以在液化反应过程中，由于反应温度较为温和，绝大部分 Ca（98%）保留在液化残渣中，极少量的 Ca 在温度较高时会释放到前沥青烯中，沥青烯中几乎没有 Ca 元素。

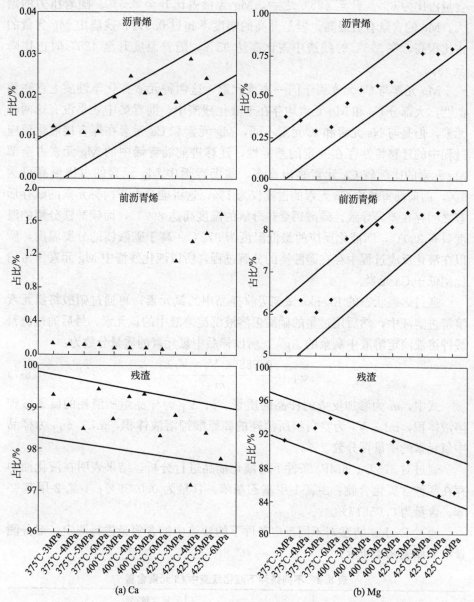

图 8.29 不同液化条件下沥青烯、前沥青烯和液化残渣中 Ca 和 Mg 的含量
在原煤中总含量的占比

从图 8.29 可以看出沥青烯中 Mg 含量占比很低，反应温度为 375℃时仅为 0.3%，425℃时达到了 0.8%。考虑到实验误差以及检测误差，其含量可以忽略不计。因此，液化反应过程中较少的 Mg 迁移到了沥青烯中。前沥青烯中 Mg 的含量较沥青烯中有较大的升高。反应温度为 375℃时，前沥青烯中 Mg

含量占比为 6%，升至 425℃之后，Mg 含量占比升至 8.5%。随着压力的增大，Mg 的含量有所提高，但是升高的幅度不超过 0.5%。残渣中 Mg 含量的占比很高，在 375℃时残渣中占比高达 93%，随着温度升至 425℃时占比降至 86%。

Mg 元素与 Ca 元素属于同一主族元素，这两种元素在化学性质上存在相似性，大部分 Ca 和 Mg 元素均存在于液化残渣中，沥青烯中几乎没有这两种元素，但是与 Na 元素和 K 元素不同，Mg 元素和 Ca 元素在煤直接液化反应过程中的迁移特性存在一定的差异性，迁移进前沥青烯中的 Mg 元素占全部 Mg 元素的比例较 Ca 元素高出许多，前沥青烯中 Mg 元素的占比最高可达 9%，而前沥青烯中 Ca 元素的占比仅为 1%，这可能是由于两种元素的赋存形态之间存在差异导致，碳酸钙受热分解的温度高达 897℃，而碳酸镁分解的温度只有 350℃，而液化反应的最低温度为 375℃，高于碳酸镁的分解温度，所以在液化反应过程中存在碳酸镁的分解过程，所以液化残渣中 Mg 元素所占的比例低于 Ca 元素。

通过熔融状态的 Eschka 试剂吸收样品中的氯元素，再通过硝酸将氯元素溶解进溶液中，然后用过量的硝酸银溶液沉淀溶液中的氯元素，最后通过硫氰酸钾溶液滴定溶液中剩余的 Ag^+，所以样品中氯元素的质量分数为：

$$w_{Cl} = \frac{0.08864(V_2 - V_1)}{m} \tag{8-7}$$

式中，m 为参加反应的样品的质量，g；V_1 为样品组所消耗的硫氰酸钾溶液体积，mL；V_2 为空白组所消耗的硫氰酸钾溶液体积，mL；w_{Cl} 为样品中氯元素的质量百分数，%。

通过对 375℃、6MPa 条件下的液化油品进行分析，结果表明在液化油中存在两种含氯化合物：2-氯-1-甲基乙基苯，含量为 0.0339%；1-氯-2-甲基-2-苯，含量为 0.05617%。

通过 Eschka 方法对不同反应条件下的残渣中的含氯量进行测定，部分测量结果如表 8.4 所示。

表 8.4　不同条件下液化残渣中 Cl 元素含量

温度	Cl 元素含量/%	
	5MPa	6MPa
375℃	0.0875	0.0784
400℃	0.071	0.0519
425℃	0.0615	0.0442

从表中数据可以看出，残渣中的氯元素含量均高于原煤中的氯含量

0.055％，这说明氯元素在液化反应过程中会富集在残渣中。在同一压力条件下，残渣中氯元素的含量随着温度的升高而下降。

参考文献

[1] 吴春来. 煤炭直接液化 ［M］. 北京：化学工业出版社，2010.

[2] Mochida I，Okuma O，Yoon S. Chemicals from direct coal liquefaction ［J］. Chemical Reviews，2013，3 (114)：1637-1672.

[3] 煤炭液化反应性的高压釜试验方法：GB/T 33690—2017 ［S］. 2017.

[4] 丁雄文. 高碱煤直接液化过程碱金属和氯元素的演化行为研究 ［D］. 北京：中国矿业大学（北京），2019.

[5] 赵京，魏小林，张玉锋，等. 准东煤中碱金属 Na 的赋存形态及含量分析 ［J］. 洁净煤技术，2019，25 (02)：96-101.

第9章

高碱煤制
活性炭和型焦

9.1 高碱煤活化制活性炭

活性炭是一种多孔性碳素材料[1]，具有很大的比表面积和细孔容积，吸附能力强。活性炭不仅广泛应用于化工、石油、冶金、医药、食品、染料、国防、制糖和油脂等工业，还大量用于环保和生活用水处理[2]。生产煤基活性炭的原料煤很多，从生产原理来说，几乎所有类型的煤均可用于活性炭生产，但不同煤种生产的活性炭产品性能差距很大[3]。不同的煤种采用合适的生产工艺，可生产出性能不同的活性炭产品[4]，因此对于原料煤的选择，一方面要考虑其品质是否优良、来源是否稳定、价格是否低廉等因素，同时也应考虑其生产工艺、产品性能及产品在国内外市场的竞争力。

煤基活性炭生产主要集中在山西和宁夏，目前这两大基地的煤基活性炭产品产量占全国煤基活性炭产量 90％ 左右，但由于资源枯竭，宁夏和山西的产业正在萎缩[5]。而新疆煤炭资源丰富，煤种齐全，但受地域限制，煤化工起步较晚，煤基活性炭还处于起步阶段[6]，有很大的发展空间。新疆煤基活性炭企业还处于发展阶段，并未形成规模化，只有少数民营企业和神华集团在进行煤基活性炭的生产加工。

新疆煤炭资源丰富，种类多，有焦煤、气煤、长焰煤，反应活性高，有很多适用于生产活性炭的优质煤炭资源。新疆高碱煤灰分低，可用作主煤与其他煤种配煤生产不同规格要求的活性炭。利用新疆煤生产的活性炭孔隙种类较多，微孔发达适于生产高碘吸附值活性炭；中孔发达适于生产高亚甲基蓝吸附值活性炭；大孔发达适于生产焦糖脱色活性炭。同时新疆煤炭拥有政策、价格等优势，未来将是中国活性炭产业发展的新基地[7]。

煤制活性炭相对于其他煤化工项目投资小、附加值大、见效快。新疆可用于制备活性炭的煤炭属于长焰煤和不黏煤，其生成年代短，煤化程度低，制造的活性炭产品强度较差，不能满足市场需要。目前我国压块活性炭的研究尚处于初期阶段，对新疆煤制备压块活性炭的研究更少。叶传珍[8]广泛调研新疆煤质，选取性能最适合的煤源。利用炼焦配煤原理，选取黏结性较好的肥煤、焦煤和气煤配入弱黏煤中，在保证活性炭吸附性能的同时，提高活性炭的强度。将颗粒级配的方法用于活性炭的制备，提高煤粉的堆积密度，在保持成本低、工艺简单的基础上提高活性炭的强度，具有良好的工业应用前景和较好的经济价值。由于新疆煤化工产业的蓬勃发展，产生的水污染成为亟待解决的问题，由此导致的水处理压块活性炭需求量将会不断增大。

通过对煤的筛选和工艺分析发现，新疆煤炭资源丰富，但适合做活性炭的煤源不多，其中托克逊煤制备的活性炭强度低、堆密度小，与市场对活性炭的要求相差较大；呼图壁煤制备的活性炭碘值、亚甲基蓝吸附值等吸附指标较好，但强度偏低，需要进一步研究。考虑配煤对新疆煤制备压块炭性能的影响，除新疆呼图壁不黏煤外，可选用气肥煤、肥煤和1/3焦煤三个黏结性好的煤作为配煤。通过实验发现：

① 活性炭强度均随气肥煤、肥煤和1/3焦煤配比的增加而增大，且均大于单煤活性炭的强度，当肥煤配比为15%，气肥煤和1/3焦煤的配比均大于30%时，配煤活性炭的强度能达到市场对压块活性炭的要求；

② 随着三种配煤配比的增加，活性炭的碘吸附值总体上均呈现下降的趋势，而亚甲基蓝吸附值则呈现不同规律，气肥煤、肥煤和1/3焦煤的配比为10%、5%和20%，活性炭最大的亚甲基蓝吸附值分别为277.68mg/g、264.11mg/g和275.36mg/g。总体而言，肥煤作为配煤对提高配煤活性炭强度效果最显著，而碘值、亚甲基蓝吸附值下降不多，值得进一步研究。

将颗粒级配理论应用于压块活性炭的制备中，在保证活性炭强度的前提下降低高黏结性煤配入量；探索了配煤压块活性炭的最佳工艺条件。结果发现：

① 将高黏结肥煤粉磨到不同细度掺入呼图壁煤中，肥煤细度越细，活性炭强度性能提高越大；同样强度下可以降低肥煤掺加量，从而提高吸附指标。综合考虑生产可行性和活性炭的性能，将肥煤磨细到400目最佳。

② 随着炭化升温速率提高，活性炭强度增加，但碘值和亚甲基蓝吸附值降低；随炭化终温提高活性炭强度提高，吸附指标先增加后降低。综合而言，炭化升温速率宜控制在2℃/min、炭化温度控制在600℃为最佳。

③ 随着活化温度升高，碘值呈现先增加再降低的规律，亚甲基蓝吸附值呈现随温度升高而增加的规律，但温度对亚甲基蓝吸附值的影响幅度要小于碘

值；活性炭强度随着温度先快速降低，900℃后趋于平稳。呼图壁煤配肥煤最优条件下制备的压块活性炭碘吸附值为 1196.69mg/g，亚甲基蓝吸附值为 294.42mg/g，强度为 93.73％。

新疆的弱黏煤和不黏煤，因其生成年代短，煤化程度低，其单独制造的活性炭产品，中孔率高，但机械强度较差，通过配煤法制备的柱状活性炭可以弥补单种煤在生产活性炭时存在的缺陷，调节产品孔隙结构，改善活性炭的吸附性能[9]，且得到的柱状活性炭既可用于液相处理，也可用于气体净化，应用范围广泛，市场反映好[10]，同时相较于宁夏无烟煤和山西弱黏煤，采用新疆烟煤制备的活性炭具有明显的价格优势。

采用新疆昌吉地区三种变质程度的煤样（不黏煤、弱黏煤、气肥煤）与内蒙古鄂尔多斯的不黏煤、气肥煤和宁夏石嘴山无烟煤进行配煤。黏结指数与强度的变化规律如图 9.1 所示。

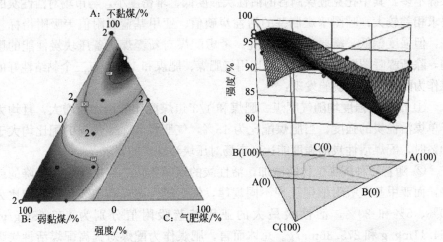

图 9.1　配煤比例对强度影响的三元等值图和 3D 响应曲线图

利用最优混料设计，对结果中的强度、碘吸附值、亚甲基蓝吸附值进行多次多项回归拟合，建立了配煤比例与三种指标之间的回归模型。综合优化，得到最佳配煤比例为不黏煤∶弱黏煤∶气肥煤＝10∶85∶5 及 20∶80∶0。同时，通过实验对沥青添加量进行优化，最佳的配料比例为不黏煤∶弱黏煤∶气肥煤＝10∶85∶5，沥青添加量为 5％。最佳工艺条件为：炭化温度 600℃，炭化升温速率 12℃/min，活化温度 900℃。最终得到的柱状活性炭性能为：烧失率为 65.3％时，强度 96.3％，碘吸附值 1097.6mg/g，亚甲基蓝吸附值 304.4mg/g，比表面积 1321.1m²/g，孔容积 0.7756cm³/g，平均孔径 2.3484nm。在丙酮浓度为 1000mg/m³ 时，常压恒温 30℃下，丙酮饱和吸附量达到了 82.3mg/g，穿透吸附量达到了 63.8mg/g，脱附率达到了

74.96%，具有较好的丙酮工作容量[11]。

新疆昌吉烟煤添加一定比例的煤焦油，原料的黏结指数须达到5以上，才能使强度符合95%的要求。同时随配料黏结指数的增大，活性炭碘吸附值、亚甲基蓝吸附值呈现下降趋势。可采用配料黏结指数来预测活性炭性能的方法，在一定程度上，可以快速确定活性炭原料配比的试验范围，大幅提高研究活性炭原料配比的效率。通过实验对沥青添加量进行优化，最佳的配料比例为不黏煤：弱黏煤：气肥煤＝10：85：5，沥青添加量为5%，该活性炭的烧失率为63.3%时，强度为96.3%，碘吸附值为1097.6mg/g，亚甲基蓝吸附值为304.4mg/g。活性炭1.10nm以下的孔对于200～1000mg/m³浓度的丙酮吸附是有利的，而1.10nm以上的孔利于丙酮的脱附，而不利于吸附。在所选的进气浓度下，活性炭孔径与吸脱附的线性关系都不是十分显著，具有一定随机性。在进气浓度200～1000mg/m³范围内，Langmuir吸附等温线模型能很好地描述丙酮在活性炭上的吸附行为[12]。

刘卫娜[13]等采用新疆水西沟煤制备中孔活性炭，通过实验考察了加入添加剂和使用空气预氧化法对煤基中孔活性炭性能的影响。炭化、活化过程如图9.2所示。

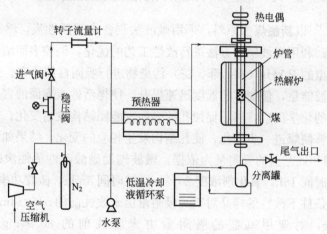

图9.2　煤的炭化、活化装置示意图

加入添加剂和使用空气预氧化法，均有利于提高活性炭的比表面积，添加尿素和硝酸镍制得的活性炭的比表面积分别提高了70%和86%；使用空气预氧化法制得的活性炭的比表面积提高了123%；添加硝酸铵和硝酸铁有利于活性炭中孔的形成，制得的活性炭的中孔率分别达99.82%和96.62%，其亚甲基蓝吸附值分别达到150.79mg/g和150.08mg/g。

刘丹丹[14]等采用新疆特变电工新能源股份有限公司的无烟煤制备活性炭，其中含水分3.0%、灰分4.73%、挥发分8.95%、固定碳83.32%。以KOH

为活化剂，利用微波加热和传统加热法制备煤基活性炭。通过研究煤碱比、活化时间、活化温度、微波功率对吸附性能和产率的影响，获得制备最佳工艺条件为：微波加热法，煤碱比 1∶2，微波时间 8min，微波功率 700W；传统加热法，煤碱比 1∶1，活化时间 5h，活化温度 800℃。微波加热法制备的活性炭吸附性能优于传统加热法制备的样品，其具有更高的比表面积（1061.93m²/g），更高的零电荷点（pH⁰＝8.0）及更少的酸性官能团含量（0.986mmol/g），如图 9.3 所示。微波加热法节能、省时、成本低，将在材料制备过程中具有显著的应用前景及推广价值。

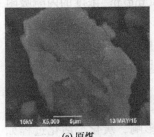

(a) 原煤　　　　　　　　　(b) 微波加热　　　　　　　　　(c) 传统加热

图 9.3　原煤与不同加热方式活化的活性炭扫描电镜图

葛欣宇[15]以新疆煤为原料，采用微波法制备煤基活性炭，然后为了提高其吸附性能，利用微波辅助方法进行改性工艺的优化，调控表面结构和化学性质，并对典型的 PAHs（萘、菲、芘）污染物进行吸附性能研究。通过微波辐照来吸收微波能量，使物体的温度迅速提升，使得活性炭表面的官能团与改性剂发生一定的化学反应，然后促使孔的表面官能团结构发生变化；同时，体系温度增加能够使煤进一步碳化，使孔结构发生相应的变化，结果如下。

① 以碘和亚基蓝的吸附量为依据，微波辅助硝酸改性活性炭的最佳工艺条件：氧化时间 16h，氧化剂浓度 20％，微波时间 8min，微波功率 500W。其中最佳工艺条件下改性的样品对碘的吸附量由未改性前的 516.13mg/g 增加到 806.29mg/g，对亚甲基蓝的吸附量由未改性前的 80.94mg/g 增加到 117.73mg/g。碘吸附量的增加归因于微孔的增多，而亚甲基蓝吸附量的增加归因于微孔扩大成较大的孔，中孔数量增多的缘故。

② 微波辐照改性活性炭的最佳工艺条件为微波时间 8min，微波功率为 500W；微波辅助负载改性活性炭的最佳改性剂为硝酸铁，最佳硝酸铁浓度为 0.05mol/L，辐照 5min，微波功率 300W；微波辅助用氨水改性的活性炭最佳工艺条件为氨水浓度 10％，改性温度 35℃，处理时间 18h，辐照时间 8min，功率 500W。

马新芳[16]以新疆雀儿沟的无烟煤为原料，研究活化剂种类、碱煤比、微波功率和辐照时间对碘吸附量、亚甲基蓝吸附量和活性炭产率的影响，通过响应面法确定制备煤基活性炭的最优工艺。以新疆雀儿沟无烟煤为原料，KOH为活化剂，用微波辅助法成功制备了煤基活性炭。通过活化剂种类、碱煤比、微波功率和辐照时间四个单因素的考察结果可知，微波辅助法制备煤基活性炭的最佳工艺为：碱煤比1:1、微波功率693W、辐照时间10min，相应的碘吸附量、亚甲基蓝吸附量和产率分别为778.94mg/g、114.61mg/g和60.0%。以碱煤比、微波功率和辐照时间为自变量，亚甲基蓝吸附量和碘吸附量为因变量优化制备煤基活性炭的工艺，同时对其进行响应面和方差分析。由响应面分析可知微波辅助制备煤基活性炭的最优工艺条件为：碱煤比1:1、微波功率637W、辐照时间9min，得到的最优碘吸附量和亚甲基蓝吸附量分别为804.96mg/g 126.34mg/g。由方差分析结果得到：三个自变量中碱煤比和微波功率对活性炭产率、亚甲基蓝吸附量和碘吸附量的影响显著。制备的煤基活性炭为中孔结构，表面具有发达的孔隙结构，含有很多含氧官能团且表面显酸性。

王蓉蓉[17]以库车煤为原料，利用单段活化法、双段活化法制备活性炭并研究其在超级电容器中的应用。对于单段活化部分，将煤与KOH按不同的质量比机械地混合均匀，将混合物放置在管式炉中，在氮气保护下以6℃/min的速度升至800℃保温1h，氮气氛围下降至室温。用3mol/L的HCl洗涤，然后用蒸馏水洗至中性，放置在烘箱中60℃干燥12h得到最终样品。对于双段活化部分，KOH与煤机械混合，氮气保护下以6℃/min的速度升至800℃，保温1h，然后以6℃/min的速度升至1050℃，保温0.5h，氮气气氛下降至室温。用3mol/L的HCl洗涤后用蒸馏水洗至中性，放置在烘箱中60℃烘12h，得到活性炭。结果表明，随着碱碳比的增加，两种方法制备的活性炭比表面积及总孔容均有所增加，电化学性能测试表明活性炭的比电容也随之增加。具有良好的循环性能，电流密度为2A/g时，恒流充放电1000圈，电容量均保持在90%以上，在大的电流密度下比电容的保持量高，具有良好的倍率性能。比表面积和孔径分布是影响超级电容器比电容的重要因素，双段法制备的活性炭虽然具有大的表面积，但其孔径分布宽，宽的孔径分布可能不利于电荷的储存，比电容小，因此具有大的比表面积及合适的孔径分布才能够有效地提高超级电容器的比电容，进一步提高超级电容器的能量密度。

陆超等[18]选取新疆呼图壁原煤为原料，通过控制炭化过程制备高性能活性炭，提出用新疆呼图壁煤制备高性能活性炭的方法。选取呼图壁原煤，用颚式破碎机将其破碎至粒径小于10mm。选用6mm与10mm标准方孔筛对颗粒煤进行筛分，取6～10mm之间的颗粒作为试验煤样。采用水蒸气活化法制备活性炭，由于工业生产广泛采用的斯列普炉活化段温度一般保持在850～950℃，试验活化温度固定选取900℃，水蒸气活化剂流量0.55mL/min，分别制取 4 种不同烧失率（40%～70%）的活性炭样品。活性炭性能检测主要包括碘吸附值、亚甲基蓝吸附值、漂浮率及强度。研究发现，炭化过程对活性炭性能的影响显著。采用缓慢炭化过程有利于显著提高活性炭的吸附性能，且显著降低活性炭漂浮率，最终制得孔隙结构发达的活性炭。同时也充分说明新疆呼图壁煤可作为优质活性炭生产的原料。

陆晓东等[19]以新疆主要矿区原煤为原料，采用配煤压块工艺制备活性炭，考察预氧化、炭化、活化等工艺条件及催化剂对活性炭性能的影响，优化饮用水处理用活性炭制备的工艺及主要参数，并表征了活性炭对 TOC、COD_{Mn} 的吸附能力。研究表明，灰分含量＜5%、挥发分含量 35% 左右、水分含量 3%～6% 的新疆哈密煤、新疆宽沟煤按 60：40 的比例配煤，添加含钾化合物催化剂，在 250℃氧化 180～200min、530～560℃炭化 150～180min、920～940℃活化，可制备出碘吸附值 1200～1320mg/g、亚甲基蓝吸附值 280～290mg/g、平均强度 95%、装填密度 470～485g/L 的高效水处理活性炭，基于新疆煤质生产的饮用水处理用煤基活性炭产品对水中 TOC、COD 的去除率分别为 38%、42%、67%，表明新疆煤生产的饮用水处理用煤基活性炭产品对水中有机物的吸附性能优于美国卡尔岗公司生产的 F-400。

吴凡等[20]以高惰质组准东不黏煤为原料制备活性炭，基于 Box-Behnken 响应曲面法，采用水蒸气活化法制备了煤基活性炭，并测定了其碘吸附量，使用扫描电镜（SEM）观察了活性炭表面形貌，通过低温氮气吸附法得到了活性炭比表面积、总孔容积和孔径分布等物理结构特征，如图 9.4 所示。

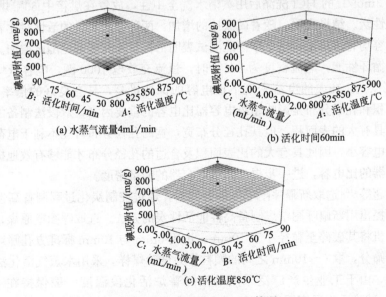

图 9.4　碘吸附值响应面立体图

最佳活化条件为活化温度 900℃，活化时间 90min，水蒸气流量 6mL/min。活化时间、活化温度和水蒸气流量对碘吸附量均有影响，其中活化时间影响程度最大，活化温度次之，水蒸气流量最小，且因素之间交互作用不显著。比表面积、总孔容积和微孔数量均会影响碘吸附量，其中微孔数量起主要作用。

庞攀等[21]为了对煤基活性炭氧化过程中传热特性及热失重变化进行探究，采集生产工艺过程中的 3 种煤基活性炭（压块料、炭化料及活化料），利用激光导热仪及热重-差热同步热分析仪对样品氧化反应过程中的热物性及热失重参数进行测定，结合非线性氧化热动力学方法、计算得出各样品表观活化能，如图 9.5 所示。

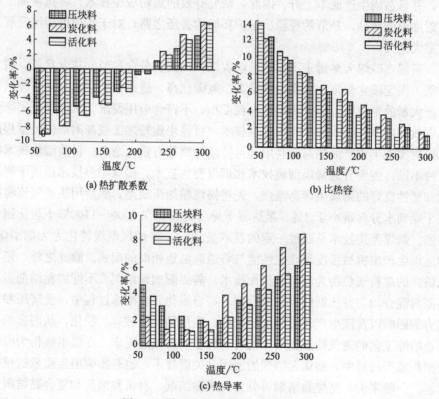

图 9.5　样品热物性参数对温度敏感性

活化料及炭化料总放热量、最大热释放率均大于压块料，热物性参数表现出明显的阶段特征，样品热物性参数对温度敏感性排序依次为比热容＞热扩散系数＞热导率；活化料及炭化料表观活化能小于压块料，经过炭化及活化工序，炭化料和活化料氧化自燃倾向性增大。

9.2　高碱煤半焦成型制型焦[22]

半焦又名为兰炭，是焦炭低成本替代品，作为导电及供热原料广泛应用在化工、铁合金冶炼、高炉炼铁过程中，在上述生产过程中对半焦块度有着严格的要求。然而，由于半焦在生产和应用过程中会产生大量的焦粉，降低了半焦的有效利用率。目前，我国大部分产焦及用焦企业因未能找到焦粉的有效利用途径，只能暂时堆积在厂矿附近，既影响了生产厂区和周围居民的工作和生活，又造成了环境污染。部分企业将焦粉当作普通燃料处理，降低了其利用价值，并且造成生产成本上升。因此，研究有效的焦粉成型技术，将焦粉加工成高附加值的产品，是节约资源、保护环境的必经之路，对于实现可持续发展具有重大意义。

新疆高碱煤大多属于不黏结长焰煤煤种，其灰分含量低、硫含量低、磷含量低、固定碳含量高、挥发分含量高、氢碳比高，适宜生产半焦。在新疆地区生产大量的半焦粉，但这些半焦粉粒度小，不符合应用要求，从而降低了半焦的有效利用率。有效的半焦粉成型技术，可将半焦粉加工成高附加值的型焦产品，对实现半焦产品的高效利用和可持续发展具有重大意义。目前型焦技术按煤种不同，主要分为褐煤型焦技术和烟煤型焦技术。褐煤型焦技术适用于将质软和塑性良好的褐煤生产高温焦，先将褐煤粉加压成型，然后用快速气流将型煤干燥到水分含量小于2%，最后将干燥后的型煤在1000～1100℃下炭化制备型焦。烟煤型焦技术是通过一定的技术处理后，将烟煤型煤转化为无烟型煤，然后再生产出机械强度和理化性能与普通高温焦相似的型焦。除此之外，还有以破碎的煤粉或焦粉为原料的型焦技术，需要配加黏结剂或不配加黏结剂，再将原料混合均匀并压制成型，最后型块高温炭化。在冶炼过程中，受挤压和摩擦力的影响以及随生产环境温度的升高，型焦易发生破碎、粉化，从而影响铁合金冶炼工艺的透气性及生产工艺对半焦粒度的性能要求。在以半焦粉为原料的型焦成型过程中，型焦黏结剂的使用是关键技术，也是影响型焦质量的重要因素。一般来讲，型焦黏结剂可分为无机黏结剂、有机黏结剂和复合黏结剂三类。其中，无机黏结剂包括黏土、石灰、陶土和一些无机盐等，可以较好地增加型焦热强度，但添加无机黏结剂会增加灰分，降低型焦的应用性能。有机黏结剂包括淀粉、沥青和不饱和树脂等，可以很好地改善型焦冷强度，但随着温度上升，有机黏结剂会炭化、分解，导致黏结作用快速下降，导致型焦抗压强度降低。复合黏结剂中可以包含多种有机黏结剂和无机黏结剂，既可以充分发挥各种黏结剂的优势，弥补单一型焦黏结剂的不足，又能使制备的型焦达到最好的效果。成型压力是影响型焦抗压强度的另一个重要因素。随着成型压力的增大，型焦抗压强度增大。但当成型压力超过一定值时，型焦的整体结构会被破坏，抗压强度降低。

笔者以新疆三道岭半焦粉为原料，通过黏结剂的筛选和成型条件的优化，考察了型焦在不同温度下的冷热强度，为半焦成型的工业化应用奠定基础。半焦粉来自新疆哈密三道岭潞安新疆公司焦化厂。作为固体原料的半焦粉粒度分布对型焦抗压强度有一定影响[4,8]，为了确保试验结果的准确性，半焦原料粒度均控制在 2mm 以下。将一定量焦粉和黏结剂混合均匀后，称取 10g 置于模具中（直径 25mm，高 100mm），在 FR-压缩试验机上用 12MPa 压力压制成型，在 50℃下将成型样品烘干 12h。

冷强度测试：将烘干的型焦样品利用 FR-压缩试验机测试其抗压强度，平行测 3 次。热强度测试：在氮气气氛下，将烘干后的型焦样品由常温加热至 850℃后，急速投入冷水中淬冷 2h 取出，测试型焦样品的抗压强度。

结合实际生产情况，为控制成本，复合黏结剂配比初步定为：淀粉 4.65%、沥青 5.81%、有机钙 2.33%、三氧化二铁 3.49%、水 36%。型焦制备流程见图 9.6。制得的型焦样品的冷强度为 18.268MPa，热强度为 6.26MPa。在此配比基础上研究每种添加剂的最佳配入量。

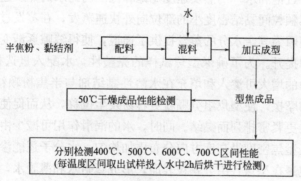

图 9.6　型焦制备流程图

适量的水分含量是型焦各组分捏合成型的基础。当成型水分含量较少时，无法将水溶性黏结剂溶解并充分填充于半焦粉颗粒间的空隙中；当成型水分含量较多时，在成型的过程中，水溶性黏结剂会随多余水分流失。这两种情况都会造成黏结剂效果下降，型焦强度降低。因此，成型水分含量对型焦强度有重要影响。实验考察了水配入量分别为 30%、32%、34% 和 36% 时，型焦冷、热强度（抗压强度）的变化（图 9.7）。由图可知，随着水配入量的增加，抗压强度先增加后趋于平稳。相比热强度而言，冷强度的提升较为明显，这说明适当增加水配入量可以提高型焦中的水溶性黏结剂的作用效果，有利于型焦抗压强度的提升。

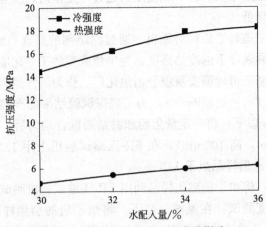

图 9.7　水配入量对抗压强度的影响

　　图 9.8 为水配入量为 34％和 36％时，在 50℃下干燥 12h 后的型焦照片。水配入量为 36％的试样出现了明显的开裂，而水配入量为 34％的试样未出现这种现象。这可能是因为当水的加入量超出最佳饱和范围后，在烘干时超出饱和范围的水（过饱和水）的蒸发速度比饱和范围内的水的蒸发速度要快。过饱和水会从型焦颗粒间黏结密度小的部位向外快速蒸发，在蒸发过程中形成细微缝隙，这些缝隙为其余水分的蒸发提供了通道，使得缝隙逐渐变大，不利于型焦抗压强度的提升。为了确保型焦试样的完整性，水配入量选择为 34％。适量水随着压力的增大可渗入和填充在水溶性黏结剂与半焦粉颗粒间的空隙中，减少颗粒间的摩擦，使型焦组分颗粒更容易发生位移，从而促使水溶性黏结剂与半焦粉颗粒更紧密排列而黏结。同时，水的润滑作用可减少由摩擦引起的压力损失，保证型焦密度沿高度方向分布更加均匀。水分子还能渗入水溶性黏结剂颗粒内及包裹在型焦各组分颗粒表面，形成吸附水和薄膜水，从而产生分子

(a) 加水量34%

(b) 加水量36%

图 9.8　不同水含量制备的型焦

结合力，并填充在型焦各组分颗粒空隙间形成毛细水，产生毛细力，这是型焦冷强度提高的主要因素。

在型焦的制备过程中，在150℃以下淀粉的物理黏结作用可明显增强型焦的冷强度。随着温度的升高，淀粉的炭化速率会逐渐加快并以桥键的形式在半焦粉与淀粉之间结合。随着淀粉加入量的增加，焦颗粒之间的桥键将会增多，继而促进型焦抗压强度的提升。实验考察了淀粉加入量对抗压强度的影响，结果见图9.9。

从图9.9可以看出，淀粉加入量为零时，冷强度基本接近于零。随着添加量的增加，冷强度显著增长，然后趋于平稳，热强度总体平稳增长。说明淀粉在提高型焦冷、热强度上均有明显地促进作用，对冷强度的提高主要来自淀粉与半焦所形成的水溶性黏结作用，淀粉过量后便不再增长，而对热强度的提高主要来自淀粉热解时与半焦形成的桥键，随淀粉加入量增加而增长。综合考虑生产成本，淀粉在复合黏结剂中的最佳加入量为3.65%。

在型焦制备过程中，沥青是可以提高型焦热强度却不增加灰分的一种重要的有机黏结剂。沥青在升温过程中的物理化学变化分为5个阶段：①100～230℃，沥青发生塑性变形而软化；②230～400℃，沥青热分解，产生大量挥发分；③400～500℃，沥青热缩聚和半焦形成阶段；④500～700℃，沥青高温焦化阶段；⑤700～1000℃，型块（焦块）性能完善阶段。沥青加入量在0～5.81%范围内对抗压强度的影响见图9.10。

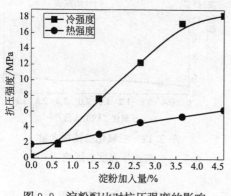

图9.9　淀粉配比对抗压强度的影响

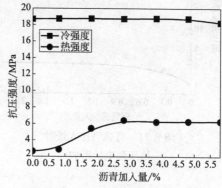

图9.10　沥青配比对抗压强度影响

从图9.10可以看出，随着沥青加入量的增加，在0～5.81%范围内冷强度基本不变，而热强度在沥青加入量为0～2.81%范围内有比较明显的增大，之后趋于平稳。说明沥青在常温条件下，与半焦粉基本没有形成黏结作用。在热解时，沥青与半焦粉共炭化有利于热强度的提升，随着沥青含量的增加，型焦抗压强度的提升由半焦粉间的黏结作用转为沥青炭化后的本征强度，最终趋于稳定。所以，实验中沥青在型焦配比中最佳加入量为2.81%。

有机钙在型煤、型焦中有固硫作用[16-18]，但有机钙对型煤和型焦产品抗压强度的影响还不明确。图9.11为有机钙加入量在0~2.33%范围内对抗压强度的影响。

从图9.11可以看出，冷强度随有机钙加入量的增加先下降后上升，在1.33%时达到最低点。热强度在有机钙加入量为0~0.33%范围内提升较明显，之后趋于平稳。说明有机钙对型焦中的水溶性黏结作用有不利影响，可能是有机钙改变了淀粉水溶胶的电位平衡，削弱了凝聚作用，不利于冷强度的提升，然而继续增加有机钙，盐结晶所产生的板结作用增强，冷强度转为增长。对热强度而言，Ca可与沥青中的芳香团簇形成交联键，降低沥青的挥发，有利于热强度的提升。此外，有机钙有固硫作用，因此为了降低硫对环境的污染，并在实验数据的基础上，将有机钙的有效加入量定为0.33%。

三氧化二铁对成型强度有一定影响。随着温度的升高，部分 Fe_2O_3 被型焦组分逐渐还原，颗粒表面出现部分烧结现象，型焦颗粒与 Fe_2O_3 颗粒结合更为致密，型焦的抗压强度有所提高。考察 Fe_2O_3 加入量在0~3.49%范围内对抗压强度的影响，结果见图9.12。

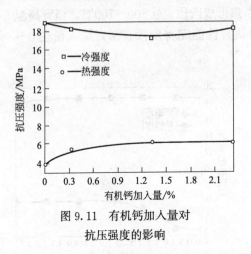

图9.11　有机钙加入量对抗压强度的影响

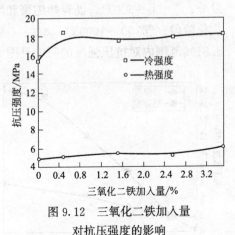

图9.12　三氧化二铁加入量对抗压强度的影响

从图9.12可以看出，在添加 Fe_2O_3 后，冷强度比未添加时有明显提高，但在加入量为0.49%后趋于平稳，可见 Fe_2O_3 对冷强度的提升在0.49%后达到饱和，说明 Fe_2O_3 对冷强度的提升主要来自有限的范德华力。热强度随着 Fe_2O_3 的增加总体增长平稳，说明随着温度的升高，Fe_2O_3 的氧化还原反应在500~900℃内也在缓慢进行，产生的交联反应可提高型焦热强度。因此，考虑 Fe_2O_3 对冷强度的提升作用和型焦生产成本，可将 Fe_2O_3 加入量定为0.49%。

根据添加剂的最佳配入量，确定最优黏结剂配比为：淀粉3.65%、沥青

2.81%、有机钙 0.33%、Fe₂O₃ 0.49%、水 34%。优化后复合黏结剂的总加入量可直接影响型焦抗压强度，也是决定型焦抗压强度的主要因素。但黏结剂的添加会增加型焦产品的灰分，并且提高了成本。考察了复合黏结剂加入量为 4.07%、8.14%、12.21% 和 16.28% 时对抗压强度的影响，结果见图 9.13。优化后复合黏结剂加入量在 4.07%～16.28% 范围内型焦冷、热强度都随着复合黏结剂加入量的增大而明显增大。但复合黏结剂的加入会引起型焦灰分和比电阻的增大，从而影响型焦的反应活性和在铁合金冶炼中的性能。因此，黏结剂加入量应考虑在满足型焦抗压指标的前提下，结合实际生产成本进行优化调整。

以优化后的复合黏结剂的配方为基础，考察成型压力对型焦抗压强度的影响，见图 9.14。成型压力在 4～16MPa 范围内，抗压强度随着成型压力的加大而增大。这说明，成型压力对型焦抗压强度有明显的促进作用。所以，成型压力可作为降低型焦成本的一个主要因素，在满足工业应用的情况下，使用较小的成型压力，从而达到对焦粉成型成本的优化调整。

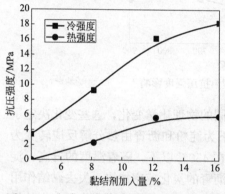
图 9.13 复合黏结剂加入量对强度的影响

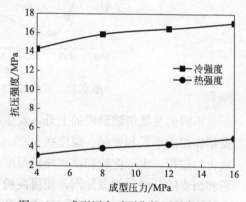
图 9.14 成型压力对型焦抗压强度的影响

提高成型压力，一方面能降低型焦气孔率，从而提高型焦的单位密度，增加物料颗粒间的接触表面积；另一方面，使固体物料颗粒间的啮合作用加强，颗粒间的摩擦力增加，从而使黏结剂的作用增强，最终促使型焦强度提高。随着成型压力的增大，半焦在成型过程中一般会出现压缩、回弹、压溃等物理现象，且原料的弹性和塑性也会不断变化。在型焦未到达压溃点时，随着成型压力的增大，半焦颗粒被逐渐压实，使颗粒之间啮合作用增强，抗压强度增大，但抗压强度不会随成型压力的增加而持续增大，当成型压力超过一定值时，半焦颗粒会被压溃，产生断面，使型焦性能降低。此外，过大的成型压力也会增加能耗。因此，适当的成型压力是型焦抗压强度的重要保证。在实验压力范围内，成型压力对型焦抗压强度有明显的促进作用。在满足抗压强度要求的同时，可采用较低的成型压力，来降低型焦的生产成本。

型焦在铁合金冶炼过程中需要维持一定的块度，因此型焦在升温过程中需要具备一定的抗压强度。在优化的条件下制备出多个型焦样品，将其从室温分别加热至300～900℃的终温后快速取出在水中激冷，之后考察型焦的抗压强度，结果如图9.15所示。温度对型焦的抗压强度有重要的影响，型焦的抗压强度在300～500℃下降明显，而在500～900℃先上升后趋于平稳。

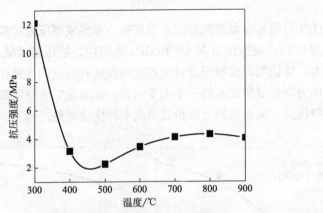

图9.15　成型温度对型焦抗压强度影响

不同的黏结剂随温度的上升，发生不同的物理化学变化，这些变化决定了黏结作用的形式和效果。温度在500℃以下为淀粉和沥青由热分解反应转变为炭化的过程，由于淀粉和沥青热解温度均在450℃以下，随着温度的升高，淀粉和沥青的分解、挥发加剧，使得淀粉和沥青的炭化速率加快，失去黏结作用致使抗压强度逐渐下降。而淀粉和煤沥青挥发后的产物发生炭化作用产生的桥键能使型焦保持一定的抗压强度。继续升高温度，二次热解加剧，挥发分在型焦孔隙中向外扩散时发生缩聚，同时，有机钙与焦粒中的硫反应产生硫酸钙而形成桥键；Fe_2O_3逐渐被型焦组分还原，并与型焦颗粒结合更为紧密，形成桥键，促进挥发分分子团簇间的交联，抑制了挥发分的逸出。因此，在500℃后，随着温度的升高，型焦的抗压强度增强，当挥发分二次热解反应结束后，型焦的抗压强度趋于平稳。

为了进一步说明这个问题，分别对热解温度为300℃、400℃、500℃、600℃、700℃、800℃、900℃的型焦进行扫描电镜分析，见图9.16，在300～500℃范围内型焦表面从团状变成了细粒状，在500～800℃范围内从细粒状又变成了团状，但在800～900℃范围内又有了开始松散的现象。试样在900℃时抗压强度又有了下降趋势。这说明,型焦表面黏结剂在 300～500℃范围内逐渐失去了黏结作用。在 500℃之前,淀粉和沥青主要以物理黏结方式将焦颗粒黏结起来,而 500℃之后,焦粉与有机钙、三氧化二铁发生化学反应产生黏性物质,这种黏性物质将焦粉颗粒聚集起来。也就是说,在升温过程中,型焦抗压强度不仅仅靠黏结剂的物理黏结特性,还要靠焦粉自身炭化作用及黏结剂与焦粉之间的化学作用来维持。

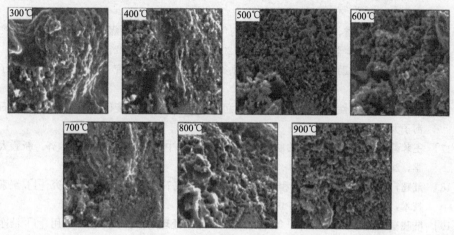

图 9.16　不同温度型焦扫描电镜分析

参考文献

[1] 单晓梅,杜铭华,朱书全,等.活性炭表面改性及吸附极性气体 [J].煤炭转化,2003
　　(01):32-36.
[2] 李怀珠,吉建斌,苏荣生,等.调整煤质活性炭孔隙结构的工艺途径 [J].煤化工,
　　1997 (01):33-36.
[3] 孙仲超.我国煤基活性炭生产现状与发展趋势 [J].煤质技术,2010 (04):49-52.
[4] 崔静,赵乃勤,李家俊.活性炭制备及不同品种活性炭的研究进展 [J].炭素技术,
　　2005 (01):26-31.
[5] 罗鹏,贾智刚,严明.国内煤基活性炭生产现状和发展 [J].当代化工,2014,43
　　(07):1277-1279.
[6] 钟林.压块煤基活性炭的相关研发 [J].硅谷,2015,8 (02):5-8.
[7] 吴宪平,王福平,崔士国.新疆煤基活性炭产业发展前景 [J].洁净煤技术,2018,24
　　(S1):95-97.
[8] 叶传珍.新疆煤制压块活性炭的工艺和性能研究 [D].西安:西安科技大学,2015.
[9] 陈凤娟,张瑞平,张双全.新型复配黏结剂代替煤焦油制备柱状活性炭 [J].煤炭技

术，2015，34（09）：305-308.

[10] 邢宝林，张传祥，谌伦建，等.配煤对煤基活性炭孔径分布影响的研究 [J].煤炭转化，2011，34（01）：43-46.

[11] 张林，王朝雨，刘军.煤质活性炭除灰方法比较 [J].现代化工，2005（S1）：254-256.

[12] 杨昌.新疆昌吉烟煤制备柱状活性炭的实验研究 [D].北京：中国矿业大学，2019.

[13] 刘卫娜，李志娟，周岐雄，等.新疆煤基中孔活性炭的制备及其吸附性能研究 [J].煤化工，2013，41（04）：58-61.

[14] 刘丹丹，武占省，童延斌，等.微波与传统加热法制备新疆煤基活性炭的比较研究 [J].石河子大学学报（自然科学版），2016，34（02）：217-221.

[15] 葛欣宇.微波辅助改性煤基活性炭及对多环芳烃吸附性能研究 [D].石河子：石河子大学，2016.

[16] 马新芳.煤基活性炭和果胶/钛柱撑膨润土的制备及吸附性能研究 [D].石河子：石河子大学，2014.

[17] 王蓉蓉.新疆煤基活性炭的制备及在超级电容器中的应用 [D].乌鲁木齐：新疆大学，2014.

[18] 陆超，周臣，张洪.炭化过程对新疆呼图壁煤制备高性能活性炭影响研究 [J].炭素技术，2018，37（05）：37-40.

[19] 陆晓东，雷清平，王福平，等.新疆煤制饮用水处理用活性炭工艺及应用 [J].洁净煤技术，2019，25（4）：145-151.

[20] 吴凡，叶传珍，王敏辉.新疆高惰质组煤基活性炭制备与表征 [J].煤炭工程，2020，52（12）：163-167.

[21] 庞攀，肖旸，刘昆华，等.煤质活性炭氧化自燃热失重及传热特性研究 [J].煤矿安全，2020，51（12）：27-33.

[22] 艾沙江·斯拉木，王永刚，林雄超，等.三道岭兰炭粉制备冶炼用型焦的工艺研究 [J].煤炭转化，2016，2：51-58.